T0219561

Realitätsbezüge im Mathematikunterricht

Reihe herausgegeben von
Werner Blum, Universität Kassel, Kassel, Deutschland
Rita Borromeo Ferri, FB 10 Didaktik der Math, Sek. I, Universität Kassel,
Inst für Math, Kassel, Deutschland
Gilbert Greefrath, Westf. Wilhelms-Universität Münster, Münster, Deutschland
Gabriele Kaiser, Arbeitsgruppe Didaktik der Mathematik, Universität Hamburg,
Hamburg, Deutschland
Katja Maaß, Kollegiengebäude IV, Raum 310, Pädagogische Hochschule Freiburg,
Freiburg, Deutschland

Mathematisches Modellieren ist ein zentrales Thema des Mathematikunterrichts und ein Forschungsfeld, das in der nationalen und internationalen mathematikdidaktischen Diskussion besondere Beachtung findet. Anliegen der Reihe ist es, die Möglichkeiten und Besonderheiten, aber auch die Schwierigkeiten eines Mathematikunterrichts, in dem Realitätsbezüge und Modellieren eine wesentliche Rolle spielen, zu beleuchten. Die einzelnen Bände der Reihe behandeln ausgewählte fachdidaktische Aspekte dieses Themas. Dazu zählen theoretische Fragen ebenso wie empirische Ergebnisse und die Praxis des Modellierens in der Schule. Die Reihe bietet Studierenden, Lehrenden an Schulen und Hochschulen wie auch Referendarinnen und Referendaren mit dem Fach Mathematik einen Überblick über wichtige Ergebnisse zu diesem Themenfeld aus der Sicht von Expertinnen und Experten aus Hochschulen und Schulen. Die Reihe enthält somit Sammelbände und Lehrbücher zum Lehren und Lernen von Realitätsbezügen und Modellieren.

Die Schriftenreihe der ISTRON-Gruppe ist nun Teil der Reihe „Realitätsbezüge im Mathematikunterricht". Die Bände der neuen Serie haben den Titel „Neue Materialien für einen realitätsbezogenen Mathematikunterricht".

Weitere Bände in der Reihe http://www.springer.com/series/12659

Gilbert Greefrath · Katja Maaß
(Hrsg.)

Modellierungskompetenzen – Diagnose und Bewertung

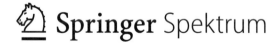 Springer Spektrum

Hrsg.
Gilbert Greefrath
Institut für Didaktik der Mathematik und der
Informatik, Westfälische Wilhelms-Universität
Münster, Nordrhein-Westfalen, Deutschland

Katja Maaß
Institut für Mathematische Bildung Freiburg
Pädagogische Hochschule Freiburg
Freiburg im Breisgau, Baden-Württemberg
Deutschland

ISSN 2625-3550   ISSN 2625-3569   (electronic)
Realitätsbezüge im Mathematikunterricht
ISBN 978-3-662-60814-2   ISBN 978-3-662-60815-9   (eBook)
https://doi.org/10.1007/978-3-662-60815-9

Die Deutsche Nationalbibliothek verzeichnet diese Publikation in der Deutschen Nationalbibliografie; detaillierte bibliografische Daten sind im Internet über http://dnb.d-nb.de abrufbar.

Planung/Lektorat: Kathrin Maurischat
Springer Spektrum ist ein Imprint der eingetragenen Gesellschaft Springer-Verlag GmbH, DE und ist ein Teil von Springer Nature.
Die Anschrift der Gesellschaft ist: Heidelberger Platz 3, 14197 Berlin, Germany

Vorwort

„What you assess is what you get" schreibt Niss (1993) zu Recht. Mathematisches Modellieren wird den nötigen Stellenwert im Mathematikunterricht nur einnehmen, wenn es auch Bestandteil der Bewertung ist. Nur dann wird es auch von den Schülerinnen und Schülern ernst genommen, wie auch die immer wieder geäußerte, häufige Frage von Schülerinnen und Schülern „Kommt das auch in der Arbeit dran?" zeigt. Gleichzeitig ist aber die Frage, wie man Modellierungskompetenzen misst – sowohl in der Unterrichtspraxis als auch in der Forschung – keine triviale Frage. Aus diesem Grund haben wir uns entschlossen dem Thema „Diagnose und Bewertung von Modellierungskompetenzen" einen eigenen Band in der Buchreihe Realitätsbezüge im Mathematikunterricht zu widmen.

Im einführenden Beitrag geben wir einen Überblick über Modellierungskompetenzen sowie Ziele des mathematischen Modellierens. Anschließend gehen wir sowohl auf Diagnose und Bewertung in der Unterrichtspraxis als auch auf Tests zur Messung von Modellierungskompetenz in der Forschung ein.

Der Beitrag von *Michael Besser, Werner Blum, Dominik Leiß, Eckhard Klieme* und *Katrin Rakoczy* beschäftigt sich mit der lernförderlichen Gestaltung von Rückmeldungen als zentrales Moment schulischer Lehr-Lern-Prozesse. Im Rahmen des Projekts Co^2CA wurde untersucht, inwieweit Lehrkräfte durch langfristig angelegte Lehrerfortbildungen gezielt darin unterstützt werden können, Schülerinnen und Schülern im kompetenzorientierten Mathematikunterricht möglichst lernförderliche Rückmeldungen zum aktuellen Wissensstand anzubieten.

Mit der Erfassung der verschiedenen Dimensionen von Modellierungskompetenzen durch Tests im Rahmen des Interventionsprojekts ERMO beschäftig sich der Beitrag von *Susanne Brand*. In diesem Beitrag werden außerdem einzelne Ergebnisse in Hinblick auf eine Förderung von Modellierungskompetenzen durch einen holistischen bzw. atomistischen Modellierungsansatz diskutiert.

Einen ähnlichen Ansatz zur Erfassung von Teilkompetenzen des mathematischen Modellierens mithilfe eines Tests verfolgen *Corinna Hankeln* und *Catharina Beckschulte*. Dieses Testinstrument fokussiert auf vier Teilkompetenzen und beschränkt sich auf den atomistische Modellierungsansatz. Es zeigt sich, dass Modellierungskompetenzen mit atomistischen Aufgaben erfasst werden können und diese als Indikatoren für Teilkompetenzen zu betrachten sind.

Matthias Lippert beschäftigt sich in seinem Beitrag mit der Bewertung komplexer Modellierungsprojekte. Konkret wird das Verfahren der Konzeption, Durchführung und Bewertung beim Alympiade Wettbewerb beschrieben. Dazu werden Kriterien zum einen zur Erstellung geeigneter komplexer Modellierungsaufgaben und zum anderen zur Bewertung entsprechender Modellierungen von Schülergruppen, die als schriftliche Lösungen, Präsentationen, Erklärvideos oder Poster präsentiert werden.

Madlin Schmelzer und *Stanislaw Schukajlow* stellen eine empirische Studie vor, bei der die Teilkompetenzen Verstehen und Vereinfachen/Strukturieren durch Selektion von wichtigen Informationen, Treffen von Annahmen und das Zeichnen einer Skizze erfasst wurden. Zudem wurde die Gesamtkompetenz Modellieren erfasst. Es konnte nachgewiesen werden, dass eine mittlere bis kleine Korrelationen zwischen der Gesamtkompetenz Modellieren und diesen Teilkompetenzen bestehen.

In dem Beitrag von *Hans-Stefan Siller, Regina Bruder, Jan Steinfeld, Eva Sattlberger, Torsten Linnemann* und *Tina Hascher* wird das Kompetenzstufenmodell Operieren – Modellieren – Argumentieren vorgestellt. Es bietet eine Operationalisierungshilfe für die Aufgabenentwicklung von Testaufgaben und Interpretation von Testleistungen der standardisierten schriftlichen Reifeprüfung in Mathematik für österreichische Gymnasien. In der Prüfungssituation sind Modellierungsaufgaben auf verschiedenen Stufen zu finden. Dabei lässt sich auf Basis der vorhandenen Daten feststellen, dass die Aufgaben in Stufe 2 offenbar in der Prüfungssituation schwerer zu bearbeiten sind als jene auf Stufe 1.

Mit einem Vorschlag für eine Abiturprüfungsaufgabe beschäftigt sich der Beitrag von *Maike Sube, Thomas Camminady, Martin Frank* und *Christina Roeckerath*. Es wird eine authentische und relevante Abiturprüfungsaufgabe vorgestellt, die Bezug auf den Wahlsieg von Donald Trump, auf Datensicherheit und Datenskandale in sozialen Netzwerken und auf aktuelle mathematische Studien nimmt. In diesem Kontext werden Kriterien der Bildungsstandards sowie des Realitätsbezugs diskutiert und Erfahrungen im Einsatz der Aufgabe dargestellt.

Katrin Vorhölter, Alexandra Krüger und *Lisa Wendt* zeigen in ihrem Beitrag anhand von Fallbeispielen, wie Lehrende und Lernende den Mehrwert der Anwendung metakognitiver Strategien beim Modellieren bewerten und ob sich ihre Sichtweisen durch das Bearbeiten mehrerer komplexer Modellierungsaufgaben ändern. Die Selbsteinschätzungen der Schülerinnen und Schüler zur Verwendung metakognitiver Strategien beim Modellieren zeigen, dass sich die verwendeten Strategien in drei unterschiedliche Komponenten unterteilen lassen. Darüber hinaus zeigen erste Auswertungen eine Entwicklung im Bewusstsein der Bedeutsamkeit von Metakognition beim mathematischen Modellieren.

Wir hoffen, mit dem vorliegenden Band insbesondere durch weitere Erkenntnisse zu Diagnose und Bewertung überzeugend zeigen zu können, dass mathematisches Modellieren sinnvoll und gewinnbringend genutzt werden kann. Wir freuen uns über die Verwendung der Materialien und Ideen in Schule und Hochschule.

Münster und Freiburg   Gilbert Greefrath
im März 2020   Katja Maaß

Inhaltsverzeichnis

Diagnose und Bewertung beim mathematischen Modellieren

1

Gilbert Greefrath und Katja Maaß

Zusammenfassung

Der Beitrag gibt einen Überblick über das Thema „Diagnose und Bewertung beim Modellieren" und stellt neben dem theoretischen Hintergrund vor allem auch die Unterrichtsperspektive dar. Als erstes werden die verwendete Definition von Modellieren dargelegt und die Ziele, die in diesem Beitrag mit Modellieren verbunden werden, vorgestellt. Dies sind Voraussetzungen für eine geeignete Diagnose und Bewertung. Anschließend werden die vielfältigen Facetten von Modellierungskompetenzen diskutiert. Hierbei handelt es sich um einen weitern relevanten Schritt zur umfassenden, nicht einseitigen Diagnose und Bewertung beim mathematischen Modellieren.

1.1 Einleitung

Mathematisches Modellieren ist heutzutage ein selbstverständlicher Bestandteil des Mathematikunterrichts und der Bildungsstandards in Deutschland. Es wurde als allgemeine Kompetenz in die Bildungsstandards (KMK 2012) und die Lehrpläne der verschiedenen Bundesländer aufgenommen. Jedoch spielen Anwendungen und Modellierung

G. Greefrath (✉)
Institut für Didaktik der Mathematik und der Informatik, Westfälische Wilhelms-Universität, Münster, Nordrhein-Westfalen, Deutschland
E-Mail: greefrath@wwu.de

K. Maaß
Institut für Mathematische Bildung Freiburg, Pädagogische Hochschule Freiburg, Freiburg im Breisgau, Baden-Württemberg, Deutschland
E-Mail: katja.maass@ph-freiburg.de

© Springer-Verlag GmbH Deutschland, ein Teil von Springer Nature 2020
G. Greefrath und K. Maaß (Hrsg.), *Modellierungskompetenzen – Diagnose und Bewertung,* Realitätsbezüge im Mathematikunterricht, https://doi.org/10.1007/978-3-662-60815-9_1

im Unterrichtsalltag häufig noch eine geringere Rolle. Neben vielen anderen Gründen (hohe Arbeitsbelastung der Lehrkräfte, Schwierigkeiten bei der Umsetzung im Unterricht, Zeitmangel, wahrgenommener Mangel an Materialien, vgl. etwa Maaß 2011) könnte ein weiterer wesentlicher Grund die Schwierigkeit sein, mathematisches Modellieren in der Diagnose und Bewertung zu berücksichtigen. Hierauf deutet eine Untersuchung von Frejd (2011, 2013) hin. Er analysierte schwedische Testitems und kam zu dem Schluss, dass manche Aspekte des Modellierens nur selten bis gar nicht getestet wurden. So fand er etwa keine Items, die alle Schritte des Modellierens testeten, und nur wenige zum Validieren.

In diesem Beitrag wollen wir einen Überblick über das Thema „Diagnose und Bewertung beim Modellieren" geben und neben dem theoretischen Hintergrund vor allem auch die Unterrichtsperspektive darstellen. Als erstes werden wir unsere Definition von Modellieren darlegen und die Ziele, die wir mit Modellieren verbinden, ist doch eine Zielklarheit unabdingbar für eine geeignete Diagnose und Bewertung. Anschließend diskutieren wir die vielfältigen Facetten von Modellierungskompetenzen, ein weiterer relevanter Schritt zur umfassenden, nicht einseitigen Diagnose und Bewertung beim mathematischen Modellieren.

1.2   Mathematisches Modellieren und seine Ziele

In der Diskussion über mathematisches Modellieren werden eine Vielzahl unterschiedlicher Definitionen darüber, was Modellieren ist (Kaiser und Sriraman 2006) sowie verschiedene Modellierungskreisläufe (Maaß 2004) verwendet. Wir definieren mathematisches Modellieren hier als das Lösen realistischer Problemen durch das Durchführen eines Modellierungsprozesses (Niss et al. 2007, S. 8). Basierend auf Blum und Leiss (2005, S. 19) definieren wir einen Modellierungskreislauf wie folgt: 1) Verstehen der Aufgabenstellung und der realen Situation (Situationsmodell); 2) Annahmen treffen und das Situationsmodell vereinfachen (Realmodell); 3) Mathematisieren des Realmodells und Entwickeln des Mathematischen Modells; 4) Bearbeiten des Mathematischen Modells und finden einer Lösung; 5) Interpretieren der Lösung; 6) Validieren der Lösung; 7) Vermitteln der Lösung. Dieser Prozess kann durch das Schema in Abb. 1.1 dargestellt werden (Blum und Leiss 2005).

Dieses Modellierungsschema muss als ein idealisiertes Schema angesehen werden und stellt nicht die wirklichen kognitiven Prozesse eines Individuums beim Bearbeiten von Modellierungsproblemen dar. Die wirklichen Modellierungswege der Schülerinnen und Schüler können ganz anders aussehen (Borromeo Ferri 2007).

Neben der unterschiedlichen Schwerpunktsetzung in der Auffassung dessen, was unter Modellierungsprozessen bzw. Mathematisierungsprozessen zu verstehen ist, werden mit deren Einbezug in den Unterricht auch unterschiedliche Ziele verfolgt (vgl. Kaiser und Sriraman 2006). Zentrale Ziele beim Modellieren sind die Vermittlung von Modellierungskompetenzen und Kompetenzen im Anwenden von Mathematik, kritisches Verständnis der realen Welt, Fähigkeit zur Umweltbewältigung, eines angemessenen

Bildes von Mathematik und seiner Relevanz für unsere Gesellschaft, einer aufgeschlosseneren Einstellung gegenüber Mathematik, lernpsychologischer Ziele (Kaiser und Sriraman 2006; Kaiser 1995; Blum und Niss 1991) sowie die Ausbildung von transversalen Kompetenzen, wie Argumentations- und Problemlösefähigkeiten. Modellieren wird auch angesehen als „a powerful vehicle for bringing features of 21st century problems into the mathematics classroom" (English 2016, S. 362).

Maaß et al. (2019) verbinden Modellieren auch mit dem Behandeln gesellschaftlich relevanter Probleme, die ethische, moralische, soziale oder kulturelle Aspekte beinhalten. Zielsetzung ist hier, zu vermitteln, wie basierend auf mathematischem Modellieren Entscheidungen für gesellschaftliche relevante Probleme getroffen werden, welche weiteren Aspekte die Entscheidung beeinflussen und wo die Grenzen und Möglichkeiten von Mathematik in solchen Fällen liegen.

1.3 Modellierungskompetenzen

Unter mathematischen Modellierungskompetenzen sollen grob die Kompetenzen verstanden werden, die zum Lösen von mathematischen Modellierungsproblemen nötig sind. Leider gibt es jedoch in der Mathematikdidaktik keine einheitliche und umfassende Definition (vgl. Böhm 2013; Blum et al. 2002). Da jedoch für die Definition von Modellierungskompetenzen häufig eine bestimmte Auffassung des Modellierens und ein bestimmter Modellierungskreislauf zugrunde gelegt werden (vgl. etwa Blomhøj und Jensen 2003; Maaß 2004), implizieren unterschiedliche Auffassungen vom Modellieren häufig auch – im Detail – unterschiedliche Definitionen von Modellierungskompetenzen.

Für eine klare Definition von Modellierungskompetenzen soll zunächst der Begriff Kompetenzen beleuchtet werden. Auch hier gibt es unterschiedliche Definitionen, die sich zum Teil erheblich unterscheiden (vgl. u. a. Böhm 2000, S. 309; Jäger 2001, S. 160; Jank und Meyer 1994, S. 44; Baumert et al. 2001, S. 141). Weinert (2001, S. 27 f.) definiert Kompetenzen als bereits vorhandene oder erlernbare kognitive Fähigkeiten und Fertigkeiten, die zum Lösen von Problemen nötig sind sowie die dazugehörigen motivationalen, volitionalen und sozialen Fähigkeiten, die zum Lösen dieser Probleme ebenfalls nötig sind. Ähnliche Sichtweisen werden auch in der mathematikdidaktischen Diskussion zum mathematischen Modellieren vertreten.

> „Research has shown that knowledge alone is not sufficient for successful modelling: the student must also choose to use that knowledge, and to monitor the process being made." (Tanner und Jones 1995, S. 63)

Die Aussage impliziert, dass Modellierungskompetenzen aus Modellierungsfähigkeiten und der Disposition, sie zu nutzen, bestehen. Doch was konkret sind Modellierungsfähigkeiten bzw. -kompetenzen?

Verschiedene Studien der Mathematikdidaktik definieren Modellierungskompetenzen anhand von Teilkompetenzen, die zum Modellieren erforderlich sind und orientieren sich damit an der Darstellung von Modellierungskreisläufen (vgl. Kaiser 2007; Blomhøj und Jensen 2007; Brand 2014).

Mithilfe genauerer Beschreibungen kann verdeutlicht werden, was unter diesen Teilkompetenzen zu verstehen ist. Dieses Verfahren kann auch auf andere Kreislaufmodelle des Modellierens übertragen werden. Wir beziehen uns hier auf den siebenschrittigen Modellierungskreislauf von Blum und Leiß (2005) und erhalten dann eine umfangreiche Liste von Teilkompetenzen des Modellierens (s. Tab. 1.1).

Tab. 1.1 orientiert sich an den in Abb. 1.1 visualierten Teilschritten im Modellierungskreislauf und beschreibt welche Kompetenzen für diese Teilschritte nötig sind. Dabei werden die einzelnen Teilschritte möglichst detailliert dargestellt. So zeigt Abb. 1.1 z. B., wie sich der Prozess der Modellentwicklung aus Vereinfachen und Mathematisieren zusammensetzt. Das Aufteilen des Modellierens in Teilkompetenzen bzw. Teilprozesse stellt einen möglichen Weg dar, um die Komplexität der Problematik zu reduzieren. Insbesondere ermöglicht diese genaue Betrachtung von Teilkompetenzen eine gezielte Diagnose und Förderung, um schließlich eine umfassende Modellierungskompetenz aufzubauen.

Tab. 1.1 Teilkompetenzen des Modellierens

Teilkompetenz	Beschreibung
Verstehen	Die Schülerinnen und Schüler konstruieren ein eigenes mentales Modell zu einer gegebenen Problemsituation und verstehen so die Fragestellung
Vereinfachen	Die Schülerinnen und Schüler trennen wichtige und unwichtige Informationen einer Realsituation
Mathematisieren	Die Schülerinnen und Schüler übersetzen geeignet vereinfachte Realsituationen in mathematische Modelle (z. B. Term, Gleichung, Figur, Diagramm, Funktion)
Mathematisch arbeiten	Die Schülerinnen und Schüler arbeiten mit dem mathematischen Modell
Interpretieren	Die Schülerinnen und Schüler beziehen die im Modell gewonnenen Resultate auf die Realsituation und erzielen damit reale Resultate
Validieren	Die Schülerinnen und Schüler überprüfen die realen Resultate im Situationsmodell auf Angemessenheit. Die Schülerinnen und Schüler vergleichen und bewerten verschiedene mathematische Modelle für eine Realsituation
Vermitteln	Die Schülerinnen und Schüler beziehen die im Situationsmodell gefundenen Antworten auf die Realsituation und beantworten so die Fragestellung

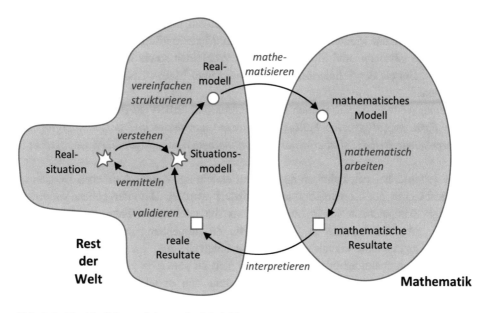

Abb. 1.1 Ein idealisiertes Schema des Modellierungsprozesses nach Blum und Leiss (2005)

Darüber hinaus erscheint auch Konsens darüber zu bestehen, dass die Auflistung von Teilkompetenzen nicht ausreichend ist, und weitere Aspekte betrachtet werden müssen, die sich auf den gesamten Modellierungsprozess beziehen. Dazu gehören z. B. auch metakognitive Aspekte (vgl. Maaß 2004, 2006; Galbraith und Stillman 2006; Zöttl 2010).

Sjuts (2003) versteht unter Metakognition das Denken über das eigene Denken sowie die Steuerung des eigenen Denkens. Er unterscheidet drei Komponenten von Metakognitionen: Deklarative Metakognition (Wissen eines Menschen über kognitive Gegebenheiten, z. B. diagnostisches Wissen über das eigene Denken, das bewertende Wissen über Aufgaben sowie das strategische Wissen über Lösungswege), prozedurale Metakognition (Tätigkeiten des Planens, Überwachens und Prüfens) und motivationale Metakognition (Motivation zum Einsatz von Metakognition). Im Rahmen der PISA-Studie wird der Begriff des selbstregulierten Lernens verwendet (Baumert et al. 2001, S. 271 ff.). Darunter wird die Handlungskompetenz der Lernenden verstanden, sich selbstständig Lernziele zu setzen, dem Inhalt und dem Ziel angemessene Techniken auszuwählen und gegebenenfalls zu korrigieren sowie das eigene Vorgehen zu bewerten. Empirische Studien (vgl. Sjuts 2003, S. 26; Schoenfeld 1992, S. 355 ff.) verweisen auf die Bedeutung der Metakognition beim Lösen von Problemen bzw. komplexen Aufgabenstellungen, und die Entwicklung der Fähigkeit zum selbstregulierten Lernen wird als Hauptaufgabe institutioneller Bildungsprozesse angesehen (Baumert et al. 2001, S. 28). Metakognition gilt als „Protokompetenz", die Bedingung für eine Reihe von Schlüsselkompetenzen wie z. B. dem selbstständigen Umgang mit Problemen und dem Selbstlernen ist (Sjuts 2003, S. 20).

Maaß (2004) postuliert aufgrund ihrer qualitativen Langzeitstudie folgende weitere Einflussfaktoren auf Modellierungskompetenzen: Mathematische Kompetenzen, Kompetenzen im Analysieren und Strukturieren von Problemen sowie im zielgerichteten Vorgehen und Beliefs der Schülerinnen und Schüler über Mathematik und mathematisches Modellieren.

In einer weiteren Studie stellten Mischo und Maaß (2013) die Frage, *welche persönlichen Faktoren (allgemeine Fähigkeiten, domainspezifische und domainübergreifende Faktoren sowie Beliefs) sind erforderlich, um mathematische Modellierungsaufgaben zu lösen?*

Sie gehen dabei von Faktoren aus, die im erziehungswissenschaftlichen Bereich als Einflussfaktoren auf Lernergebnisse identifiziert wurden. Darunter gelten Vorwissen, vorherige Kompetenzen sowie Intelligenz als die wichtigsten Faktoren (Wang et al. 1993; Helmke und Schrader 2001, 2006). Im Zusammenhang mit Intelligenz werden fluide Intelligenz und kristalline Intelligenz unterschieden. Im Anschluss an Cattell (1971) wird unter fluider Intelligenz die Fähigkeit zu nonverbalem logischen Argumentieren, unter kristalliner Intelligenz das Produkt von erzieherischer und kultureller Erfahrung in Interaktion mit fluider Intelligenz verstanden. Letztere wird häufig durch Tests zum Allgemeinwissen und Wortverständnis gemessen. Mischo und Maaß (2013) untersuchten daher die Aspekte mathematische Kompetenz, Lesekompetenz, Wortverständnis, Allgemeinwissen, und fluide Intelligenz sowie ihren Zusammenhang zur Leistung im Modellieren. Die Ergebnisse der Studie zeigen folgende Zusammenhänge (s. Tab. 1.2).

Diese Auffassungen von Modellierungskompetenzen und Einflussfaktoren zeigen auf, welche Aspekte im Mathematikunterricht gefördert werden sollen, wenn die Schülerinnen und Schüler Modellierungskompetenzen entwickeln sollen. Dazu gehören neben dem Durchlaufen von Modellierungskreisläufen und Teilschritten auch Allgemeinwissen, Lesekompetenz, Wortverständnis und mathematische Kompetenzen. Darüber hinaus gilt es auch, den Schülerinnen und Schülern ein angemessenes Bild von Mathematik, das Modellieren umfasst, zu vermitteln.

Tab. 1.2 Zusammenhang zwischen Schritten im Modellierungskreislauf und persönlichen Faktoren

Schritt im Modellierungskreislauf	Persönliche Faktoren
Durchführen aller Schritte	Fluide Intelligenz, Leseverständnis, Beliefs der Schülerinnen und Schüler über Mathematik
Situationsmodell erstellen	Wortverständnis
Realmodell erstellen	Allgemeinwissen
Mathematisches Modell erstellen	Mathematische Kompetenz
Mathematische Lösung finden	Mathematische Kompetenz
Validieren	Allgemeinwissen (indirekter Zusammenhang)

1.4   Diagnose und Bewertung in der Unterrichtspraxis

Diagnose und Bewertung von Modellierungskompetenzen ist nicht trivial. Entsprechend gibt es auch noch kein allgemein gültiges theoriegeleitetes Konstrukt, auf dem die Diagnose und Bewertung aufbauen kann (Frejd 2013). Dennoch ist Diagnose und Bewertung ein wichtiges Thema sowohl in der Schulpraxis als auch in der didaktischen Diskussion um das mathematische Modellieren. Frejd (2013) analysierte mehr als 700 Aufsätze aus dem Bereich des Modellierens und fand heraus, dass sich 10 % dieser Aufsätze auf die Diagnose und Bewertung beziehen, die meisten von ihnen stellen empirische Studien oder Praxis der Diagnose und Bewertung vor, die wenigsten sind theoretische Arbeiten. Unbestritten bleibt jedoch – wegen der Notwendigkeit Modellieren in den Unterricht zu integrieren -, dass man über verschiedene Aspekte der Diagnose und Bewertung reflektieren und auch Diagnose und Bewertung in den Unterricht aufnehmen muss.

Es gibt viele Methoden zur Diagnose und Bewertung beim mathematischen Modellieren. Die Methode, die in der Schule am meisten zur Diagnose und Bewertung genutzt wird, ist die Klassenarbeit. Weitere Methoden der Diagnose und Bewertung, die laut Frejd (2013) auch in der Forschung diskutiert werden, sind Projekte, praktische Aufgaben, Portfolios und Modellierungswettbewerbe. Natürlich erlauben diese Formate Variationen, wie zum Beispiel Durchführung in Gruppenarbeit, Vorstellung von Problemlösungen nicht nur durch Portfolios, sondern auch durch Präsentationen oder Vorträge sowie unterschiedlichste schriftliche Ausarbeitungen.

Auch wenn schriftliche Tests die in der Praxis am häufigsten genutzte Art ist, Modellierungskompetenzen zu erheben, so ist sie nicht die zuverlässigste. Ebenso wie Frejd (2011) zeigen auch Naylor (1991) und Stillman (1998), dass die untersuchten Lehrkräfte eher Aufgaben zu einzelnen, ausgewählten Teilschritten des Modellierens und weniger holistische Aufgaben zum gesamten Modellierungsprozess verwenden. Im Gegensatz dazu gelten Projekte in der didaktischen Diskussion als eine gute Methode Modellierungskompetenzen als Ganzes zu erheben, allerdings scheinen hier Probleme zu bestehen, diese Projekte reliabel zu bewerten (Frejd 2013). Wettbewerbe, so wie die A-lympiade in den Niederlanden, gelten als eine gute Methode, um Modellierungskompetenzen reliabel zu messen. Praktische Modellierungsaufgaben sowie Portfolios scheinen ein entsprechendes Potenzial zu haben, es gibt allerdings bislang noch zu wenige Studien dazu (Frejd 2013). Insgesamt bleibt also aufgrund der vielen Möglichkeiten und vieler Schwierigkeiten und Chancen die Messung von Modellierungskompetenzen ein komplexes Unternehmen und keine einzelne Methode der Diagnose und Bewertung kann ein umfassendes Bild der Leistungen im Modellieren liefern (Izard 1997). Im Idealfall sollten also mehrere Methoden für die Diagnose und Bewertung ausgewählt werden.

1.4.1 Aufgaben zur Diagnose und Bewertung

Egal für welche Methode der Diagnose und Bewertung man sich im Unterricht entscheidet, sei es ein Test, eine Hausaufgabe oder Projektarbeit, eine entscheidende Grundlage dafür ist die Auswahl geeigneter Aufgaben. Sie sind grundlegendes Instrument für die Diagnose von Modellierungskompetenzen. Welche Aufgaben dazu ausgewählt werden, hängt wesentlich von dem Ziel ab, das gesetzt wurde und dessen Erreichen nun gemessen werden soll (vgl. Abschn. 1.2). Soll die Befähigung gemessen werden, Umweltprobleme zu bewältigen? Soll ein kritisches Verständnis der Welt gemessen werden? Geht es um transversale Kompetenzen? Um mathematische Inhalte? Geht es darum, Modellierungskompetenzen im Allgemeinen zu messen, sollen bestimmte Teilkompetenzen gemessen werden, geht es darum metakognitive Kompetenzen zu messen? Selbstverständlich spielt auch die ausgewählte Art der Diagnose und Bewertung eine Rolle. Für eine Klassenarbeit muss man wegen der beschränkten Zeit und der fehlenden Recherche-Methoden andere Aufgaben auswählen als für Projekte. Sind Aufgaben für eine Klassenarbeit oder für einen Test konzipiert, so kann der Fokus auf möglichst eindeutigen und einfachen Korrekturmöglichkeiten liegen. Ein Ziel ist dann die genaue und zuverlässige Diagnose und Bewertung der Leistung der Lernenden. Bei der individuellen Diagnose dagegen liegen die Interessen von Lehrerinnen und Lehrern im Auffinden von Schwächen und Stärken der Schülerinnen und Schüler mit dem Ziel der individuellen Förderung. Diagnoseaufgaben haben insbesondere das Ziel herauszufinden, was Schülerinnen und Schüler bereits können (Scherer 1999, S. 170).

Für die Diagnose sollten Lehrkräfte Aufgaben auswählen, die möglichst viele Informationen über die Kompetenzen der Schülerinnen und Schüler liefern und beispielsweise ausreichend Möglichkeiten und Anreize für individuelle Erläuterungen und ausführliche Begründungen sowie Nebenrechnungen zur Verfügung stellen. So können etwa Aufgaben durch eine systematische Serie von Veränderungen an den Zahlenwerten, durch Variationen von Formulierungen, durch die Veränderung der Darstellungsform oder durch die Aufforderung, die eigene Vorgehensweise zu erklären, eine individuelle Diagnose ermöglichen. Dabei ist es stets das Ziel, dass die Schülerinnen und Schüler in möglichst hohem Maße Eigenproduktionen erzeugen und auf diese Weise nicht nur deutlich wird, ob eine Schülerin oder ein Schüler eine Aufgabe gelöst hat, sondern auch, an welcher Stelle und auf welchem Niveau Schwierigkeiten aufgetreten sind (Sundermann und Selter 2006, S. 79 ff.; Leuders 2006). Des Weiteren sollten Diagnoseaufgaben im Hinblick auf die zu untersuchende Kompetenz oder Teilkompetenz valide sein und diese nicht mit anderen Aspekten vermischen (Büchter und Leuders 2005, S. 173; Abel et al. 2006). Erfordern die Diagnoseaufgaben unterschiedliche Teilkompetenzen gleichzeitig, so ist die Analyse der Lösungen schwieriger als bei Aufgaben, die nur eine Teilkompetenz erfordern. Eine Möglichkeit, um solche Eigenproduktionen zu motivieren, sind Aufgaben, die mit authentischem Material arbeiten und auffordern, vorhandene Widersprüche oder Fehler zu finden und richtigzustellen.

Während Klassenarbeiten und Klausuren neben der Bewertung auch zu Diagnosezwecken genutzt werden, ist dies bei der Abiturprüfung anders. Diese findet aufgrund ihrer Bedeutung jedoch besondere Beachtung. Die vielfältigen Anforderungen an Prüfungsaufgaben in der Abiturprüfung führen in Aufgaben mit Anwendungssituationen und Modellierungen zu besonderen Herausforderungen, die z. B. so gelöst werden können, dass Anwendungssituationen in Prüfungsaufgaben nur vorkommen, soweit sie einen authentischen Mathematikgebrauch darstellen oder wenn sie Vorteile bei der Problemerschließung bieten. Aufgaben für die Prüfung werden in der Regel kleinschrittiger aufgebaut sein als Aufgaben für den Unterricht. Daher ist es schwierig, wirklich authentische Anwendungen in Prüfungsaufgaben zu verwenden. Insofern werden meist nur Teilschritte des Modellierungskreislaufs in Prüfungsaufgaben aufgenommen. Die Verwendung von Modellierungen in Prüfungsaufgaben wird aber nicht uneingeschränkt positiv gesehen. Gerade vor dem Hintergrund, dass hier die Relevanz des verwendeten Sachkontexts häufig nicht im Vordergrund steht, gibt es Kritik an Modellierungen in Prüfungen. Stark kritisiert wird auch der größere Anteil an Texten in Prüfungsaufgaben (Jahnke et al. 2014). In jedem Fall sollten außermathematische Kontexte und zugehörige Fragestellungen auch im Abitur stimmig, grundsätzlich glaubwürdig und den Lernenden bekannt sein. Der Aufwand durch das Lesen des Aufgabentextes sollte in einem angemessenen Verhältnis zum Aufwand beim Modellieren und beim mathematischen Arbeiten stehen. Im Unterricht kann hingegen das volle Spektrum von Kompetenzen und Teilkompetenzen des Modellierens in allen Anforderungsbereichen behandelt werden um dieses dann auch für die Diagnose zu nutzen; dazu gehören auch umfassende Modellierungsprozesse (Greefrath 2018).

Es gibt sehr viele unterschiedliche Anwendungs- und Modellierungsaufgaben. Um sowohl für den Unterricht als auch für die Diagnose und Bewertung Aufgaben angemessen auszuwählen, erscheint eine Klassifizierung solcher Aufgaben angemessen. Solche Klassifizierungen haben in der Diskussion um das Modellieren eine lange Tradition. Bereits Burkhardt (1989) unterschied zwischen Illustrationen mathematischen Inhalts und realistischen Situationen an denen man Arbeiten muss, sowie Situationen, in denen man Standardmodelle nutzen kann und solchen, für die man neue Modelle entwickeln muss. Kaiser (1995) unterscheidet zwischen eingekleideten Textaufgaben, Illustrationen mathematischer Inhalte, Anwendungen von Standardalgorithmen sowie komplexen Problemen, die das Durchlaufen eines Modellierungsprozesses erfordern. In dieser Klassifizierung werden unterschiedliche Eigenschaften zum Klassifizieren genutzt: Die Komplexität, die didaktische Intension und der Bezug zur Realität. Weitere Eigenschaften, die im Zusammenhang mit Anwendungs- und Modellierungsaufgaben diskutiert werden sind Authentizität (Palm 2008; Kaiser-Meßmer 1993), Relevanz für die Schülerinnen und Schüler (Burkhardt 1989), Darstellung der Aufgabe (insbesondere für die Grundschule, vgl. Franke und Ruwisch 2010). Für mathematische Aufgaben im Allgemeinen werden weitere Eigenschaften zur Klassifizierung benutzt, so zum Beispiel: Der mathematische Rahmen, der kognitive Anspruch (Jordan et al. 2008), Verwendung der Aufgabe (zum Lernen, Diagnose und Bewertung) (Büchter und Leuders 2005), Offenheit (Bruder 2003; Greefrath 2004).

Basierend darauf entwickelte Maaß (2010) eine umfassende Klassifizierung von Modellierungsaufgaben nach verschiedenen Eigenschaften: Fokus der Modellierungsaktivität (ganzer Kreislauf oder Teilschritte), Datenlage (überbestimmt, unterbestimmt, passende, inkonsistente Daten, …), Beziehung zur Realität (authentisch, realitätsnah, eingekleidet …), Kontext (persönlich relevant, gesellschaftliche Relevanz, berufliche Situation, …), Art des Modells (deskriptiv, normativ), Darstellungsart (Text, Bild, …), Offenheit der Aufgabe, kognitiver Anspruch, mathematischer Inhalt. Dieses Schema gibt einen Überblick über die verschiedenen Aufgabentypen und hilft, für das gesetzte Ziel, etwa Diagnose, geeignete Aufgaben auszuwählen. Allein die Unterscheidung nach dem Fokus der Modellierungsaktivität kann dazu beitragen, dass die diesbezügliche Einseitigkeit der Auswahl der Aufgabenvermieden werden kann.

1.4.2 Diagnose von Modellierungskompetenzen

Zur Förderung von Modellierungskompetenzen im Unterricht ist eine zuverlässige Diagnose im Unterricht unabdingbar. Neben der Auswahl der geeigneten Aufgaben ist hier eine ausführliche Rückmeldung an die Schülerinnen und Schüler wesentlich.

Dies kann im Rahmen von schriftlichen Hausarbeiten, Projekten und Präsentationen von Modellierungsaufgaben geschehen. Dabei geht es hier nicht um die Bewertung der Qualität der Lösung oder Teilen davon, sondern mehr sachliche, konstruktive Rückmeldungen. Diese können zum Beispiel so aussehen: „Das Modell verzerrt die Realität durch die Annahme, dass das Verhältnis von Kopf zu Körper 1:31 ist" oder „Die Validierung ist zu knapp, da der Vergleich mit anderen Größen fehlt und auch nicht kritisch über das gesamte Vorgehen reflektiert wird." Die Schülerinnen und Schüler können so ihre Leistung besser einschätzen und auch entsprechenden Schwächen und Fehlern mehr Aufmerksamkeit widmen (Maaß 2007).

Sinnvoll ist auch die Anlage eines Diagnostikbogens für alle Schülerinnen und Schüler und alle Aufgaben (z. B. pro Schulhalbjahr), in dem notiert wird, in welchen Teilbereichen des Modellierens Fehler auftreten. Dieser Bogen ermöglicht es einerseits, festzustellen, ob möglicherweise die ganze Klasse noch in einem Bereich Schwierigkeiten hat – vielleicht weil dieser bislang im Unterricht unbewusst vernachlässigt wurde, andererseits kann man aber auch deutlich feststellen, ob einzelne Schüler in bestimmten Bereichen noch Schwierigkeiten haben und sie gegebenenfalls in diesem Bereich intensiver fördern. Anderseits sieht die Lehrkraft so auch, ob bei bestimmten Schülerinnen und Schülern Schwächen gehäuft auftreten und kann entsprechend gegensteuern (Maaß 2007).

Für eine gezielte Förderung oder eine genaue Diagnose von Modellierungskompetenzen ist es auch möglich, holistische Modellierungsaufgaben zu atomistischen Teilaufgaben zu reduzieren, die Teilschritte des Modellierungskreislaufs besonders in den Blick nehmen. Diesen Teilschritten entsprechen dann die angesprochenen Teilkompetenzen des Modellierens (s. Tab. 1.1). Das Entwickeln von atomistischen Aufgaben für einzelne Teilkompetenzen des Modellierens ist schwierig, da bei der

Reduktion von Modellierungsaufgaben auf eine Teilkompetenz die Authentizität der Aufgabe verloren gehen kann. Gerade die Authentizität ist aber für Modellierungstätigkeiten eine unverzichtbare Voraussetzung. Ob die entsprechende Aufgabe tatsächlich geeignet ist, (nur) auf eine Teilkompetenz des Modellierens zu fokussieren, muss jeweils kritisch hinterfragt werden. Wird beispielsweise mehr als eine Teilkompetenz angesprochen oder ist die Aufgabe keine Modellierungsaufgabe mehr, so kann sie nicht zur Diagnose einer bestimmten Teilkompetenz des Modellierens eingesetzt werden.

1.4.3 Bewertung von Modellierungskompetenzen

Neben der Diagnose von Modellierungskompetenzen ist auch die Bewertung der Modellierungskompetenzen der Schülerinnen und Schüler wesentlich. Nur so werden Modellierungsaufgaben auch von den Schülerinnen und Schülern ernst genommen.

Zur Bewertung von Modellierungskompetenzen werden häufig Bewertungskriterien vorgeschlagen, die Lehrkräften helfen sollen, eben nicht nur die rein mathematischen Aspekte des Modellierens zu berücksichtigen, sondern auf alle Aspekte des Modellierens einzugehen. Maaß (2007, 2009) macht dazu Vorschläge für die Primar- und die Sekundarstufe. Eine Liste von Kriterien für schriftliche Schülerlösungen von Modellierungsaufgaben für die Sekundarstufe könnte z. B. so aussehen:

1	Bildung des Modells • Sind die getroffenen Annahmen sinnvoll? • Ist der Grad der Vereinfachung der Problemfrage angemessen?	0–10 Punkte
2	Mathematische Bearbeitung: • Wurden die relevanten Größen und Beziehungen richtig mathematisiert? • Wurde eine adäquate mathematische Notation gewählt? • Wurden mathematisches Wissen und heuristische Strategien zur Lösung des mathematisierten Problems richtig angewendet? • Ist die Lösung mathematisch korrekt?	0–15 Punkte
3	Interpretation der Lösung: • Wird die mathematische Lösung bezogen auf die Realität interpretiert? • Ist die Interpretation korrekt?	0–5 Punkte
4	Kritische Reflexion: • Werden alle nötigen Aspekte berücksichtigt? • Bleibt die Reflexion oberflächlich? • Werden Vergleichswerte hinzugezogen?	0–10 Punkte
5	Dokumentation des Vorgehens: Werden die einzelnen Schritte des Vorgehens beschrieben und erläutert?	0–15 Punkte
6	Zielgerichtetes Vorgehen: Geht der/die Lernende zielgerichtet beim Modellieren vor oder verliert er/sie sich in Details, ohne ein Ergebnis zu erreichen?	0–5 Punkte
		max. 60 Punkte

Dabei ist es entscheidend, eine solche Liste nicht als festes Schema anzusehen, sondern es auf die Lerngruppe und den eigenen Unterricht anzupassen (Maaß 2016). Für die Grundschule (Klasse 3 & 4) könnte ein angepasstes Schema zum Beispiel so aussehen (Maaß 2009):

1	Problembewusstsein entwickeln: • Hat der Schüler verstanden, was das Problem ist?	0–1 Punkte
1	Bilden des Modells: • Sind die getroffenen Annahmen sinnvoll? • Ist der Grad der Vereinfachung der Problemfrage angemessen?	0–3 Punkte
2	Nutzen von Mathematik: • Wurden die relevanten Größen und Beziehungen richtig mathematisiert? • Werden geeignete Rechenoperationen verwendet? • Wurden mathematisches Wissen und heuristische Strategien zur Lösung des mathematisierten Problems richtig angewendet? • Ist die Lösung mathematisch korrekt?	0–4 Punkte
3	Erklären des Ergebnisses: • Wird die mathematische Lösung bezogen auf die Realität interpretiert? • Ist die Interpretation korrekt? • Wird überlegt, ob das Ergebnis sinnvoll ist? (Vergleichswerte?)	0–2 Punkte
5	Dokumentation des Vorgehens: • Werden die einzelnen Schritte des Vorgehens beschrieben und erläutert?	0–2 Punkte
		max. 12 Punkte

Für die Lernenden und Lehrenden sollte dann ein entsprechend angepasstes Schema auch transparent sein und allen zur Verfügung stehen.

1.5 Tests zur Messung von Modellierungskompetenz

In der mathematikdidaktischen Forschung zum Modellieren spielen schriftliche Tests zur Messung von Modellierungskompetenz eine wichtige Rolle. Auch ein großer Teil der von Frejd (2013) analysierten Arbeiten beschäftigt sich mit schriftlichen Tests. Entwickelt man Instrumente zur Messung von Modellierungskompetenz in Forschungsstudien, so werden die Entwicklung der Instrumente und die Bewertung der Aufgaben anders als für den Unterricht aussehen. Am Anfang steht aber auch hier wieder die Klarheit über die Ziele und die Aspekte von Modellierungskompetenzen man erheben möchte (siehe Abschn. 1.3).

Die Bewertung der Modellierungskompetenz hängt im Allgemeinen vom zugrunde liegenden Konzept einer Kompetenz ab. Modellierungskompetenz beinhaltet nicht nur die Fähigkeit zum Modellieren, sondern auch die Bereitschaft, Probleme mit mathematischen Aspekten aus der Realität mithilfe der mathematischen Modellierung anzugehen (vgl. Abschn. 1.3 und Kaiser 2007, S. 110).

Bei der Erstellung eines Tests muss entschieden werden, ob holistische oder atomistische Modellierungsaufgaben verwendet werden sollen (Blomhøj und Jensen 2003). Holistische Aufgaben erfordern das Durchlaufen eines vollständigen Modellierungskreislaufs, während atomistische Aufgaben sich auf einen oder zwei Schritte im Modellierungsprozess beziehen. Bei der Messung der allgemeinen Modellierungskompetenz ist der Einsatz holistischer Aufgaben sinnvoll. Dies wurde bereits in verschiedenen Studien durchgeführt (Kreckler 2017; Rellensmann et al. 2017; Schukajlow et al. 2015). In atomistischen Aufgaben müssen die Schülerinnen und Schüler nur Probleme bearbeiten, die eine begrenzte Modellierungskompetenz erfordern. Diese Aufgaben können nicht verwendet werden, um Informationen darüber zu erhalten, ob eine Person im Allgemeinen in der Lage wäre, einen vollständigen Modellierungsprozess durchzuführen. Mit atomistischen Aufgaben können jedoch unterschiedliche Modellierungsteilkompetenzen getrennt voneinander gemessen werden, was wiederum mit holistischen Aufgaben nicht möglich ist (Hankeln et al. 2019).

Es gibt bereits Tests, die atomistische Modellierungsaufgaben verwenden, einige fassen jedoch verschiedene Kompetenzen zusammen (Brand 2014, s. Beitrag von Brand in diesem Buch, Zöttl et al. 2010), andere unterscheiden Aufgaben zu vier verschiedenen Teilkompetenzen (Hankeln et al. 2019, s. Beitrag von Hankeln & Beckschulte in diesem Buch).

Einer der ersten Tests mit atomistischen Modellierungsaufgaben wurde von Haines, Crouch und Davis (2001) entwickelt. Er diente als Bezugspunkt für weitere Entwicklungen. In der Untersuchung von Frejd (2013) bezieht sich fast jeder dritte Aufsatz, der sich mit schriftlichen Tests beschäftigt, auf diesen Test. Er besteht ursprünglich aus 12 Items, jedes mit fünf Antwortmöglichkeiten. Jeweils zwei der Fragen evaluieren einen von sechs Aspekten des Modellierungskreislaufes. Nach Haines et al. (2001) ermöglicht dieser Test eine Momentaufnahme der Modellierungskompetenzen der Schülerinnen und Schüler, ohne dass die Schülerinnen und Schüler einen kompletten Modellierungskreislauf durchlaufen müssen; insgesamt erforderte der Test jedoch weitere Untersuchungen.

Zöttl (2010) hat im Rahmen des vom BMBF geförderten interdisziplinären Projekts KOMMA einen Test zur Erfassung von Modellierungskompetenz im Prä-Post-Design entwickelt, bei dem die Testhefte miteinander verankert sind. Die Auswertungen bezüglich der Evaluation des Testinstruments lassen darauf schließen, dass sich die den Tests zugrunde gelegte subdimensionale Struktur der Modellierungskompetenz auch empirisch bestätigen lässt.

Darüber hinaus ist zu entscheiden, welches Antwortformat (z. B. offen oder Multiple-Choice) man wählen möchte. Haines et al. (2001) wählen ein Multiple-Choice Format während z. B. bei PISA (Turner 2007) auch offene Aufgaben verwendet werden.

Hankeln und Beckschulte (s. Beitrag in diesem Buch) verwenden Items für die Teilkompetenzen Vereinfachen, Mathematisieren, Interpretieren und Validieren. Es gibt Prä-Tests und Post-Tests mit jeweils zwei Gruppen in einem Multi-Matrix-Design. Jedes Testheft besteht aus 16 Items und die Bearbeitungszeit beträgt 45 min. Eine Evaluation des Testinstruments mit 3300 durchgeführten Tests ergab, dass die gesammelten Daten am besten mit einem vierdimensionalen between-Item-Modell beschrieben werden können, in dem die verschiedenen Teilkompetenzen als separate Dimensionen eines latenten Konstrukts betrachtet werden. Es konnte gefolgert werden, dass die Kompetenzen des Vereinfachens, Mathematisierens, Interpretierens und Validierens als unterschiedliche Komponenten einer globalen Modellierungskompetenz verstanden werden können.

Maaß und Mischo (2012) wählen in ihrer Studie ebenfalls ein Multiple-Choice Format und orientieren sich an den Items von Haines et al. (2001). Sie entwickeln für jeden der ersten sechs Schritte des Modellierungsprozesses (siehe Abschn. 1.2) Items und für jedes Item wiederum fünf Antwortmöglichkeiten. Von diesen Antwortmöglichkeiten waren wiederum mehrere richtig und mussten ausgewählt werden. Im Folgenden zeigen wir ein Beispiel für eine leichtere Modellierungsaufgabe aus dem Test (konstruiert für leistungsschwächere Schülerinnen und Schüler in Klasse 6), und hiervon die Fragen zu den Schritten 2 (Realmodell aufstellen), 3 (Mathematisches Modell aufstellen) und 4 (Mathematisch bearbeiten).

Beispielaufgabe „Wohnhaus"

Linda lives in a tower block. She wants to work out how many people live in the same building as she does. The block has 8 floors. On every floor there are four apartments. Each apartment has one kitchen, one bathroom, one living room and three bedrooms. Approximately how many people live in Linda's building?

b) Which of the following facts could be important for finding the solution to the problem?

(You can tick more than one answer!)

O The house is 30 meters high.

O Roughly four people live in each apartment.

O There are two elevators.

O Each elevator can hold up to six people.

O There is one cellar for each apartment.

c) Which calculation could lead to finding an approximate solution to the question?

(You can tick more than one answer!)

O $8 \times 4 \times 4$

O 6×30

O $30 + 1$

O $4 + 2 + 6$

O $8 \times 4 \times 5$

d) Now work out the answer to the solution you ticked in c).

Es gibt auch weitere Messinstrumente im Kontext des mathematischen Modellierens. Ein Beispiel ist die Erfassung der Kompetenz des Lehrens mathematischen Modellierens. Diese Kompetenz ist für den Unterricht zum mathematischen Modellieren sehr relevant. Basierend auf dem in der COACTIV-Studie verwendeten Modell (Baumert und Kunter 2011) und theoretisch abgeleiteten Kompetenzdimensionen von Borromeo

Ferri und Blum (2009) wurde ein Kompetenzmodell speziell für das Unterrichten mathematischer Modellierung entwickelt. Im Bereich des Professionswissens kann fachdidaktisches Wissen bezüglich spezifischer Inhalte im Hinblick auf das Unterrichten mathematischer Modellierung konkretisiert werden. Die Überzeugungen und die Selbstwirksamkeit können auch konkretisiert werden. Das fachdidaktische Wissen wurde unter Berücksichtigung der Kompetenzdimensionen von Borromeo Ferri und Blum (2009) in vier Kompetenzbereiche unterteilt. Dazu gehören Kenntnisse über Interventionen, Modellierungsprozesse, Modellierungsaufgaben und Ziele der Modellierung. Die diagnostische Kompetenz in Bezug auf die Kenntnis von Modellierungsprozessen besteht beispielsweise in der Fähigkeit, Modellierungsphasen zu identifizieren und Schwierigkeiten im Modellierungsprozess zu erkennen. Auf Basis des Strukturmodells wurde ein quantitatives Testinstrument zum Lehren mathematischen Modellierens entwickelt. Der Test besteht aus zwei Teilen: Im ersten Teil wird modellspezifisches fachdidaktisches Wissen in einem Leistungstest erfasst. Zu diesem Zweck wurden insgesamt 70 dichotome Testitems in einem Multiple-Choice- und einem kombinierten Single-Choice-Format operationalisiert. Die Items in den Feldern Wissen über Modellierungsprozesse und Wissen über Interventionen beziehen sich auf Modellierungsaufgaben, die durch Textvignetten zu spezifischen Lösungsprozessen von Schülerinnen und Schülern ergänzt werden. In einem zweiten Teil des Fragebogens werden Überzeugungen und Selbstwirksamkeitserwartungen in Bezug auf das mathematische Modellieren in fünf Skalen erfasst. Gekürzte Skalen zu konstruktivistischen und transmissiven Überzeugungen über das Lehren und Lernen in Mathematik, basierend auf Staub und Stern (2002), wurden verwendet. Die Skala zum Anwendungsaspekt von Grigutsch et al. (1996) wurde an die Inhalte der mathematischen Modellierung angepasst. Es wurde eine Skala entwickelt, die die Verwendung der mathematischen Modellierung im Klassenzimmer darstellt. Eine neu entwickelte Skala, die sich auf die Selbstwirksamkeit bei der Wahrnehmung und Bewertung der Leistungsheterogenität konzentriert, wurde verwendet, um die Erwartungen an die Selbstwirksamkeit zu bestimmen. Der vollständige Test wurde veröffentlicht (Klock und Wess 2018). Bei der Erprobung des Testinstruments wurden Daten von 156 Lehramtsstudenten erhoben, die an verschiedenen Universitäten in Deutschland ein Lehramtsstudium absolvierten. Die Ergebnisse der Pilotstudie zeigen, dass das Strukturmodell zum Lehren mathematischen Modellierens in der konzeptualisierten Form empirisch bestätigt werden konnte (Klock et al. 2019).

Literatur

Abel, M., Brauner, U., Brockes, E., Büchter, A., Indenkämpen, M., et al. (2006). *Kompetenzorientierte Diagnose. Aufgaben für den Mathematikunterricht*. Stuttgart: Klett.

Baumert, J., & Kunter, M. (2011). Das Kompetenzmodell von COACTIV. In M. Kunter, J. Baumert, W. Blum, U. Klusmann, S. Krauss, & M. Neubrand (Hrsg.), *Professionelle Kompetenzen von Lehrkräften. Ergebnisse des Forschungsprogramms COACTIV* (S. 29–54). Münster: Waxmann.

Baumert, J., Klieme, E., Neubrand, M., Prenzel, M., Schiefele, U., Schneider, W., Stanat, P., Till-
    mann, K., & Weiß, M. (2001). Pisa 2000. http://www.mpib-berlin.mpg.de/pisa, Dezember 2001.
Blomhøj, M., & Jensen, T. (2003). Developing mathematical modelling competence: Conceptual cla-
    rification and educational planning. *Teaching Mathematics and its Applications, 22*(3), 123–139.
Blomhøj, M., & Jensen, T. (2007). What's all the fuss about competencies? In W. Blum, P. Gal-
    braith, H.-W. Henn, & M. Niss (Hrsg.), *Modelling and applications in mathematics education*
    (S. 45–56). New York: Springer.
Blum, W., & Leiß, D. (2005). Modellieren im Unterricht mit der „Tanken"-Aufgabe. *mathematik
    lehren, 128,* 18–21.
Blum, W., & Niss, M. (1991). Applied mathematical problem solving, modelling, applications and
    links to other subjects – State, trends and issues in mathematics instruction. *Educational Stu-
    dies in Mathematics, 22*(1), 37–68.
Blum, W., et al. (2002). ICMI Study 14: Applications and modelling in mathematics education–
    Discussion document. *Educational Studies in Mathematics, 51,* 149–171.
Böhm, W. (2000). *Wörterbuch der Pädagogik* (15. Aufl.). Stuttgart: Kröner.
Böhm, U. (2013). *Modellierungskompetenzen langfristig und kumulativ fördern. Tätigkeits-
    theoretische Analyse des mathematischen Modellierens in der Sekundarstufe I.* Berlin: Springer
    Spektrum.
Borromeo Ferri, R., & Blum, W. (2009). Mathematical modelling in teacher education – Expe-
    riences from a modelling seminar. In V. Durand-Guerrier, S. Soury-Lavergne & F. Arzarello
    (Hrsg.), In: *Proceedings of CERME 6* (S. 2046–2055). Lyon.
Borromeo Ferri, R. (2007). Modelling problems from a cognitive perspective. In C. Haines, P. Gal-
    braith, W. Blum, & S. Khan (Hrsg.), *Mathematical modelling – Education, engineering and
    economics* (S. 260–270). Chichester: Horwood Publishing Limited.
Brand, S. (2014). *Erwerb von Modellierungskompetenzen. Empirischer Vergleich eines holisti-
    schen und eines atomistischen Ansatzes zur Förderung von Modellierungskompetenzen.* Wies-
    baden: Springer Spektrum.
Bruder, R. (2003). Konstruieren – auswählen – begleiten. Über den Umgang mit Aufgaben. *Fried-
    rich Jahresheft, 2003,* 12–15.
Büchter, A., & Leuders, T. (2005). *Mathematikaufgaben selbst entwickeln. Lernen fördern Leis-
    tung überprüfen.* Berlin: Cornelsen Scriptor.
Burkhardt, H. (1989). Mathematical modelling in the curriculum. In W. Blum, J. S. Berry, R. Bieh-
    ler, I. Huntley, G. Kaiser-Meßmer, & L. Profke (Hrsg.), *Applications and modelling in learning
    and teaching mathematics* (S. 1–11). Chichester: Horwood Publishing.
Cattell, R. B. (1971). *Abilities: Their structure, growth, and action.* New York: Houghton Mifflin.
English, L. D. (2016). Advancing mathematics education research within a STEM environment. In
    K. Makar, S. Dole, J. Visnovska, M. Goos, A. Bennison, & K. Fry (Hrsg.), *Research in mathe-
    matics education in Australasia 2012–2015.* Singapore: Springer.
Franke, M., & Ruwisch, S. (2010). *Didaktik des Sachrechnens in der Grundschule.* Berlin: Spektrum.
Frejd, P. (2011). An investigation of mathematical modelling in the Swedish national course tests
    in mathematics. In M. Pytlak, T. Rowland, & E. Swoboda (Hrsg.), *Proceedings of the Seventh
    Congress of the European Society for Research in Mathematics Education* (S. 947–956).
    Poland: University of Rzeszów.
Frejd, P. (2013). Modes of modelling assessment – A literature review. *Educational Studies in Mat-
    hematics, 84*(3), 413–438.
Galbraith, P., & Stillman, G. (2006). A framework for identifying student blockages during transi-
    tions in the modelling process. *Zentralblatt für Didaktik der Mathematik, 38*(2), 143–162.
Greefrath, G. (2004). Offene Aufgaben mit Realitätsbezug. Eine Übersicht mit Beispielen und
    erste Ergebnisse aus Fallstudien. *mathematica didactica, 2*(27), 16–38.

Greefrath, G. (2018). *Anwendungen und Modellieren im Mathematikunterricht. Didaktische Perspektiven des Sachrechnens in der Sekundarstufe*. Berlin: Springer Spektrum.

Grigutsch, S., Raatz, U., & Törner, G. (1998). Einstellungen gegenüber Mathematik bei Mathematiklehrern. *Journal für Mathematik-Didaktik, 19*(98), 3–45.

Hankeln, C., Adamek, C., & Greefrath, G. (2019). Assessing sub-competencies of mathematical modelling – Development of a new test instrument. In G. A. Stillman & J. P. Brown (Hrsg.), *Lines of inquiry in mathematical modelling research in education* (S. 143–160). Cham: Springer.

Haines, C., Crouch, R., & Davies, J. (2001). Understanding students' modelling skills. In J. Matos, W. Blum, K. Houston, & S. Carreira (Hrsg.), *Modelling and mathematics education, Ictma 9: Applications in science and technology* (S. 366–380). Chichester: Horwood Publishing.

Helmke, A., & Schrader, F. W. (2001). School achievement, cognitive and motivational determinants. In N. J. Smelser & P. B. Baltes (Hrsg.), *International Encyclopedia of the social and behavioral sciences* (Vol. 20, S. 13552–13556). Oxford: Elsevier. http://dx.doi.org/10.1016/B0-08-043076-7/02413-X.

Helmke, A., & Schrader, F.-W. (2006). Determinanten der Schulleistung [Determinants of school learning]. In D. Rost (Hrsg.), *Handwörterbuch Pädagogische Psychologie [Handbook Educational Psycholog]* (S. 83–94). Weinheim: Beltz Psychologie Verlags Union.

Izard, J. (1997). Assessment of complexity behaviour as expected in mathematical projects and investigations. In S. K. Houston, W. Blum, I. D. Huntley, & N. T. Neill (Hrsg.), *Teaching and learning mathematical modelling* (S. 95–107). Chichester: Albion Publishing.

Jäger, R. S. (2001). *Von der Beobachtung zur Notengebung – Ein Lehrbuch*. Landau: Verlag Empirische Pädagogik.

Jahnke, T., Klein, H.-P., Kühnel, W., Sonar, T., & Spindler, M. (2014). Die Hamburger Abituraufgaben im Fach Mathematik. Entwicklung von 2005 bis 2013. Mitteilungen der DMV, 115–121.

Jank, W., & Meyer, H. (1994). *Didaktische Modelle*. Frankfurt a. M.: Cornelson Scriptor.

Jordan, A., Krauss, S., Löwen, K., Blum, W., Neubrand, M., Brunner, M., et al. (2008). Aufgaben im COACTIV-Projekt: Zeugnisse des kognitiven Aktivierungspotentials im deutschen Mathematikunterricht. *Journal für Mathematik-Didaktik, 29*(2), 83–107.

Kaiser, G. (1995). Realitätsbezüge im Mathematikunterricht – Ein Überblick über die aktuelle und historische Diskussion. In G. Graumann, T. Jahnke, G. Kaiser & J. Meyer (Hrsg.), *Materialien für einen realitätsbezogenen Mathematikunterricht* (Vol. 2, S. 66–84). Bad Salzdetfurth ü. Hildesheim: Franzbecker.

Kaiser, G. (2007). Modelling and modelling competencies in school. In C. Haines, P. Galbraith, W. Blum, & S. Khan (Hrsg.), *Mathematical modelling: Education, engineering and economics* (S. 110–119). Chichester: Horwood.

Kaiser, G., & Sriraman, B. (2006). A global survey of international perspectives on modelling in mathematics education. *ZDM Mathematics Education, 38*(3), 302–310.

Kaiser-Meßmer, G. (1993). Reflections on future developments in the light of empirical research. In T. Breiteig, I. Huntley, & G. Kaiser-Meßmer (Hrsg.), *Teaching and learning mathematics in context* (S. 213–227). Chichester: Horwood Publishing.

Klock H, & Wess R. (2018). Lehrerkompetenzen zum mathematischen Modellieren – Test zur Erfassung von Aspekten professioneller Kompetenz zum Lehren mathematischen Modellierens. WWU-Publikationsserver MIAMI.

Klock, H., Wess, R., Greefrath, G., & Siller, H.-S. (2019). Aspekte professioneller Kompetenz zum Lehren mathematischen Modellierens bei (angehenden) Lehrkräften – Erfassung und Evaluation. In T. Leuders, E. Christophel, M. Hemmer, F. Korneck, & P. Labudde (Hrsg.), *Fachdidaktische Forschungen zur Lehrerbildung* (S. 135–146). Münster: Waxmann.

KMK. (2012). *Bildungsstandards im Fach Mathematik für die Allgemeine Hochschulreife*. Köln: Wolters Kluver.

Kreckler, J. (2017). Implementing modelling into the classroom: Results of an empirical research study. In G. A. Stillman, W. Blum, & G. Kaiser (Hrsg.), *Mathematical modelling and applications: Crossing and researching boundaries in mathematics education* (S. 277–287). Cham: Springer.

Leuders, T. (2006). Kompetenzorientierte Aufgaben im Unterricht. In W. Blum, C. Drüke-Noe, R. Hartung, & O. Köller (Hrsg.), *Bildungsstandards Mathematik: konkret* (S. 81–95). Berlin: Cornelsen Scriptor.

Maaß, K. (2004). Mathematisches Modellieren im Unterricht. Ergebnisse einer empirischen Studie. Franzbecker, Hildesheim.

Maaß, K. (2006). What are modelling competencies? *ZDM Mathematics Education, 38*(2), 113–142.

Maaß, K. (2007). *Mathematisches Modellieren. Aufgaben für die Sekundarstufe I*. Berlin: Cornelsen.

Maaß, K. (2009). *Mathematikunterricht weiterentwickeln*. Berlin: Cornelson Scriptor.

Maaß, K. (2010). Classification scheme for modelling tasks. *Journal für Mathematik. Didaktik, 31*(2), 285–311.

Maaß, K. (2011). How can teachers' beliefs affect their professional development? *ZDM Mathematics Education, 43*(4), 573–586.

Maaß, K. (2016). Vier Millionen Unterschriften – Die Leistungen beim Modellieren sinnvoll messen. *Mathematik, 5-10*(4), 16, 26–29.

Maaß, K. & Mischo, C. (2012). Fördert Mathematisches Modellieren die Motivation in Mathematik? – Befunde einer Interventionsstudie bei Hauptschülern (Ergebnisse des Projektes Stratum). Mathematica Didactica, 25–49.

Maaß, K., Doorman, M., Jonker, V., & Wijers, M. (2019). Promoting active citizenship in mathematics teaching. *ZDM Mathematics Education, 51*(6), 991–1003. https://doi.org/10.1007/s11858-019-01048-6.

Mischo, C., & Maaß, K. (2013). Which personal factors affect mathematical modelling? The effect of abilities, domain specific and cross domain-competences and beliefs on performance in mathematical modelling. *Journal of Mathematical Modelling and Application, 1*(7), 3–19.

Naylor, T. (1991). Assessment of a modelling and applications teaching module. In M. Niss, W. Blum, & I. D. Huntley (Hrsg.), *Teaching of mathematical modelling and applications* (S. 317–325). Chichester: Ellis Horwood.

Niss, M., Blum, W., & Galbraith, P. (2007). Introduction. In W. Blum, P. L. Galbraith, H.-W. Henn, & M. Niss (Hrsg.), *Modelling and applications in mathematics education* (S. 3–32). New York: Springer.

Palm, T. (2008). Impact of authenticity on sense making in word problem solving. *Educational Studies in Mathematics, 67,* 37–58.

Rellensmann, J., Schukajlow, S., & Leopold, C. (2017). Make a drawing. Effects of strategic knowledge, drawing accuracy, and type of drawing on students' mathematical modelling performance. *Educational Studies in Mathematics, 95*(1), 53–78.

Scherer, P. (1999). Mathematiklernen bei Kindern mit Lernschwächen. Perspektiven für die Lehrerbildung. In C. Selter & G. Walther (Hrsg.), *Mathematikdidaktik als design science. Festschrift für Erich Christian Wittmann*. Stuttgart: Klett.

Schoenfeld, A. H. (1992). Learning to think mathematically: Problem solving, metacognition, and sense-making in mathematics. In D. Grouws (Hrsg.), *Handbook for research on mathematics teaching and learning* (S. 334–370). New York: MacMillan.

Schukajlow, S., Krug, A., & Rakoczy, K. (2015). Effects of prompting multiple solutions for modelling problems on students' performance. *Educational Studies in Mathematics, 89*(3), 393–417.

Sjuts, J. (2003). Metakognition per didaktisch- sozialem Vertrag. *Journal für Mathematik-Didaktik, 24*(1), 18–40.

Staub, F. C., & Stern, E. (2002). The nature of teachers' pedagogical content beliefs matters for students' achievement gains. *Journal of Educational Psychology, 94*(2), 344–355.

Stillman, G. (1998). The emperor's new clothes? Teaching and assessment of mathematical applications at the senior secondary level. In P. L. Galbraith, et al. (Hrsg.), *Mathematical modelling: Teaching and assessment in a technology-rich world* (S. 243–254). West Sussex: Horwood Publishing Ltd.

Sundermann, B., & Selter, C. (2006). *Beurteilen und Fördern im Mathematikunterricht. Gute Aufgaben. Differenzierte Arbeiten Ermutigende Rückmeldungen*. Berlin: Cornelsen Scriptor.

Tanner, H., & Jones, S. (1995). Developing Metacognitive Skills in mathematical modelling – a socio-contructivist interpretation. In C. Sloyer, W. Blum, & I. Huntley (Hrsg.), *Advances and perspectives in the teaching of mathematical modelling and applications* (S. 61–70). Yorklyn: Water Street Mathematics.

Turner, R. (2007). Modelling and applications in PISA. In W. Blum, P. L. Galbraith, H. Henn, & M. Niss (Hrsg.), *Modelling and applications in mathematics education. The 14th ICMI study* (S. 433–440). New York: Springer.

Wang, M. C., Haertel, G. D., & Walberg, H. J. (1993). Toward a knowledge base for school learning. *Review of Educational Research, 63*, 249–294.

Weinert, F. E. (2001). *Leistungsmessungen in Schulen*. Weinheim: Beltz.

Zöttl, L. (2010). Modellierungskompetenzen fördern mit heuristischen Lösungsbeispielen. Ph.D. thesis, Ludwig-Maximilians-Universität München.

Zöttl, L., Ufer, S., & Reiss, K. (2010). Modelling with Heuristic Worked Examples in the KOMMA Learning Environment. *Journal für Mathemaitkdidaktik, 31*, 143–165.

Lernförderliche Rückmeldungen zu mathematischer Modellierungskompetenz im alltäglichen Mathematikunterricht: Unterrichtsentwicklung durch Lehrerfortbildungen?

2

Michael Besser, Werner Blum, Dominik Leiss, Eckhard Klieme und Katrin Rakoczy

Zusammenfassung

Aufbauend auf einer passgenauen Diagnose von Schülerleistungen stellt die lernförderliche Gestaltung von Rückmeldungen ein zentrales Moment schulischer Lehr-Lern-Prozesse dar. Am Beispiel der Kompetenz des mathematischen Modellierens untersucht das DFG-Projekt Co²CA daher u. a., inwieweit Lehrkräfte durch langfristig angelegte Lehrerfortbildungen gezielt darin unterstützt werden können, Schülerinnen und Schülern im kompetenzorientierten Mathematikunterricht möglichst lernförderliches Feedback zum aktuellen Wissensstand anzubieten. Empirisch zeigt sich, dass trotz des erfolgreichen Aufbaus fachdidaktischen Lehrerwissens zum Diagnostizieren und Rückmelden von Schülerleistungen zum mathematischen

M. Besser (✉) · D. Leiss
Institut für Mathematik und ihre Didaktik, Leuphana Universität Lüneburg, Lüneburg, Deutschland
E-Mail: besser@leuphana.de

D. Leiss
E-Mail: leiss@leuphana.de

W. Blum
Didaktik der Mathematik, Universität Kassel, Kassel, Deutschland
E-Mail: blum@mathematik.uni-kassel.de

E. Klieme · K. Rakoczy
DIPF Leibniz-Institut für Bildungsforschung und Bildungsinformation, Frankfurt, Deutschland
E-Mail: klieme@dipf.de

K. Rakoczy
E-Mail: rakoczy@dipf.de

© Springer-Verlag GmbH Deutschland, ein Teil von Springer Nature 2020
G. Greefrath und K. Maaß (Hrsg.), *Modellierungskompetenzen – Diagnose und Bewertung,* Realitätsbezüge im Mathematikunterricht,
https://doi.org/10.1007/978-3-662-60815-9_2

Modellieren durch die Fortbildungen Schülerinnen und Schüler keine positive Veränderung der Rückmeldepraxis durch die Mathematiklehrkräfte wahrnehmen. Die Ergebnisse werden mit Blick auf die Bedeutung von Lehrerfortbildungen für die Qualitätsentwicklung von Schule diskutiert.

2.1   Einleitung

Eine empirische Auseinandersetzung mit Möglichkeiten der erfolgreichen Initiierung schulischer Lehr-Lern-Prozesse ist als zentrales Moment evidenzbasierter Unterrichtsentwicklung zu verstehen. Als vielversprechendes – und vielleicht sogar einflussreichstes – Element schulischen Lernens kann dabei nach Hattie (2011) die Implementation formativen Assessments in den alltäglichen Unterricht verstanden werden: Formatives Assessment gilt als „next best hope" (Cizek 2010, S. 3) und „powerful tool" (Wylie et al. 2012, S. 121) zur Qualitätsentwicklung im Bildungswesen. Da vor allem lernförderliche Rückmeldungen als wichtiges Moment formativen Assessments zu verstehen sind (Bennett 2011; Wiliam und Thompson 2008), untersucht das Forschungsprojekt Co^{2}CA[1] am Beispiel mathematischer Modellierungskompetenz u. a., inwieweit Mathematiklehrkräfte durch die aktive Teilnahme an langfristig angelegten Fortbildungsangeboten gezielt in der praktischen Umsetzung derart lernförderlicher Rückmeldungen im kompetenzorientierten Mathematikunterricht unterstützt werden können. Ausgehend von dieser Fragestellung gliedert sich der Beitrag wie folgt: Im Rahmen theoretischer Vorüberlegungen werden empirische Erkenntnisse zu lernförderlicher Leistungsrückmeldung im (Mathematik-)Unterricht im Allgemeinen (Abschn. 2.2.1) sowie mit Bezug auf mathematisches Modellieren im Speziellen (Abschn. 2.2.2) aufgezeigt und Möglichkeiten der Unterstützung von (Mathematik-)Lehrkräften bzgl. der Entwicklung der eigenen Rückmeldepraxis durch Lehrerfortbildungen (Abschn. 2.2.3) diskutiert. Hierauf aufbauend werden im methodischen Teil des Artikels Konzeptualisierung, Umsetzung und Evaluation einer Lehrerfortbildungsstudie beschrieben (Kap. 3), welche explizit eine Veränderung dieser Rückmeldepraxis von Mathematiklehrkräften im kompetenzorientierten Mathematikunterricht (am Beispiel mathematischen Modellierens) fokussiert. Es schließt sich eine Darlegung empirischer Ergebnisse an (Kap. 4). Der Beitrag endet mit einer ausführlichen Diskussion und kritischen Reflexion dieser Ergebnisse (Kap. 5).

---

[1]*Conditions and Consequences of Classroom Assessment.* Projektleitung: E. Klieme (DIPF, Frankfurt), K. Rakoczy (DIPF, Frankfurt), W. Blum (Universität Kassel), D. Leiss (Leuphana Universität Lüneburg). Projekt gefördert durch die Deutsche Forschungsgemeinschaft. Geschäftszeichen: KL 1057/10–3, BL 275/16–3, LE 2619/1–3.

2.2 Theoretische Vorüberlegungen

2.2.1 Lernförderliche Leistungsrückmeldung als zentrales Element formativen Assessments

Schülerleistungen werden in der Schule oftmals vor allem einmalig am Ende einer Unterrichtseinheit durch Klassenarbeiten erfasst und zurückgemeldet. Zwar ist ein derartiges summatives Assessment für Selektions- und Qualifikationsentscheidungen notwendig (Maier 2010), es zeigt sich jedoch kein direkter Einfluss dieser Art von Leistungsmessung und Leistungsrückmeldung auf schulisches Lernen. Summatives Assessment „is passive and does not normally have immediate impact on learning" (Sadler 1989, S. 120). Meta-Analysen zeigen hingegen lernförderliche Effekte einer erfolgreichen Umsetzung von formativem Assessment in Schule auf (Black und William 1998; Hattie 2011; Kingston und Nash 2011). Dabei werden unter formativem Assessment nach Black und William (1998, S. 7–8) all jene Aktivitäten von Lehrkräften sowie Schülerinnen und Schülern verstanden, „which provide information to be used as feedback to modify the teaching and learning activities in which they are engaged". Entsprechend dieser Definition ist die Darbietung von Leistungsrückmeldungen für Schülerinnen und Schüler, die deren Lernaktivitäten beeinflussen, als zentrales Moment formativen Assessments zu verstehen (Bennett 2011; Wiliam und Thompson 2008). Aufbauend hierauf zeigen verschiedene empirische Studien spezifische Charakteristika auf, die Leistungsrückmeldungen erfüllen sollten, um eine lernförderliche Wirkung zu erzielen. So gilt:

- *Regelmäßigkeit:* Leistungsrückmeldungen sollte möglichst mehrfach in kurzen Abständen und nicht allein einmalig im Anschluss an Leistungssituationen (bspw. Klausuren) erfolgen, um den Unterricht wie selbstverständlich zu begleiten und neue Einsichten zu formen (Baker 2007; Black und William 2009).
- *Stärken, Schwächen, Strategien:* Lernförderliche Effekte lassen sich für Leistungsrückmeldungen außerdem insbesondere dann nachweisen, wenn drei zentrale Fragen nach individuellen Stärken, Schwächen und Strategien zum Weiterarbeiten durch diese beantwortet werden: „Where am I going? How am I going? and Where to next?" (Hattie und Timperley 2007, S. 88).
- *Informierend:* Leistungsrückmeldungen sollten, um lernförderliche Wirkungen zu erzielen, vor allem informativ und nicht kontrollierend sein, das heißt insbesondere auf die Aufgaben- und Verarbeitungsebene referieren, über bloßes Aufzeigen von „richtig" oder „falsch" hinausgehen sowie soziale Vergleiche vermeiden (Bangert-Drowns et al. 1991; Kluger und DeNisi 1996).

2.2.2 Lernförderliche Leistungsrückmeldung beim mathematischen Modellieren

Das auf obigen Erkenntnissen aufbauende DFG-Projekt Co^{2}CA belegt, dass sich regelmäßige, sowohl Stärken als auch Schwächen und Strategien aufzeigende, durch Aufgaben- und Prozessbezug informierende und nicht kontrollierende Rückmeldungen (im Folgenden auch kurz: *formative Leistungsrückmeldung*) zu mathematischen Modellierungsleistungen von Schülerinnen und Schülern nicht direkt auf deren Leistungsentwicklung auswirken. Vielmehr liegen indirekte Effekte vor, die vor allem vom Grad der Adaptivität der Gestaltung der Rückmeldung (d. h.: wie sehr unterstützt die Rückmeldung die Schülerinnen und Schüler kognitiv und konstruktiv) abhängen (Harks et al. 2014; Rakoczy et al. 2013). Eine solch adaptive Implementation formativer Leistungsrückmeldung in einen kompetenzorientierten Mathematikunterricht ist dabei, insbesondere auch mit spezifischem Blick auf mathematische Modellierungskompetenz, als große Herausforderung für Lehrkräfte zu verstehen (Pinger et al. 2016, 2017) – eine Herausforderung, welche u. a. auch in der kognitiven Komplexität mathematischer Modellierungsprozesse begründet ist. Denn: Ausgehend von der theoretisch fundierten Idee, dass mathematisches Modellieren in erster Linie die Auseinandersetzung mit realistischen, außermathematischen Problemstellungen unter Hinzunahme des „Hilfsmittels Mathematik" beschreibt (Kaiser et al. 2015), umfasst mathematisches Modellieren u. a. Teilprozesse des Verstehens, Strukturierens, Vereinfachens, Übersetzens, Interpretierens und Validierens (für einen idealtypischen Modellierungsprozess zu einer prototypischen Modellierungsaufgabe siehe Abb. 2.1; entnommen aus Leiss 2010). Kritisch zu reflektieren ist dabei, dass jeder dieser Teilprozesse mathematischen Modellierens eine potenzielle kognitive Hürde für Schülerinnen und Schüler darstellen kann (Blum 2011; Stillman et al. 2010). Hieraus ergibt sich unmittelbar – und dies ist nun entscheidend – dass das Anbieten einer lernförderlichen formativen Leistungsrückmeldung (im obigen Sinne) unweigerlich diagnostisches Wissen und Können über diese komplexen Teilprozesse bzw. kognitiven Hürden mathematischen Modellierens bedingt (Doerr 2007; Leiss 2010). Oder etwas plakativ: Ohne erfolgreiche Diagnose der Lehrkraft keine adaptive, formative Rückmeldung für die Schülerinnen und Schüler.

2.2.3 Entwicklung der Rückmeldepraxis beim mathematischen Modellieren durch Lehrerfortbildungen

Unterrichtsentwicklung durch Implementation formativer Leistungsrückmeldung zu mathematischen Modellierungsprozessen von Schülerinnen und Schülern setzt somit – wie eben ausgeführt – u. a. fachdidaktisches Wissen von Mathematiklehrkräften zum Diagnostizieren und Rückmelden voraus. Fachdidaktisches Wissen und Können von Lehrkräften entwickelt sich jedoch nicht „durch bloße Berufsausübung" (Kleickmann et al. 2013, 2017), vielmehr sind explizite Lerngelegenheiten notwendig, die eine

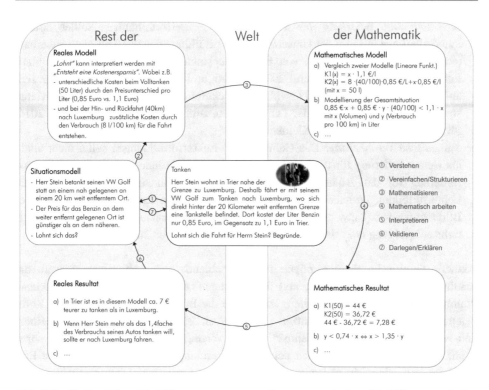

Abb. 2.1 Idealtypischer Modellierungsprozess zu einer prototypischen Modellierungsaufgabe, entnommen aus Leiss (2010)

professionelle Entwicklung fachdidaktischen Wissens und Könnens von Lehrkräften initiieren. Eine evidenzbasierte Diskussion über Möglichkeiten der Unterstützung von Mathematiklehrkräften bei der Umsetzung formativer Leistungsrückmeldungen (beim mathematischen Modellieren) impliziert somit unmittelbar eine Auseinandersetzung mit der Frage nach Gelingensbedingungen derart expliziter Lerngelegenheiten. Verschiedene Metastudien haben in den letzten Jahren zentrale Ergebnisse zur Wirkung von Lehrerfortbildungen als spezifische Lerngelegenheiten zur Unterstützung professioneller Entwicklung von Lehrkräften und somit zur Unterstützung von Unterrichtsentwicklung zusammengetragen. Zusammenfassend stellen diese Arbeiten heraus (siehe auch Darling-Hammond et al. 2017; Lipowsky 2014):

- *Hauptmerkmale:* Lehrerfortbildungen sollten sogenannten Hauptmerkmalen Rechnung tragen, d. h. insbesondere allen Lehrkräften eine gemeinsame, aktive Mitarbeit an konkreten unterrichtlichen Inhalten über einen längeren Zeitraum ermöglichen und hierbei an vorhandenes Wissen und Können der Lehrkräfte anknüpfen (im Original lauten diese „core feature": active learning, collective participation, coherence, content focus, duration; siehe Desimone 2009; Garet et al. 2001).

- *Innerhalb und außerhalb des Klassenraums:* Lehrerfortbildungen sollten sowohl innerhalb (etwa in Form der Umsetzung von Fortbildungsinhalten) als auch außerhalb (etwa in Form der Reflexion von Fortbildungsinhalten) des Klassenzimmers stattfinden (Clark und Hollingsworth 2002; Putnam und Borko 2000) und hierbei gezielt auf den Einsatz von Unterrichtsvideos zurückgreifen, um Vorwissen zu aktivieren sowie kritische Reflexionen der Lehrkräfte einzufordern (Seidel und Stürmer 2014; Sherin 2004; Steffensky und Kleinknecht 2016).
- *Systemische Verankerung:* Das Gelingen von Lehrerfortbildungen sollte nicht allein als Herausforderung für die Lehrkraft als Individuum, sondern vielmehr als Herausforderung für das Bildungssystem als Ganzes verstanden und gedacht werden. Lehrerfortbildungen haben somit explizit den gegebenen Rahmenbedingungen eines Bildungssystems (bspw. spezifischen Bildungszielen) Rechnung zu tragen, um Unterrichtsentwicklung langfristig anzuregen (Cobb und Jackson 2011; Schoenfeld 2014).

Aktuelle empirische Studien zeigen für Deutschland, dass Lehrerfortbildungen, die in Ihren Konzeptualisierungen und Umsetzungen auf diese Gestaltungsmerkmale (zumindest in Teilen) zurückgreifen, erfolgreich die Entwicklung professioneller Kompetenz von Lehrkräften unterstützen (Besser et al. 2015a; Busch et al. 2015; Roesken-Winter et al. 2015). Im Rahmen des Forschungsprojekts Co^2CA konnte sogar explizit gezeigt werden, dass sich derartige Fortbildungsangebote positiv auf die Entwicklung von allgemein-pädagogischem Wissen zu formativer Leistungsrückmeldung (Schütze et al. 2017) sowie von spezifisch fachdidaktischem Wissen zum Diagnostizieren und Rückmelden von Schülerleistungen am Beispiel mathematischen Modellierens auswirken (Besser et al. 2015b). Mit Blick auf letztgenanntes Ergebnis stellt sich nun die Frage, inwieweit mit dieser positiven professionellen Entwicklung auch eine Veränderung der unterrichtlichen Rückmeldepraxis zu Schülerleistungen beim mathematischen Modellieren von Mathematiklehrkräften einhergeht. Konkret ergibt sich somit die folgende, für diesen Beitrag handlungsleitende Forschungsfrage:

> (Inwieweit) Wirkt sich die Teilnahme von Mathematiklehrkräften an einem auf empirischer Evidenz basierenden Fortbildungsangebot zu formativer Leistungsdiagnose und Leistungsrückmeldung am Beispiel mathematischen Modellierens, welches nachweislich die Entwicklung fachdidaktischen Wissens unterstützt, auf die Qualität formativer Leistungsrückmeldung zu mathematischen Modellierungsprozessen im Mathematikunterricht (Regelmäßigkeit; Stärken/Schwächen/Strategien; Informierend) aus?

2.3   Methode

Eine Auseinandersetzung mit der ebengenannten Forschungsfrage erfolgte im Rahmen des DFG-Projekts Co^2CA, einer empirischen Studie zur Analyse von Wirkungsmechanismen von Lehrerfortbildungen auf professionelle Kompetenzen von Lehrkräften und Unterrichtsqualität. Im methodischen Teil werden nun mit Blick auf diese Frage

Stichprobe und Design der Studie erläutert (Abschn. 2.3.1), inhaltliche Zielsetzung (Abschn. 2.3.2) und konkrete Konzeptualisierung des Fortbildungslehrgangs dargelegt (Abschn. 2.3.3) sowie ausgewählte Instrumente zur Evaluation dieses Lehrgangs aufgezeigt (Abschn. 2.3.4).

2.3.1 Stichprobe und Design

Im Rahmen des DFG-Projekts Co^2CA haben im Jahr 2013 insgesamt $N = 67$ Mathematiklehrkräfte ($N = 44$ weiblich; $N = 23$ männlich) an Fortbildungen zu zentralen Ideen kompetenzorientierten Mathematikunterrichts teilgenommen. Alle teilnehmenden Lehrkräfte unterrichteten das Fach Mathematik an Realschulen in Bayern, drei davon fachfremd, haben also nicht Mathematik an einer Hochschule studiert. Vor Beginn der Fortbildungen haben die Lehrkräfte sich je nach Interesse[2] für die Teilnahme an einem von zwei unterschiedlichen Fortbildungsangeboten entschieden: entweder einer Fortbildung zum „Diagnostizieren und Fördern von Schülerleistungen am Beispiel mathematischen Modellierens" (Untersuchungsbedingung A; UB A; $N = 30$) oder einer Fortbildung zu „zentralen Ideen mathematischen Problemlösens und Modellierens" (Untersuchungsbedingung B; UB B; $N = 37$). Aus organisatorischen und methodischen Gründen wurden beide Untersuchungsbedingungen jeweils in zwei Untergruppen (also UB A1/UB A2 sowie UB B1/UB B2) aufgeteilt, um eine maximale Gruppengröße von 20 Lehrkräften pro Bedingung zu gewährleisten. Aufgrund unterschiedlicher Schwerpunktsetzungen (siehe im Detail unten) unterscheiden sich UB A und UB B inhaltlich, nicht jedoch UB A1 und UB A2 bzw. UB B1 und UB B2. Die äußere Struktur und die Fortbildungsleiter wurden für alle vier Teilgruppen konstant gehalten. So erstreckten sich sämtliche Fortbildungen über die Dauer von zwei Dreitagesblöcken zu Beginn bzw. Ende sowie über zehn Wochen zur Implementation und Erprobung von Fortbildungsinhalten in den eigenen Mathematikunterricht zwischen diesen Dreitagesblöcken (siehe auch Abb. 2.2).

2.3.2 Inhaltliche Zielsetzung

Die beiden Fortbildungsangebote aus UB A und UB B grenzen sich inhaltlich deutlich voneinander ab. Mit Blick auf UB A stellte dabei insbesondere eine Auseinandersetzung mit lernprozessbezogener Diagnose und Rückmeldung von Schülerleistungen beim mathematischen Modellieren den inhaltlichen Kern dieses Fortbildungsangebots dar. Im Einklang mit aufgezeigten theoretischen Überlegungen zu lernförderlicher

---

[2]Eine randomisierte Zuteilung der Lehrkräfte zu einer der beiden Untersuchungsbedingungen erschien weder aus praktischen noch aus ethischen Gründen umsetzbar.

Abb. 2.2 Design der Fortbildungsstudie

Leistungsrückmeldung sowie der Komplexität mathematischer Modellierungsprozesse erfolgte hier eine aktive Auseinandersetzung der Fortbildungsteilnehmerinnen und Fortbildungsteilnehmer mit folgenden Themen:

- *Pädagogisch-psychologische Überlegungen zu Leistungsdiagnose und Leistungsrückmeldung* in der Schule, insbesondere: Möglichkeiten und Grenzen formativer und summativer Leistungsrückmeldung; Funktionen und Ebenen des Diagnostizierens und Rückmeldens im Unterricht; lernförderliche Gestaltung von Leistungsrückmeldungen als zentrales Element formativen Assessments.
- *Mathematikdidaktische Überlegungen zur Umsetzung formativer Leistungsrückmeldung* im Mathematikunterricht am Beispiel mathematischen Modellierens, insbesondere: kognitive Analyse schriftlicher und mündlicher Schülerlösungsprozesse bei Modellierungsaufgaben; Erfassung von Schülerschwierigkeiten beim mathematischen Modellieren; Bereitstellung von den Lernprozess unterstützenden schriftlichen und mündlichen Rückmeldungen zu individuellen Bearbeitungsprozessen von Schülern beim mathematischen Modellieren.
- *Implementation formativen Assessments* am Beispiel mathematischen Modellierens in den Unterricht, insbesondere: Entwicklung und Einsatz diagnostisch reichhaltiger Modellierungsaufgaben; hiermit einhergehend Diagnose sowie individuelle, schriftliche und lernförderliche Rückmeldung von Schülerleistungen im Unterricht (also: Regelmäßigkeit; Stärken/Schwächen/Strategien; Informierend) unter Rückgriff auf entwickelte Aufgaben.

Kontrastierend hierzu bildete eine Auseinandersetzung mit ausgewählten, grundlegenden Gedanken des Problemlösens und Modellierens (jedoch explizit nicht mit der Diagnose und Rückmeldung konkreter Schülerlösungsprozesse) den inhaltlichen Kern der Fortbildungen in Untersuchungsbedingung B. Die Erarbeitung zentraler Ideen erfolgte dabei stets am Beispiel geeigneter Unterrichtsaufgaben, bilden diese doch ein zentrales Element des Lehrens und Lernens von Mathematik in der Schule (Bromme et al. 1990; Christiansen und Walther 1986; Krainer 1991). Folgende Themen werden in UB B erarbeitet:

- *Zentrale Ideen zum mathematischen Problemlösen,* insbesondere: (Theoretische) Überlegungen zum mathematischen Problemlösen in Anlehnung an deutsche Bildungsstandards; heuristische Strategien und Hilfsmittel beim mathematischen Problemlösen; Analyse und gezielte Veränderung von Problemlöseaufgaben (in Schulbüchern).
- *Zentrale Ideen zum mathematischen Modellieren,* insbesondere: (Theoretische) Überlegungen zum mathematischen Modellieren in Anlehnung an deutsche Bildungsstandards; deskriptive und normative Modellbildung beim mathematischen Modellieren; Analyse und gezielte Veränderung von Modellierungsaufgaben (in Schulbüchern).
- *Implementation von Problemlöseaufgaben und Modellierungsaufgaben in den Unterricht,* insbesondere: Entwicklung und Einsatz von mittels heuristischer Strategien/Hilfsmittel zu bearbeitender Aufgaben bzw. von Aufgaben zur normativen/deskriptiven Modellbildung; hiermit einhergehend Einsatz und Erprobung dieser Aufgaben im Unterricht.

Mit Blick auf eine empirische Diskussion der aufgezeigten Forschungsfrage ist hier nun entscheidend: Zwar fand in beiden Untersuchungsbedingungen eine Auseinandersetzung mit Fragen zum mathematischen Modellieren statt, innerhalb der beiden Bedingungen wurden jedoch deutlich unterschiedliche (und bzgl. entscheidender Aspekte überschneidungsfreie) Schwerpunkte gesetzt. In UB A erfolgte eine tief gehende Erarbeitung kognitiver Prozesse, zu erwartender Schwierigkeiten sowie potenzieller Fehler von Schülerinnen und Schülern im Bearbeitungsprozess von mathematischen Modellierungsaufgaben. Die Aneignung dieses diagnostischen fachdidaktischen Wissens und Könnens diente dabei als Grundlage für die Auseinandersetzung mit der Implementation lernförderlicher Rückmeldungen zu den Bearbeitungsprozessen der Schülerinnen und Schüler. Die Zielsetzung der Fortbildungen lässt sich exemplarisch in der in Abb. 2.3 dargestellten Beispielaufgabe aus einem am Ende der Fortbildungen eingesetzten fachdidaktischen Wissenstest verdeutlichen: Lehrkräfte sollten Schülerlösungsprozesse zu Modellierungsaufgaben (hier der Aufgabe „Tanken") analysieren, Schülerstärken und Schülerschwächen identifizieren und lernförderliche Rückmeldungen anbieten können. In UB B wurden sämtliche Fragen nach Modellierungsprozessen, nach Diagnose und Rückmeldung vollständig ausgeklammert, hier wurden – neben Grundlagen zum mathematischen Problemlösen – allein ausgewählte Grundlagen mathematischen Modellierens (authentische außermathematische Problemstellungen, die sich in Mathematikaufgaben manifestieren lassen und die entweder mittels normativer oder deskriptiver Modellbildung bearbeitet werden können) erarbeitet. UB B kann somit zwar nicht als klassische Wartekontrollgruppe, wohl aber als Vergleichsgruppe zu UB A bzgl. des Aspekts der Umsetzung formativer Leistungsrückmeldung zum mathematischen Modellieren im Unterricht verstanden werden.

Gegeben ist die unten stehende Aufgabe:

Herr Stein wohnt in Trier nahe der Grenze zu Luxemburg. Deshalb
fährt er mit seinem VW Golf zum Tanken nach Luxemburg, wo
sich direkt hinter der 20 Kilometer weit entfernten Grenze eine
Tankstelle befindet. Dort kostet der Liter Benzin nur 0,85 Euro, im
Gegensatz zu 1,1 Euro in Trier.

Lohnt sich die Fahrt für Herrn Stein? Begründe.

Im Folgenden ist nun eine Schülerlösung zu der Aufgabe gegeben. Geben Sie dem Schüler hierzu auf der nächsten Seite eine **möglichst lernförderliche Rückmeldung**.

Schülerlösung:

Trier $\xrightarrow{20\,km}$ Luxemburg
$\xleftarrow{20\,km}$

50 Liter tanken
10 Liter auf 100 km

$50 \cdot 0{,}85 = 42{,}5 \;€$
$50 \cdot 1{,}1 = 55 \;€$

$40\,km \cdot 10\,Liter : 100\,km = 0{,}4\,Liter$
$0{,}4\,Liter \cdot 0{,}85 = 0{,}34 \;€$

$42{,}5\,€ + 0{,}34\,€ = 42{,}84\,€$
$55\,€ - 41{,}84\,€ = 13{,}16\,€$

Die Fahrt lohnt sich nicht, da
er 13,16 € mehr bezahlen muss
(wegen verbrauchtem Benzin).

Abb. 2.3 Beispielaufgabe aus dem fachdidaktischen Wissenstest am Ende der Fortbildungen

2.3.3 Konzeptualisierung der Fortbildung

Die Konzeptualisierung der Fortbildungen beider Untersuchungsbedingungen basiert auf aufgezeigten zentralen Erkenntnissen zu Gelingensbedingungen von Lehrerfortbildungen. So gilt für die Gestaltung der im Projekt durchgeführten Fortbildungen (für eine konkretere Ausformulierung siehe beispielhaft für UB A auch Abb. 2.4): Die Erarbeitung der zentralen inhaltlichen Ideen der Fortbildungen erfolgte unter Rückgriff auf konkrete Arbeitsmaterialien und Schulbuchaufgaben aus dem Mathematikunterricht der Sekundarstufe I sowie eigene Unterrichtsplanungen/Unterrichtserfahrungen der Lehrkräfte *(Hauptmerkmal: inhaltliche Fokussierung)*. Eine Anknüpfung an eigene

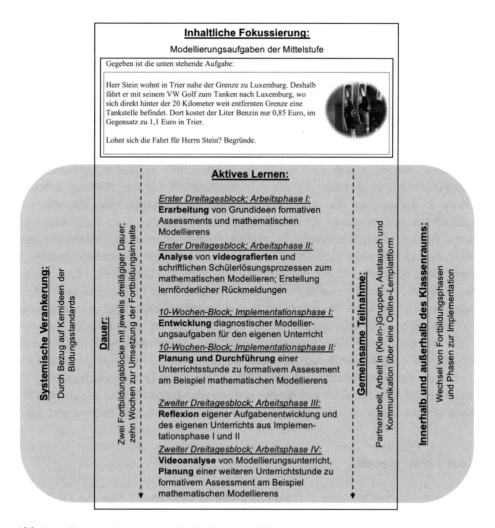

Abb. 2.4 Konzeptualisierung der Fortbildung aus UB A

Vorerfahrungen und eigenes Wissen und Können der Lehrkräfte wurde hierdurch unmittelbar gewährleistet *(Hauptmerkmal: Kohärenz)*. Einhergehend mit einer maximalen Teilnehmerzahl von 20 Lehrkräften pro Teiluntersuchungsbedingung und einer Gestaltung der Fortbildungen als Seminarsitzungen und nicht als „Vorlesungen" konnte eine zeitlich umfangreiche aktive Mitarbeit aller teilnehmenden Lehrkräfte ermöglicht werden. Dabei bildeten insbesondere die selbstständige Entwicklung, Vorstellung und Diskussion von Unterrichtsmaterialien sowie die Planung, Umsetzung und Reflexion eigenen Unterrichts den strukturellen Rahmen der Fortbildungslehrgänge *(Hauptmerkmal: aktives Lernen)*. Aufgrund der sich über mehrere Wochen erstreckenden Fortbildung (zwei Dreitagesblöcke sowie zehn Wochen zur Implementation zentraler Ideen in den eigenen Unterricht; ergänzend begleitet durch eine Online-Lernplattform) sowie der fokussierten Arbeit in Jahrgangsteams konnte eine langfristige, gemeinschaftliche Auseinandersetzung mit den Fortbildungsinhalten sowohl auf struktureller als auch auf inhaltlicher Ebene sichergestellt werden *(Hauptmerkmale: Dauer; gemeinsame Teilnahme)*. Unmittelbar mit dieser äußeren Struktur des Wechsels zwischen Fortbildungsphasen außerhalb der eigenen Schule sowie der Umsetzung von Fortbildungsideen im eigenen Mathematikunterricht konnte ein natürliches Spannungsfeld von Fortbildung innerhalb und außerhalb des eigenen Klassenraums geschaffen werden, welches durch den zusätzlichen Einsatz authentischer Unterrichtsvideos zu spezifischen Fragestellungen der Fortbildungen explizit verstärkt wurde *(innerhalb und außerhalb des Klassenraums)*. Durch eine spezifische Fokussierung in beiden Untersuchungsbedingungen auf ausgewählte, in den Bildungsstandards für den Mittleren Schulabschluss in Deutschland fest verankerte mathematische Kompetenzen, über die alle Schülerinnen und Schüler am Ende der Sekundarstufe verfügen sollten, wurde Bildungszielen für den Mathematikunterricht explizit Rechnung getragen *(systemische Verankerung)*. Insbesondere auch mit Blick auf die hier zentrale Forschungsfrage ist an dieser Stelle noch einmal zusammenfassend herauszustellen: Die konkrete Entwicklung von Unterrichtsmaterialien sowie die Planung, Umsetzung und Reflexion eigenen Unterrichts, welcher die Ideen der jeweiligen Fortbildungen aufgreift, stellt ein elementares Moment beider Untersuchungsbedingungen dar. Mit Blick auf UB A heißt dies, das vor allem auch der Einsatz von Modellierungsaufgaben in Unterricht (und Testsituationen), die Diagnose von Schülerlösungsprozessen zu diesen Modellierungsaufgaben und die Darbietung von (schriftlicher und mündlicher) formativer Leistungsrückmeldung als konkret in der Konzeptualisierung der Fortbildung verankertes Element zu verstehen ist, durch welches Unterrichtsentwicklung im Mathematikunterricht unterstützt werden soll.

2.3.4 Instrumente

Die Implementation zentraler Fortbildungsinhalte in den eigenen Unterricht hatte von den teilnehmenden Lehrkräften jeweils in einer ausgewählten, von diesen unterrichteten Mathematikklasse über die Gesamtdauer der Fortbildung zu erfolgen. Zur Evaluation der Veränderung der Qualität der Rückmeldungen zu mathematischen Modellierungs-prozessen von Schülerinnen und Schülern (hier wird nun deutlich: als Zielkriterium von UB A aber nicht von UB B) wurden in jeder dieser spezifischen Klassen zu drei Zeit-punkten Schülerfragebögen zur Erfassung der wahrgenommenen Rückmeldequalität administriert. Die Fragebögen wurden unmittelbar vor Beginn der Fortbildungen (Mess-zeitpunkt 1; MZP 1), unmittelbar vor Beginn des zweiten Dreitagesblocks und somit nach der Implementation der Fortbildungsinhalte in den eigenen Unterricht (Messzeit-punkt 2; MZP 2) sowie vier bis sechs Wochen nach dem zweiten Dreitagesblock (Mess-zeitpunkt 3; MZP 3) eingesetzt. Die Fragebögen aus MZP 3 wurden von den Lehrkräften per Post an das Projekt zurückgeschickt. In Anlehnung an empirische Erkenntnisse über lernförderliche formative Leistungsrückmeldungen wurden drei Skalen zur Erfassung der Rückmeldequalität (übernommen bzw. adaptiert von Dresel und Ziegler 2007; Kunter 2005; Rakoczy et al. 2005) in Form vierstufiger Likert-Skalen (1 = „stimmt gar nicht"; 4 = „stimmt genau") eingesetzt, deren übergeordneter Stimulus lautete: „Denk bitte an die Rückmeldungen, die du von deinem Lehrer/deiner Lehrerin im Mathematik-unterricht in den letzten 6 Wochen schriftlich oder im Gespräch bekommen hast. Gib an, wie sehr du folgenden Aussagen zustimmst."

- *Regelmäßigkeit (REG):* Skala zur Erfassung, inwieweit die Mathematiklehrkraft for-mative Leistungsrückmeldungen regelmäßig in den alltäglichen Mathematikunterricht implementiert (im Vergleich zur Implementation von Rückmeldungen allein einmalig am Ende einer Unterrichtseinheit). Die Skala besteht aus vier Items, zwei Beispiel-items lauten: „Im Mathematikunterricht der letzten 6 Wochen gab mir mein Lehrer/ meine Lehrerin Rückmeldungen zu Beiträgen im Unterricht." „Im Mathematikunter-richt der letzten 6 Wochen gab mir mein Lehrer/meine Lehrerin nach einer Klassen-arbeit zusätzlich zur Note eine persönliche Rückmeldung."
- *Stärken, Schwächen, Strategien (SSS):* Skala zur Erfassung, inwieweit Rück-meldungen der Mathematiklehrkraft sowohl Stärken als auch Schwächen und Stra-tegien der Schülerinnen und Schüler aufzeigen. Die Skala besteht aus fünf Items, zwei Beispielitems lauten: „Die Rückmeldungen, die ich von meinem Lehrer/meiner Lehrerin im Mathematikunterricht in den letzten 6 Wochen bekommen habe, haben mir gezeigt, wo ich mich noch verbessern kann." „Die Rückmeldungen, die ich von meinem Lehrer/meiner Lehrerin im Mathematikunterricht in den letzten 6 Wochen bekommen habe, haben mir geholfen, meinem Lernziel näher zu kommen."
- *Informierend (INF):* Skala zur Erfassung, inwieweit Rückmeldungen der Lehrkraft eher informierenden (und dadurch unterstützenden) statt kontrollierenden Charakter aufweisen. Die Skala besteht aus sechs Items, zwei Beispielitems lauten: „Durch die Rückmeldungen, die ich von meinem Lehrer/meiner Lehrerin im Mathematikunter-richt in den letzten 6 Wochen bekommen habe, habe ich erfahren, ob ich Fortschritte gemacht habe." „Durch die Rückmeldungen, die ich von meinem Lehrer/meiner Leh-rerin im Mathematikunterricht in den letzten 6 Wochen bekommen habe, habe ich erfahren, was ich noch verbessern könnte."

Da im Kontext der Forschungsfrage nicht die individuelle Wahrnehmung bzw. Bewertung von Unterrichtsqualität eines einzelnen Schülers sondern die wahrgenommene Qualität der Implementation von Rückmeldungen in den Unterricht durch die Mathematiklehrkraft interessiert, wurden auf Klassenebene aggregierte Mittelwerte der Skalen gebildet (Lüdtke et al. 2006). Für Messzeitpunkt 1 liegen Fragebögen aus 64 Klassen vor (UB A: N = 30; UB B: N = 34; Gesamtzahl an Schülern: 1528), auch für Messzeitpunkt 2 liegen Fragebögen aus 64 Klassen vor (UB A: N = 28; UB B: N = 36; Gesamtzahl an Schülern: 1501). Die Rücklaufquote für Messzeitpunkt 3 fällt deutlich geringer aus, hier kann allein auf Fragebögen aus 41 Klassen zurückgegriffen werden (UB A: N = 17; UB B: N = 24; Gesamtzahl an Schülern: 939). Da für MZP 1 und MZP 2 nur etwa 4,5 % der Gesamtdaten fehlen, wurden fehlende Werte auf Klassenebene mittels EM-Algorithmus unter Verwendung der drei Skalen REG, SSS und INF geschätzt (für mehr Informationen hierzu siehe Little und Rubin 2002; McLachlan und Krishan 1996; Schafer und Graham 2002). Für MZP 3 liegen hingegen nur etwa 60 % der Daten vor, gängige Schätzalgorithmen können hier nicht herangezogen werden. Entsprechend werden sämtliche Analysen stets einmal ohne und einmal mit Bezug auf MZP 3 berichtet.

Zur Bestimmung der Reliabilitäten dieser auf Klassenebene aggregierten Skalen wurde das Maß der Intra-Klassenkorrelation ICC(2) bestimmt (siehe hierzu u. a. Bliese 2000; Lüdtke et al. 2006; Shrout und Fleiss 1979). Die Analysen ergeben dabei gute Reliabilitätskennwerte für alle drei Skalen über alle drei Messzeitpunkte ($,77 < ICC(2) < ,88$).

2.4   Ergebnisse

Analysen auf manifester Ebene liefern für die drei herangezogenen Skalen REG, SSS und INF folgende Ergebnisse (siehe auch Tab. 2.1 und 2.2 sowie Abb. 2.5): Alle drei Skalen korrelieren für die verschiedenen Messzeitpunkte (zusammen über die Gesamtpopulation ebenso wie getrennt nach Untersuchungsbedingungen) hoch bis sehr hoch miteinander. Auf Klassenebene ist die wahrgenommene Rückmeldequalität dabei zu Messzeitpunkt 1 tendenziell positiv ($2,70 < M < 3,02$), diese fällt jedoch über die Zeit ab. Es lassen sich dabei im punktuellen Querschnitt keine Unterschiede zwischen UB A und UB B für einzelne Messzeitpunkte finden (zweiseitiger T-Test für unabhängige Stichproben). Die negativen Veränderungen in der wahrgenommenen Rückmeldequalität über die Zeit sind jedoch sowohl für die Gesamtpopulation als auch getrennt für UB A und UB B von Messzeitpunkt 1 zu Messzeitpunkt 2 sowie von Messzeitpunkt 1 zu Messzeitpunkt 3 signifikant von 0 verschieden (zweiseitiger T-Test bei einer Stichprobe). Die Effektstärken reichen dabei von $d = 0,63$ bis $d = 1,67$ (mittlere bis starke Effekte).

Die (unerwarteten) Ergebnisse des Rückgangs der wahrgenommenen Rückmeldequalität (in beiden Bedingungen) implizieren unmittelbar die Frage, inwieweit diese Effekte evtl. gar durch die Teilnahme der Lehrkräfte an UB A (im Vergleich zu UB B)

Tab. 2.1 Korrelationen der Skalen REG, SSS und INF

	MZP 1			MZP 2			MZP 3		
	(01)	(02)	(03)	(01)	(02)	(03)	(01)	(02)	(03)
GESAMT	N=67(*)			N=67(*)			N=41		
(01) ERG	1			1			1		
(02) SSS	,89*	1		,86*	1		,88*	1	
(03) INF	−85*	,96*	1	,72*	,87*	1	,83*	,92*	1
UB A	N=30(*)			N=30(*)			N=17		
(01) ERG	1			1			1		
(02) SSS	,96*	1		,94*	1		,88*	1	
(03) INF	,91*	,97*	1	,87*	,93*	1	,93*	,95*	1
UB B	N=37(*)			N=37(*)			N=24		
(01) ERG	1			1			1		
(02) SSS	,76*	1		,79*	1		,88*	1	
(03) INF	,75*	,92*	1	,58*	,79*	1	,74*	,91*	1

* Signifikant mit $p < ,01$ (zweiseitig)
(*) Fehlende Daten mittels EM-Algorithmus geschätzt

Tab. 2.2 Mittelwerte (Standardabweichungen) und Mittelwertunterschiede

	MZP 1(*)	MZP 2(*)	MZP 3	MZP 2 – MZP 1	MZP 3 – MZP 1
REG					
GESAMT	2,73 (0,33)	2,56 (0,34)	2,54 (0,32)	$t(66) = 5,19$, $p = ,00$, $d = 0,63$	$t(40) = 5,02$, $p = ,00$, $d = 0,78$
UB A	2,70 (0,39)	2,57 (0,34)	2,59 (0,35)	$t(29) = 3,72$, $p = ,00$, $d = 0,68$	$t(16) = 2,95$, $p = ,01$, $d = 0,71$
UB B	2,75 (0,28)	2,55 (0,34)	2,51 (0,30)	$t(36) = 3,82$, $p = ,00$, $d = 0,63$	$t(23) = 4,07$, $p = ,00$, $d = 0,83$
SSS					
GESAMT	3,00 (0,32)	2,75 (0,29)	2,71 (0,33)	$t(66) = 9,62$, $p = ,00$, $d = 1,18$	$t(40) = 8,60$, $p = ,00$, $d = 1,34$
UB A	2,99 (0,42)	2,77 (0,33)	2,79 (0,35)	$t(29) = 4,80$, $p = ,00$, $d = 0,88$	$t(16) = 4,55$, $p = ,00$, $d = 1,10$
UB B	3,02 (0,22)	2,74 (0,25)	2,66 (0,31)	$t(36) = 8,15$, $p = ,00$, $d = 1,34$	$t(23) = 8,17$, $p = ,00$, $d = 1,67$
INF					
GESAMT	2,98 (0,35)	2,74 (0,34)	2,69 (0,35)	$t(66) = 9,05$, $p = ,00$, $d = 1,11$	$t(40) = 9,00$, $p = ,00$, $d = 1,40$
UB A	2,96 (0,45)	2,75 (0,40)	2,73 (0,38)	$t(29) = 5,30$, $p = ,00$, $d = 0,97$	$t(16) = 4,91$, $p = ,00$, $d = 1,19$
UB B	3,01 (0,26)	2,73 (0,28)	2,66 (0,33)	$t(36) = 8,33$, $p = ,00$, $d = 1,27$	$t(23) = 7,05$, $p = ,00$, $d = 1,44$

(*) Fehlende Daten mittels EM-Algorithmus geschätzt

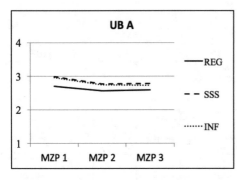
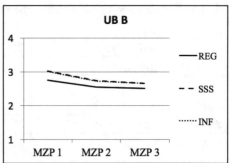

Abb. 2.5 Entwicklung der wahrgenommenen Rückmeldequalität über die Zeit

Tab. 2.3 Varianzanalysen mit Messwiederholungen

	F	df	p	ε^2
Varianzanalyse mit 2 Stufen				
Innersubjektfaktor: MZP (REG)	25,60	1	**,00**	**,28**
Zwischensubjektfaktor: Bedingung(*)	0,03	1	,87	,00
Intersubjektfaktor: MZP (REG) × Bedingung	0,75	1	,39	,01
Innersubjektfaktor: MZP (SSS)	79,28	1	**,00**	**,55**
Zwischensubjektfaktor: Bedingung(*)	0,00	1	,99	,00
Intersubjektfaktor: MZP (SSS) × Bedingung	1,24	1	,27	,02
Innersubjektfaktor: MZP (INF)	89,88	1	**,00**	**,58**
Zwischensubjektfaktor: Bedingung(*)	0,03	1	,86	,00
Intersubjektfaktor: MZP (INF) × Bedingung	1,68	1	,20	,03
Varianzanalyse mit 3 Stufen				
Innersubjektfaktor: MZP (REG)	18,90	2	**,00**	**,33**
Zwischensubjektfaktor: Bedingung(*)	0,41	1	,53	,01
Intersubjektfaktor: MZP (REG) × Bedingung	1,10	2	,33	,03
Innersubjektfaktor: MZP (SSS)	64,42	2	**,00**	**,62**
Zwischensubjektfaktor: Bedingung(*)	0,99	1	,33	,03
Intersubjektfaktor: MZP (SSS) × Bedingung	1,50	2	,23	,04
Innersubjektfaktor: MZP (INF)	55,07	2	**,00**	**,59**
Zwischensubjektfaktor: Bedingung(*)	0,45	1	,51	,01
Intersubjektfaktor: MZP (INF) × Bedingung	1,19	2	,31	,03

(*) UB A = 1; UB B = 0

erklärt werden können. Varianzanalysen mit Messwiederholung (Innersubjektfaktor: MZP; Zwischensubjektfaktor: Bedingung; Intersubjektfaktor: MZP × Bedingung) zeigen sowohl für ein Modell mit zwei Stufen (MZP 1 und MZP 2) als auch ein Modell mit drei Stufen (MZP 1, MZP 2 und MZP 3), dass der durch die Schülerinnen und Schüler wahrgenommene Rückgang an Rückmeldequalität allein durch den Messzeitpunkt, nicht jedoch durch die Bedingung oder eine Interaktion aus Bedingung und Messzeitpunkt erklärt werden kann (siehe Tab. 2.3).

2.5   Diskussion

Die Umsetzung formativen Assessments im Unterricht gilt als vielleicht erklärungs-mächtigster Faktor für schulisches Lernen (Hattie 2011). Zentrales Element formativen Assessments stellt die lernförderliche Rückmeldung von Schülerleistungen auf der Basis vorausgegangener Diagnosen durch die Lehrkraft dar. Vor allem mit Blick auf einen kompetenzorientierten Mathematikunterricht im Allgemeinen sowie auf Mathematik-unterricht zum mathematischen Modellieren im Speziellen stellt die Implementation derart formativer Leistungsrückmeldungen jedoch eine große Herausforderung für Lehrkräfte dar (Pinger et al. 2016, 2017). Im DFG-Projekt Co^2CA wurde daher unter-sucht, inwieweit Mathematiklehrkräfte durch evidenzbasierte Lehrerfortbildungen gezielt dabei unterstützt werden können, Schülerinnen und Schülern zu mathematischen Modellierungsprozessen formative Rückmeldungen anzubieten. Zentrales Ergebnis ist dabei, wie oben aufgezeigt: Die durch die Schülerinnen und Schüler wahrgenommene Rückmeldepraxis verändert sich im Laufe der Lehrerfortbildungsstudie nicht positiv. Dies gilt insbesondere auch für die Klassen derjenigen Lehrkräfte, die explizit an Fort-bildungen zum Diagnostizieren und Rückmelden von Schülerleistungen beim mathema-tischen Modellieren (UB A) teilnehmen und die – dies konnte an anderer Stelle gezeigt werden (Besser et al. 2015b) – explizit mathematikdidaktisches Wissen zur Implementa-tion lernförderlicher Rückmeldungen zu mathematischen Modellierungsprozessen durch die Fortbildungsteilnahme aufbauen. Zwar kann der Rückgang der wahrgenommenen Unterrichtsqualität im zugrunde liegenden Analysemodell nicht durch die Teilnahme der Lehrkräfte an den Fortbildungen oder durch eine Interaktion aus Fortbildungsteilnahme und Messzeitpunkt erklärt werden (dies ist ebenso deutlich festzuhalten), dennoch – und dies ist offensichtlich – liegen keine positiven Entwicklungen der Rückmeldepraxis vor.

Die Ergebnisse sind auf den ersten Blick nicht nur ernüchternd, sie stehen scheinbar auch im Widerspruch zu empirischen Erkenntnissen, dass spezifische Lerngelegenheiten für Lehrkräfte Unterrichtsentwicklung positiv beeinflussen (Darling-Hammond et al. 2017; Lipowsky 2014) und dass vor allem das fachdidaktische Wissen und Können von Mathematiklehrkräften die Qualität von Unterricht und damit schulische Lehr-Lern-Pro-zesse bedingt (Baumert et al. 2010; Hill et al. 2005; Kunter et al. 2013). Die Tatsache, dass im vorliegenden Fall diese Zusammenhänge nicht bestätigt werden konnten, ist somit – auch mit Bezug auf die Frage nach Möglichkeiten von Unterrichtsentwicklung durch Lehrerfortbildungen – explizit kritisch zu reflektieren. Hierbei sind vor allem die folgen-den, teils konzeptionell, teils inhaltlich bedingten Punkte deutlich herauszustellen, die auch einige nicht triviale Einschränkungen der vorliegenden Studie deutlich werden lassen:

- *Unterrichtsqualität und Schülerratings:* Sämtliche durchgeführte Analysen basieren auf Daten, welche die durch Schülerinnen und Schüler beschriebene Unterrichtsqualität beschreiben. Unterrichtsqualität wird dabei sehr spezifisch als Qualität der Rückmeldepraxis gefasst. Neben den Bewertungen dieses ausgewählten Moments von Unterrichtsqualität durch Schülerinnen und Schüler liegen keine weiteren Daten (etwa videografierter Unterricht oder eingesammelte Arbeits- und Lernmaterialien) vor. Die Frage nach der Validität dieser Schülerratings muss also durchaus explizit gestellt werden. So zeigt vor allem die Arbeit von Clausen (2002), dass Schülerinnen und Schüler Unterrichtsqualität im Vergleich zu anderen Akteuren (etwa Lehrkräften oder Bildungsforschern) durchaus valide beschreiben, dass die Güte der Unterrichtsbewertung jedoch stark vom zugrunde liegenden Bewertungskriterium abhängt. Vor allem eine neutrale Bewertung eines spezifischen Moments von Unterricht wird dabei oftmals durch die wahrgenommene affektive Unterrichtsqualität überlagert. Die Wahrnehmung von Rückmeldepraxis zu Modellierungsprozessen ist wohl durchaus als ein derart spezifisches Moment zu verstehen. Dies soll nicht heißen, dass die Wahrnehmungen der Schülerinnen und Schüler als falsch zu bezeichnen sind, wohl aber sollte diese Wahrnehmung mit einer gewissen Vorsicht betrachtet werden. Neben der Tatsache, dass sich die Rückmeldepraxis tatsächlich verschlechtert haben könnte, mag vielleicht ebenso naheliegend sein, dass sich diese „allein" verändert hat und dass sich eben diese Veränderung in den über die Zeit negativen Schülerwahrnehmungen widerspiegelt.
- *Unterrichtsentwicklung und bewusst erfahrene Praxis:* Im Rahmen der Lehrerexpertiseforschung (siehe für einen Überblick Krauss und Bruckmaier 2014) wird auch die Bedeutung so genannter „bewusster Erfahrungen in der Unterrichtspraxis" unter dem Stichwort „deliberate practice" ausführlich diskutiert (für einen zentralen Artikel zu deliberate practice siehe Ericsson et al. 1993). Ein zentrales Ergebnis dieser Forschungsbemühungen ist: Besonders „gute Leistungen" von Lehrkräften (also hier: besonders gute Unterrichtsqualität) bedingt oftmals viele Jahre vorausgegangener, reflektierter, bewusst erfahrener Praxis. Lehrkräfte mit diesen Erfahrungen „sehen und handeln" anders im alltäglichen Unterricht als Lehrkräfte ohne diese erfahrene Praxis. Einhergehend mit dem Wissen, dass Lehrerfortbildungen zwingend als langfristig angelegte Lernprozesse von Lehrkräften zu verstehen sind, kann somit kritisch hinterfragt werden, ob das hier evaluierte Fortbildungsangebot (welches sich pro Lehrkraft über die Dauer von etwa drei Monaten erstreckt) ausreicht, um substanzielle Veränderungen der Unterrichtspraxis sichtbar werden zu lassen. Selbst wenn diese erfolgreich angestoßen bzw. eingeleitet wurden, ist es durchaus möglich, dass hiermit durch den Aufbruch existierender Routinen zunächst eine Veränderung von Unterrichtspraxis und Unterrichtsqualität einhergeht, die von Schülerinnen und Schülern zu Beginn (zu Recht?) als negative Entwicklung wahrgenommen wird.
- *Unterrichtsentwicklung und systemische Rahmenbedingungen:* Lehrerfortbildungen bieten eine entscheidende Möglichkeit zur professionellen Entwicklung von Lehrkräften und somit zur Unterrichtsentwicklung – dies bedingt jedoch wie theoretisch

diskutiert vor allem auch eine Berücksichtigung systemischer Rahmenbedingungen des Bildungssystems (Cobb und Jackson 2011; Schoenfeld 2014). Dieser Idee wurde in der vorliegenden Studie vor allem dadurch Rechnung getragen, dass eine enge thematische Ausrichtung der Fortbildungen entlang verbindlicher Bildungsziele des Mathematikunterrichts der Mittelstufe erfolgte, sodass Lehrkräfte bei der Implementation der Fortbildungsinhalte nicht mit „unüberbrückbaren Widersprüchen" von Fortbildungsanspruch und unterrichtlicher Alltagssituation konfrontiert werden. Das Projekt fokussiert dabei durch die konzeptionelle Anlage primär darauf, durch professionelle Entwicklung von Lehrkräften Unterrichtsentwicklung anzustoßen. Aktuelle Studien zeigen jedoch, dass Unterrichtsentwicklung vielleicht nicht ohne Schulentwicklung gedacht werden kann bzw. darf (siehe bspw. Bohl 2017). Oder konkret: Wenn Lehrkräfte beim Versuch der Umsetzung von Fortbildungsinhalten im eigenen Unterricht nicht durch das schulische Umfeld (Schulleitung, Kolleginnen und Kollegen, Schulcurriculum, usw.) unterstützt werden, wird der Effekt der professionellen Entwicklung unmittelbar unterwandert.

Alle aufgeführten Punkte sind im Rahmen einer kritischen Interpretation und Reflexion der Ergebnisse (die ersten beiden Punkte übrigens auch für Untersuchungsbedingung B) zu berücksichtigen, um sich letztlich der entscheidenden Frage nach Unterrichtsentwicklung durch Lehrerfortbildungen – oder hier spezifisch: nach Möglichkeiten der Unterstützung von Lehrkräften bei der hoch komplexen Aufgabe, Schülerinnen und Schülern lernförderliche Rückmeldungen zu mathematischen Modellierungsprozessen im alltäglichen Unterricht anbieten zu können – zu nähern. Bei, wie ersichtlich geworden, notwendigerweise zu gebietender Vorsicht kann dabei als Ergebnis zusammenfassend festgehalten werden: Die Veränderung der Rückmeldepraxis von Lehrkräften (zum mathematischen Modellieren) muss als tief gehender Eingriff in bestehende Unterrichtspraxis und damit einhergehend als langfristiger Prozess von Unterrichts- und Schulentwicklung verstanden werden. Fortbildungen können diesen Prozess u. a. durch die Unterstützung der professionellen Entwicklung von Lehrkräften anstoßen – denn dies ist noch einmal zu betonen: mathematikdidaktisches Wissen als Grundlage zur Veränderung der Rückmeldepraxis haben die Lehrkräfte in den Fortbildungen erworben –, es bestätigt sich jedoch erneut, dass die Umsetzung eines kompetenzorientierten Mathematikunterrichts (wie hier am Beispiel mathematischen Modellierens gezeigt) eine zentrale Herausforderung für Lehrkräfte im Speziellen sowie für das Bildungssystem im Allgemeinen darstellt.

Literatur

Baker, E. L. (2007). The end(s) of testing. *Educational Researcher, 36*(6), 309–317.

Bangert-Drowns, R. L., Kulik, C.-L. C., Kulik, J. A., & Morgan, M. (1991). The instrucional effect of feedback in test-like events. *Review of Educational Research, 61*(2), 213–238.

Baumert, J., Kunter, M., Blum, W., Brunner, M., Voss, T., Jordan, A., & Tsai, Y.-M. (2010). Teachers' mathematical knowledge, cognitive activation in the classroom, and student progress. *American Educational Research Journal, 47*(1), 133–180.

Bennett, R. (2011). Formative assessment: A critical review. *Assessment in Education: Principles, Policy & Practice, 18*(1), 5–25.

Besser, M., Leiss, D., & Blum, W. (2015a). Theoretische Konzeption und empirische Wirkung von Lehrerfortbildungen am Beispiel mathematischen Problemlösens. *Journal für Mathematik-Didaktik, 36*(2), 285–313.

Besser, M., Leiss, D., & Klieme, E. (2015b). Wirkung von Lehrerfortbildungen auf Expertise von Lehrkräften zu formativem Assessment im kompetenzorientierten Mathematikunterricht. *Zeitschrift für Entwicklungspsychologie und Pädagogische Psychologie, 47*(2), 110–122.

Black, P., & William, D. (1998). Assessment and classroom learning. *Assessment in Education, 5*(1), 7–74.

Black, P., & William, D. (2009). Developing the theory of formative assessment. *Educational Assessment, Evaluation and Accountability, 21*(1), 5–31.

Bliese, P. D. (2000). Within-group agreement, non-independence, and reliability: A simulation. In K. J. Klein & S. W. Kozlowski (Hrsg.), *Multilevel theory, research, and methods in organizations* (S. 349–381). San Francisco: Jossey-Bass.

Blum, W. (2011). Can modelling be taught and learnt? Some answers from empirical research. In G. Kaiser, W. Blum, R. Borromeo Ferri, & G. Stillmann (Hrsg.), *Trends in teaching and learning of mathematical modelling* (S. 15–30). New York: Springer.

Bohl, T. (2017). Umgang mit Heterogenität im Unterricht: Forschungsbefunde und didaktische Implikationen. In T. Bohl, J. Budde, & M. Rieger-Ladich (Hrsg.), *Umgang mit Heterogenität in Schule und Unterricht. Grundlagentheoretische Beiträge und didaktische Reflexionen* (S. 257–273). Bad Heilbrunn: Klinkhardt & UTB.

Bromme, R., Seeger, F., & Steinbring, H. (1990). Aufgaben, Fehler und Aufgabensysteme. *Aufgaben als Anforderungen an Lehrer und Schüler* (S. 1–30). Köln: Aulis Verlag Deubner.

Busch, J., Barzel, B., & Leuders, T. (2015). Promoting secondary teachers' diagnostic competence with respect to functions: Development of a scalable unit in continous professional development. *ZDM – The International Journal on Mathematics Education, 47,* 53–64.

Christiansen, B., & Walther, G. (1986). Task and activity. In B. Christiansen, A. G. Howson, & M. Otte (Hrsg.), *Perspectives on mathematics education* (S. 243–308). Dordrecht: D. Reidel Publishing Company.

Cizek, G. J. (2010). An introduction to formative assessment: History, characteristics and challenges. In H. L. Andrade & G. J. Cizek (Hrsg.), *Handbook of formative assessment* (S. 3–17). New York: Routledge.

Clark, D., & Hollingsworth, H. (2002). Elaborating a model of teacher professional growth. *Teaching and Teacher Education, 18,* 947–967.

Clausen, M. (2002). *Unterrichtsqualität: Eine Frage der Perspektive? Empirische Analysen zur Übereinstimmung, Konstrukt- und Kriteriumsvalidität.* Münster: Waxmann.

Cobb, P., & Jackson, K. (2011). Towards an empirically grounded theory of action for improving the quality of mathematics teaching at scale. *Mathematics Teacher Education and Development, 13*(1), 6–33.

Darling-Hammond, L., Hyler, M. E., & Gardner, M. (2017). *Effective teacher professional development.* PaloAlto: Learning Policy Institute.

Desimone, L. M. (2009). Improving impact studies of teachers' professional development: Toward better conceptualizations and measures. *Educational Researcher, 38*(3), 181–199.

Doerr, H. (2007). What knowledge do teachers need for teaching mathematics through applications and modelling? In W. Blum, P. Galbraith, H.-W. Henn, & M. Niss (Hrsg.), *Modelling and applications in mathematics education* (S. 69–78). New York: Springer.

Dresel, M., & Ziegler, A. (2007). *Zur Abhängigkeit handlungsadaptiver Reaktionen nach Misserfolg von Attributionsstil, Fähigkeitsselbstkonzept, impliziter Fähigkeitstheorie, Zielorientierung und Interesse. Vortrag auf der 10. Tagung der Fachgruppe Pädagogische Psychologie der DGP*. Berlin.

Ericsson, K. A., Krampe, R. T., & Tesch-Römer, C. (1993). The role of deliberate practice in the acquisition of expert performance. *Psychological Review, 100,* 363–406.

Garet, M. S., Porter, A. C., Desimone, L., Birman, B. F., & Yoon, K. S. (2001). What makes professional development effective? Results from a national sample of teachers. *American Educational Research Journal, 38*(4), 915–945.

Harks, B., Rakoczy, K., Hattie, J., Besser, M., & Klieme, E. (2014). The effects of feedback on achievement, interest and self-evaluation: The role of feedback's perceived usefulness. *Educational Psychology, 34*(3), 269–290.

Hattie, J. (2011). *Visible learning for teachers*. London: Routledge.

Hattie, J., & Timperley, H. (2007). The power of feedback. *Review of Educational Research, 77*(1), 81–112.

Hill, H. C., Rowan, B., & Ball, D. L. (2005). Effects of teachers' mathematical knowledge for teaching on student achievement. *American Educational Research Journal, 42,* 371–406.

Kaiser, G., Blum, W., Borromeo Ferri, R., & Greefrath, G. (2015). Anwendungen und Modellieren. In R. Bruder, L. Hefendehl-Hebeker, B. Schmidt-Thieme, & H.-G. Weigand (Hrsg.), *Handbuch der Mathematikdidaktik* (S. 357–384). Berlin: Springer Spektrum.

Kingston, N., & Nash, B. (2011). Formative assessment: A meta-analysis and a call for research. *Educational Measurement: Issues and Practice, 30*(4), 28–37.

Kleickmann, T., Richter, D., Kunter, M., Elsner, J., Besser, M., Krauss, S., & Baumert, J. (2013). Teachers' content knowledge and pedagogical content knowledge: The role of structural differences in teacher education. *Journal of Teacher Education, 64*(1), 90–109.

Kleickmann, T., Tröbst, S. A., Heinze, A., Beinholt, A., Rink, R., & Kunter, M. (2017). Teacher knowledge experiment: Conditions of the development of pedagogical content knowledge. In D. Leutner, J. Fleischer, J. Grünkorn, & E. Klieme (Hrsg.), *Competence assessment in education: Research, models and instruments* (S. 111–129). Heidelberg: Springer.

Kluger, A. N., & DeNisi, A. (1996). The effects of feedback interventions on performance: A historical review, a meta-analysis, and a preliminary feedback intervention theory. *Psychological Bulletin, 119*(2), 254–284.

Krainer, K. (1991). Aufgaben als elementare Bausteine didaktischen Denkens und Handelns. In *Beiträge zum Mathemaikunterricht. Vorträge auf der 25. Bundestagung für Didaktik der Mathematik* (S. 297–300). Bad Salzdetfurth: Franzbecker.

Krauss, S., & Bruckmaier, G. (2014). Das Experten-Paradigma in der Forschung zum Lehrerberuf. In E. Terhart, H. Bennewitz, & M. Rothland (Hrsg.), *Handbuch der Forschung zum Lehrerberuf* (2. überarbeitete u. erweiterte Aufl., S. 241–261). Münster: Waxmann.

Kunter, M. (2005). *Multiple Ziele im Mathematikunterricht*. Münster: Waxmann.

Kunter, M., Klusmann, U., Baumert, J., Richter, D., Voss, T., & Hachfeld, A. (2013). Professional competence of teachers: Effects on instructional quality and student development. *Journal of Educational Psychology, 105*(3), 805–820.

Leiss, D. (2010). Adaptive Lehrerinterventionen beim mathematischen Modellieren – Empirische Befunde einer vergleichenden Labor- und Unterrichtsstudie. *Journal für Mathematik-Didaktik, 31*(2), 197–226.

Lipowsky, F. (2014). Theoretische Perspektiven und empirische Befunde zur Wirksamkeit von Lehrerfort- und -weiterbildung. In E. Terhart, H. Bennewitz, & M. Rothland (Hrsg.), *Handbuch der Forschung zum Lehrerberuf* (2. überarbeitete u. erweiterte Aufl., S. 511–541). Münster: Waxmann.

Little, R. J. A., & Rubin, D. B. (2002). *Statistical analysis with missing data* (2. Aufl.). New York: Wiley.

Lüdtke, O., Trautwein, U., Kunter, M., & Baumert, J. (2006). Reliability and agreement of student ratings of the classroom: A reanalysis of TIMSS data. *Learning Environments Research, 9,* 215–230.

Maier, U. (2010). Formative Assessment – Ein erfolgsversprechendes Konzept zur Reform von Unterricht und Leistungsmessung? *Zeitschrift für Erziehungswissenschaft, 13*(2), 293–308.

McLachlan, G. J., & Krishan, T. (1996). *The EM algorithm and extensions.* New York: Wiley.

Pinger, P., Rakoczy, K., Besser, M., & Klieme, E. (2016). Implementation of formative assessment – Effects of quality of programme delivery on students' mathematics achievement and interest. *Assessment in Education: Principles, Policy & Practice, 25,* 160–182. https://doi.org/10.1080/0969594X.2016.1170665.

Pinger, P., Rakoczy, K., Besser, M., & Klieme, E. (2017). Interplay of formative assessment and instructional quality – Interactive effects on students' mathematics achievement. *Learning Environmental Research.* https://doi.org/10.1007/s10984-017-9240-2.

Putnam, R. T., & Borko, H. (2000). What do new views of knowledge and thinking have to say about research on teacher learning? *Educational Researcher, 29*(1), 4–15.

Rakoczy, K., Buff, A., & Lipowsky, F. (2005). Bafragungsinstrumente. In E. Klieme, C. Pauli, & K. Reusser (Hrsg.), *Dokumentation der Erhebungs- und Auswertungsinstrumente zur schweizerisch-deutschen Videostudie „Unterrichtsqualität, Lernverhalten und mathematisches Verständnis" (Teil 1).* Frankfurt am Main: GEPF/DIPF.

Rakoczy, K., Harks, B., Klieme, E., Blum, W., & Hochweber, J. (2013). Written feedback in mathematics: Mediated by students' perseption, moderated by goal orientation. *Learning and Instruction, 27,* 63–73.

Roesken-Winter, B., Schüler, S., Stahnke, R., & Blömeke, S. (2015). Effective CPD on a large scale: Examining the development of multipliers. *ZDM – The International Journal on Mathematics Education, 47,* 13–25.

Sadler, D. R. (1989). Formative assessment and the design of instructional systems. *Instructional Science, 18,* 119–144.

Schafer, J. L., & Graham, W. (2002). Missing data: Our view of the state of the art. *Psychological Methods, 7*(2), 147–177.

Schoenfeld, A. H. (2014). What makes for powerful classrooms, and how can we support teachers in creating them? *Educational Researcher, 43*(8), 404–412.

Schütze, B., Rakoczy, K., Klieme, E., Besser, M., & Leiss, D. (2017). Training effects on teachers' feedback practice: The mediating function of feedback knowledge and the moderating role of self-efficacy. *ZDM – The International Journal on Mathematics Education.* http://doi.org/10.1007/s11858-017-0855-7.

Seidel, T., & Stürmer, K. (2014). Modeling and measuring the structure of professional vision in preservice teachers. *American Educational Research Journal, 51*(4), 739–771.

Sherin, M. G. (2004). New perspectives on the role of video in teacher education. In J. Brophy (Hrsg.), *Advances in research on teaching: Bd. 10, Using video in teacher education* (S. 1–27). Oxford: Elsevier.

Shrout, P. E., & Fleiss, J. L. (1979). Intraclass correlations: Uses in assessing rater reliability. *Psychological Bulletin, 86,* 420–428.

Steffensky, M., & Kleinknecht, M. (2016). Wirkung videobasierter Lernumgebungen auf die pro-fessionelle Kompetenz und das Handeln (angehender) Lehrpersonen. Ein Überblick zu Ergeb-nissen aus aktuellen (quasi-)experimentellen Studien. *Unterrichtswissenschaft, 44*(4), 305–315.

Stillman, G., Brown, J., & Galbraith, P. (2010). Identifying challenges within transition phases of mathematical modeling activities at year 9. In R. Lesh (Hrsg.), *Modelling students' mathemati-cal modeling competencies* (S. 385–398). New York: Springer.

Wiliam, D., & Thompson, M. (2008). Integrating assessment with learning: What will it take to make it work? In C. A. Dwyer (Hrsg.), *The future of assessment: Shaping teaching and lear-ning* (S. 53–82). New York: Lawrence Erlbaum.

Wylie, E., Gullickson, A., Cummings, K., Egelson, P., Noakes, L., & Norman, K. (2012). *Impro-ving formative assessment practice to empower student learning*. Thousand Oaks: Corwin.

Erfassung unterschiedlicher Dimensionen von Modellierungskompetenzen im Rahmen eines vergleichenden Interventionsprojekts

3

Susanne Brand

Zusammenfassung

Das Konstrukt der mathematischen Modellierungskompetenzen kann in verschiedene Dimensionen untergliedert werden: Subkompetenzen beziehen sich auf einzelne Teilprozesse des Modellierungsprozesses und eine Gesamtmodellierungskompetenz beinhaltet Aspekte, die sich auf den gesamten Prozess beziehen. In dem folgenden Artikel wird auf die Erfassung der verschiedenen Dimensionen der Modellierungskompetenzen durch Tests im Rahmen des Interventionsprojekts ERMO (*Er*werb von *Mo*dellierungskompetenzen) eingegangen. Ebenso werden einzelne Ergebnisse in Hinblick auf eine Förderung dieser Modellierungskompetenzen durch einen holistischen bzw. atomistischen Modellierungsansatz diskutiert.

3.1 Einleitung

In der Mathematikdidaktik wird mathematisches Modellieren einschließlich der mathematischen Modellierungskompetenzen seit vielen Jahren intensiv diskutiert (vgl. u. a. Blum et al. 2007; Stillman et al. 2013). Die Relevanz des Themenbereichs der Modellierungskompetenzen spiegelt sich in den zahlreichen Projekten wider, die zu unterschiedlichen Aspekten des mathematischen Modellierens bereits durchgeführt wurden (u. a. DISUM: Leiss et al. 2008; KOMMA: Zöttl 2010; MULTIMA: Schukajlow und Krug 2013). Zu diesen Studien gehört ebenfalls das Projekt ERMO (*Er*werb von *Mo*dellierungskompetenzen), in dessen Rahmen die Effektivität eines

S. Brand (✉)
Kantonsschule Uster, Zürich, Schweiz

© Springer-Verlag GmbH Deutschland, ein Teil von Springer Nature 2020
G. Greefrath und K. Maaß (Hrsg.), *Modellierungskompetenzen –
Diagnose und Bewertung,* Realitätsbezüge im Mathematikunterricht,
https://doi.org/10.1007/978-3-662-60815-9_3

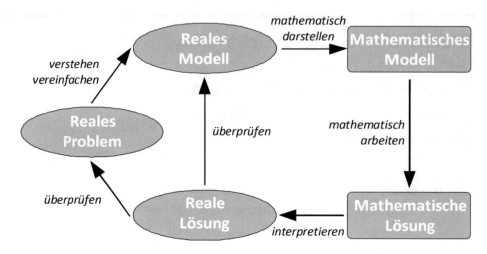

Abb. 3.1 Der Modellierungsprozess (Kaiser und Stender 2013, S. 279)

holistischen (ganzheitlichen) und eines atomistischen (zergliedernden) Vorgehens bei dem Erwerb von mathematischen Modellierungskompetenzen einander gegenübergestellt wurden.[1] Mithilfe von Tests wurden unterschiedliche Dimensionen der Modellierungs-kompetenzen von Schülerinnen und Schülern erhoben und analysiert. Zentrale Ergeb-nisse dieser Analyse werden im Folgenden nach einer Beschreibung des theoretischen und methodischen Hintergrundes dargestellt.

3.2   Theoretischer Hintergrund

Mathematisches Modellieren beinhaltet die Lösung eines realen, außermathematischen Problems mithilfe der Mathematik (vgl. Maaß 2004; Niss et al. 2007), insbesondere durch die Entwicklung und Anpassung geeigneter mathematischer Modelle zur jeweiligen rea-len Problemlage. Zentral an diesem Vorgang sind die Übersetzungsprozesse zwischen dem außermathematischen und dem mathematischen Bereich (vgl. Kuntze 2010; Niss et al. 2007; Schupp 1997). Idealtypisch kann der Vorgang des mathematischen Model-lierens in Form eines Kreislaufs dargestellt werden, dessen konkrete Gestaltung u. a. von der angestrebten Verwendung oder auch von der jeweiligen theoretischen Ausrichtung abhängt (vgl. Greefrath et al. 2013; Borromeo Ferri und Kaiser 2008). Dem Projekt ERMO liegt der didaktische Modellierungskreislauf von Kaiser und Stender (2013) zu Grunde (siehe Abb. 3.1), der u. a. auf Arbeiten von Kaiser (1995); Blum (1996) und Maaß (2005a) basiert und der durch seine begrenzte Komplexität in Struktur und Sprache als metakognitives Hilfsmittel für Schülerinnen und Schüler der Sekundarstufe I geeignet ist.

---

[1]Für eine detaillierte Darstellung siehe Brand (2014).

Der Modellierungsprozess beginnt mit einer realen Problemsituation, die durch Strukturierung und das Treffen geeigneter Annahmen zu einem realen Modell vereinfacht wird. Die Übersetzung der Alltagssprache in die Mathematik führt zu einem mathematischen Modell, wobei die Unterscheidung zwischen realem und mathematischem Modell nicht bei jeder Modellierung klar ersichtlich ist, da etwa durch die zahlenmäßige Vorstrukturierung einer Situation unmittelbar ein mathematisches Modell folgen kann. Die Anwendung mathematischer Methoden führt idealerweise zur Berechnung einer mathematischen Lösung, die in Bezug zur realen Situation und der konkreten Fragestellung zu interpretieren ist. Im Anschluss daran sind der gesamte Modellierungsprozess sowie die erhaltene Lösung zu validieren und gegebenenfalls einzelne Bereiche oder auch der gesamte Modellierungsprozess erneut – mit geänderten Annahmen oder mathematischen Methoden – zu durchlaufen.

Mathematische Modellierungskompetenzen beziehen sich auf diesen Prozess des mathematischen Modellierens, eine einheitliche und umfassende Definition gibt es in der mathematikdidaktischen Diskussion zur mathematischen Modellierung aber nicht (vgl. Böhm 2013). In Anlehnung an den allgemeinen Kompetenzbegriff nach Weinert (2001) und die Definition mathematischer Modellierungskompetenzen nach Maaß (2004) werden Modellierungskompetenzen folgendermaßen verstanden (vgl. Brand 2014, S. 42):

▶ *Modellierungskompetenzen* beinhalten die erwerbbaren kognitiven Fähigkeiten und Fertigkeiten, bestimmte Modellierungsprobleme angemessen bearbeiten und lösen zu können sowie die Bereitschaft, diese Fähigkeiten und Fertigkeiten in unterschiedlichen Modellierungsprozessen einzusetzen.

Bei dieser Auffassung von mathematischen Modellierungskompetenzen wird im Sinne des Weinertschen Kompetenzbegriffs von einer Erlernbarkeit der Fähigkeiten und Fertigkeiten ausgegangen, gleichzeitig umfasst sie neben den kognitiven Leistungsdispositionen eine Bereitschaft, Modellierungsprozesse auch tatsächlich durchzuführen. Darüber hinaus wird eine gewisse Kontextspezifität angenommen, der zufolge Modellierungskompetenzen nicht in allen Modellierungsaktivitäten in gleicher Weise gezeigt werden können, eine Übertragung auf vergleichbare Modellierungsprobleme aber möglich ist.

In der Mathematikdidaktik werden Modellierungskompetenzen häufig entlang der einzelnen Phasen eines Modellierungskreislaufs in einzelne Teilkompetenzen unterteilt (vgl. Haines und Crouch 2001; Kaiser 2007; Brand 2014). Diese für das Durchführen der einzelnen Schritte eines Modellierungsprozesses unabdingbaren Teilkompetenzen können zu drei Teilprozessen mathematischer Modellierung zusammengefasst werden (vgl. Brand 2014):

- Übergang zwischen Realität und Mathematik,
- Kompetenz zum mathematischen Arbeiten innerhalb des mathematischen Modells,
- Übergang zwischen Mathematik und Realität.

Zu diesen Teilkompetenzen mathematischer Modellierung gehören darüber hinaus weitere ergänzende Kompetenzkomponenten (vgl. Kaiser 2007), insbesondere metakognitive Aspekte (vgl. Maaß 2004; Galbraith und Stillman 2006; Zöttl 2010) und dabei im Wesentlichen ein Überblick über den Modellierungsprozess. Diese ergänzenden Komponenten werden im Folgenden in der Kompetenzdimension *Gesamtmodellieren* gebündelt.

Diese Strukturierung der Modellierungskompetenzen in die drei Teilprozesse *Vereinfachen/Mathematisieren, mathematisch Arbeiten* und *Interpretieren/Validieren* sowie eine übergeordnete Dimension *Gesamtmodellieren* kann in einem Kompetenzstrukturmodell zusammengefasst werden (siehe Abb. 3.2). Die vier Dimensionen der Modellierungskompetenzen umfassen dabei jeweils mehrere Facetten.

In Anlehnung an eine didaktische Perspektive mathematischer Modellierung (vgl. Kaiser und Sriraman 2006), deren zentraler Aspekt eine Förderung mathematischer Modellierungskompetenzen ist, wurden in den vergangenen Jahren zahlreiche Ansätze hierzu erarbeitet (u. a. heuristische Lösungsbeispiele: Zöttl 2010; Kompetenztraining: Bruder et al. 2014; multiple Lösungen: Schukajlow und Krug 2013; Unterrichtsformen: Leiss et al. 2008). Eine Möglichkeit zur Kategorisierung von Projekten zum Kompetenzerwerb ist der diesen Projekten zugrunde liegende holistische oder atomistische Modellierungsansatz (vgl. Blomhøj und Jensen 2003). Ein holistischer Ansatz wird dabei verstanden als ein Vorgehen, bei dem unmittelbar vollständige Modellierungsprozesse durchgeführt werden, wobei die Komplexität der Modellierungsprobleme den Kompetenzen der Modellierenden angepasst ist. Ein atomistischer Ansatz dagegen wird aufgefasst als ein Vorgehen, bei welchem insbesondere die Übersetzungsprozesse zwischen Realität und Mathematik mit separaten Aufgaben durchgeführt werden (vgl. Brand 2014). Blomhøj und Jensen (2003) bezeichnen den holistischen Ansatz einerseits als generell motivierender und sprechen ihm bezogen auf Modellierungsprozesse eine größere Authentizität zu als dem atomistischen Modellierungsansatz, andererseits wird er aber auch insbesondere beim anfänglichen Kompetenzerwerb als sehr komplex und teilweise zu anspruchsvoll betrachtet. Im Rahmen des ERMO-Projekts (vgl. Brand 2014), welches im Folgenden kurz dargestellt wird, wurden beide Modellierungsansätze hinsichtlich ihrer Effektivität beim Erwerb von Modellierungskompetenzen untersucht.

3.3   Methodischer Hintergrund

Im Rahmen des Interventionsprojekts ERMO (*Er*werb von *Mo*dellierungskompetenzen) wurden in den Mathematikunterricht der an dem Projekt beteiligten Klassen des neunten Jahrgangs sechs auf jeweils eine Doppelstunde ausgerichtete Modellierungsaktivitäten integriert. Fünf der Aktivitäten waren jeweils entweder entsprechend des holistischen oder des atomistischen Modellierungsansatzes entwickelt worden. Die Klassen der holistischen Gruppe führten demnach von Anfang an vollständige Modellierungsprozesse mit steigender Komplexität durch, während die Klassen der atomistischen Gruppe sich

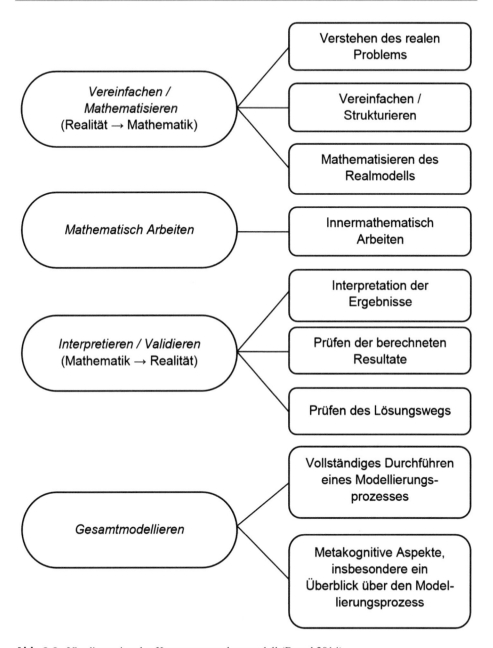

Abb. 3.2 Vierdimensionales Kompetenzstrukturmodell (Brand 2014)

separat mit den Übersetzungsprozessen zwischen Realität und Mathematik auseinandersetzten. Die Kontexte der Modellierungsprobleme waren für beide Gruppen aber weitgehend gleich und jeweils auch nicht an das aktuelle Unterrichtsthema einer Klasse

	Holistische Gruppe	**Atomistische Gruppe**
Spezifische Grundsätze der Modellierungsaktivitäten	• Durchführung vollständiger Modellierungsprozesse • Steigende Komplexität der Aufgaben	• Separate Bearbeitung von Teilprozessen mathematischer Modellierung, insbesondere der Übergänge • Realität → Mathematik • Mathematik → Realität
Allgemeine Grundsätze der Modellierungsaktivitäten	*Selbstständigkeitsorientierter Unterricht* Arbeit in Kleingruppen – Prinzip der minimalen Hilfe – Aufforderung zur Reflexion – Vermittlung von Metawissen über den Modellierungsprozess	

Abb. 3.3 Grundsätze der Modellierungsaktivitäten des holistischen bzw. atomistischen Ansatzes

angepasst. Die Modellierungsaktivitäten zielten insgesamt darauf ab, den Schülerinnen und Schülern Lerngelegenheiten zu ermöglichen, in welchen sie möglichst selbstständig und reflektiert Modellierungsprobleme bearbeiteten (siehe Abb. 3.3). Zu den Lernumgebungen wurde den Lehrkräften umfangreiches Material zur Verfügung gestellt, in welchem neben den Modellierungsaufgaben und möglichen Lösungsansätzen mit Hinweisen auch eine Gliederung jeder Doppelstunde enthalten war.

Die Interventionsphase begann im Februar 2012 mit einem spezifischen, dreistündigen Lehrertraining. Die teilnehmenden Lehrkräfte integrierten anschliessend fünf Modellierungsaktivitäten nach dem Ansatz in ihrem Unterricht, dem sie im Vorfeld zugeordnet worden waren. Die sechste Modellierungsaktivität bestand für alle beteiligten Klassen aus einer vollständigen Modellierungsaufgabe, da auch der atomistische Ansatz das Ziel verfolgt, die Lernenden zur Lösung vollständiger, komplexer Modellierungsprobleme zu befähigen (siehe Abb. 3.4).

Zur Messung der Entwicklung der Modellierungskompetenzen der Lernenden wurde ein jeweils auf 80 min konzipierter Modellierungstest im Pre- und Post-Test-Design mit einem weiteren Folge-Test eingesetzt (siehe Abb. 3.4), der auf umfangreiche Vorarbeiten und Adaptionen von u. a. Haines und Crouch (2001); Zöttl (2010) aufbaute. Die Stichprobe in der Studie bestand aus 15 Klassen mit $N = 377$ Lernenden der 9. Jahrgangsstufe von Gymnasien und Stadtteilschulen in und um Hamburg. Grundlage der Auswertung der Modellierungstests wurden aber nur die 204 Schülerinnen und Schüler aus 13 Klassen, die vollständig an allen Messzeitpunkten teilgenommen hatten.

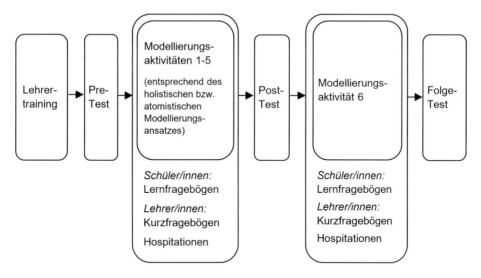

Abb. 3.4 Design Projekt ERMO

Der Post-Test wurde vor der sechsten Modellierungsaktivität durchgeführt, um sicherzustellen, dass die Erhebung der Kompetenzentwicklung der Schülerinnen und Schüler nicht von dieser, für die Klassen beider Vergleichsgruppen identischen Modellierungsaktivität beeinflusst wurde. Der Folge-Test wurde jeweils etwa ein halbes Jahr nach dem Ende der Interventionsphase erhoben. Seine Aussagekraft ist allerdings erheblich eingeschränkt durch einerseits den organisatorischen Aspekt, dass die sechste Modellierungsaktivität für alle teilnehmenden Klasse identisch war und andererseits nicht kontrolliert wurde, inwieweit die Lehrkräfte nach dem Ende des Projekts weiterhin Modellierungsaktivitäten in den Unterricht integrierten (vgl. Brand 2014). Zusätzlich zu den Modellierungstests wurden am Ende des Projekts acht Lehrpersonen von elf Klassen in leitfadengestützten Interviews zur Durchführung des Projekts und ihrer Einschätzung der Modellierungsaktivitäten befragt (vgl. hierzu Böttcher 2013; Klocke 2013; Krüger 2013). Die Ergebnisse dieser Befragung werden im Folgenden nicht weiter ausgeführt.

Für die Entwicklung der Modellierungstests wurde die im vorherigen Kapitel dargestellte vierdimensionale Kompetenzstruktur angenommen, welche die drei Teilprozesse mathematischer Modellierung beinhaltet: *Vereinfachen/Mathematisieren, Mathematisch arbeiten* und *Interpretieren/Validieren* sowie die übergreifende Modellierungskompetenz *Gesamtmodellieren,* unter welcher insbesondere die beiden Fähigkeiten verstanden werden, vollständige Modellierungsprozesse durchführen zu können und einen Überblick über den Modellierungsprozess zu haben, d. h. metakognitive Aspekte.

Jedes Testheft einer Testung enthielt zu jeder der vier zugrunde liegenden Dimensionen der Modellierungskompetenzen zwischen 15 und 24 überwiegend geschlossene Items, wobei die einzelnen Items einer Dimension durchaus unterschiedliche Facetten

Item A: Strohballen

Wie hoch ist dieser Stapel aus Strohballen auf dem Foto?

Beschreibe stichpunktartig, wie du anfangen würdest, die Aufgabe zu bearbeiten. Welche gegebenen Informationen können dabei helfen?

Du brauchst die Aufgabe selbst <u>NICHT</u> zu lösen!

Abb. 3.5   Beispielitem A: Vereinfachen/Mathematisieren

dieser abdecken. Die Testhefte der verschiedenen Messzeitpunkte waren durch Ankeritems miteinander verbunden. Ein Beispiel für die Facette *Vereinfachen/Mathematisieren* ist Abb. 3.5[2], für die Dimension *Interpretieren/Validieren* Abb. 3.6 sowie für die übergreifende Modellierungskompetenz *Gesamtmodellieren* Abb. 3.7[3].

Wie bereits im vorangegangen Kapitel dargestellt wurde, beinhaltet der Bezug auf den Kompetenzbegriff nach Weinert (2001) eine Kontextspezifität der Modellierungskompetenzen. Eine gewisse Übertragbarkeit auf vergleichbare Aufgaben kann zwar unterstellt, aber nicht angenommen werden, dass Lernende allgemein sämtliche Modellierungsprobleme bzw. Teilaufgaben mathematischer Modellierung erfolgreich lösen können, wenn sie Modellierungsaufgaben zu einem bestimmten Kontext, mathematischen Themenbereich o. ä. bearbeiten können. Daher wurden für die Modellierungstests Items entwickelt bzw. adaptiert, die sich an den Anforderungen orientieren, welche die in den Modellierungsaktivitäten verwendeten Modellierungsprobleme an die Lernenden stellen. Die Modellierungstests beschränken sich aus diesem Grund auf die mathematischen Themenbereiche lineare Gleichungen, Verhältnisrechnung, Volumenberechnung und den Satz des Pythagoras und grenzen entsprechend auch die Aussagekraft der Ergebnisse in Bezug auf die vier unterschiedlichen Dimensionen der Modellierungskompetenzen ein.

Die bei den Erhebungen gewonnen Daten wurden anschließend mittels der probabilistischen Testtheorie (vgl. Rost 2004) ausgewertet. Die Skalierung der Daten und Schätzung der Personenfähigkeitswerte wurde mithilfe des Programms Conquest

---

[2]Die Aufgabenidee entstammt einer Aufgabe aus dem DISUM-Projekt und wurde entnommen aus Borromeo Ferri (2011, S. 84).

[3]Die Aufgabe wurde in Anlehnung an ein Beispiel von Maaß (2005b) konstruiert.

Item E: Entfernung

Lisa fährt von der A21 bei Bad Oldes-
loe-Süd ab und sieht das Verkehrs-
schild. „Schau mal", erklärt Lisa ihrem
kleinen Bruder Felix, „das Schild
zeigt, dass Lübeck und Hamburg 73
km voneinander entfernt sind."

Bad Oldesloe	5 km	Bargteheide	10 km
Lübeck	33 km	Hamburg	40 km
←		→	

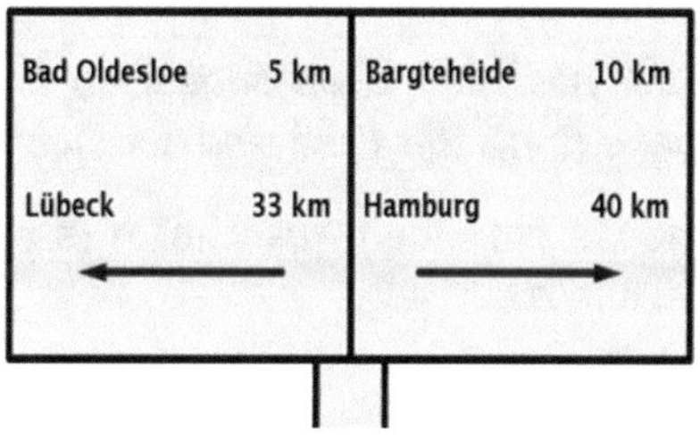

Entscheide für die folgenden Aussagen jeweils, ob sie richtig oder falsch sind:

		richtig	falsch
(A)	„Lisa hat Recht, weil man nach Lübeck beziehungsweise Hamburg jeweils in die entgegengesetzte Richtung fahren muss."	☐	☐
(B)	„Lübeck und Hamburg müssen nicht unbedingt an dieser Straße liegen. Lisa hätte Recht, wenn sie sagen würde, die Städte liegen höchstens 73 km voneinander entfernt."	☐	☐
(C)	„Lisa hat Recht – es steht doch auf dem Straßenschild, dass Lübeck und Hamburg 73 km voneinander entfernt sind."	☐	☐
(D)	„Lübeck und Hamburg müssen nicht unbedingt an der Straße liegen, also muss Lisa nicht Recht haben"	☐	☐

Abb. 3.6 Beispielitem E: Interpretieren und Validieren

durchgeführt und für die Rekonstruktion der Kompetenzentwicklung unter Rückgriff auf die Software SPSS erfolgten u. a. ein- und mehrfaktorielle Varianzanalysen mit Messwiederholung, es wurden aber auch die verschiedenen Effektstärken berechnet (für eine detaillierte Beschreibung des methodischen Hintergrunds sei an dieser Stelle auf Brand 2014 verwiesen). Zur Prüfung der Struktur der Modellierungskompetenzen wurden darüber hinaus vier verschiedene Modelle eingesetzt (siehe Abb. 3.8) und anhand der informationstheoretischen Maße AIC, BIC, CAIC und anhand der EAP/PV-Reliabilitäten miteinander verglichen. Einschränkend ist an dieser Stelle anzumerken, dass eine

Item F: Stau

Auf der nächsten Seite findest du einzelne Teile des Lösungsprozesses einer Aufgabe (a-n). Die Teile sind durcheinander geraten.

Ordne die einzelnen Ausschnitte (a-n) dem jeweils passenden Schritt (1-6) des Kreislaufs zu.

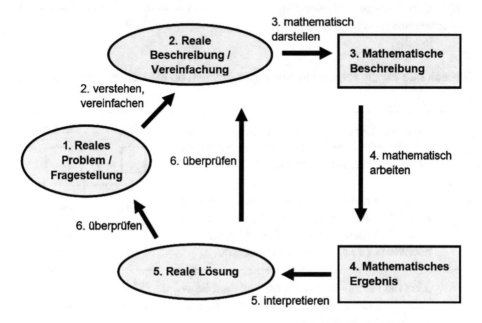

(m) **Ein Auto ist ca. 3 m lang, ein Lkw ist ca. 16 m lang.**	(k) *Wir nehmen an, dass der Stau 20 km lang ist.*
(b) 800 = b	(l) *Wie viele Fahrzeuge befinden sich eigentlich in einem Stau?*
(i) *Insgesamt befinden sich also ca. 2.400 Autos und 800 Lkws in einem 20 km langen Stau.*	(n) *I: 20 km = 3 m · a + 16 m · b* *II: a = 3 · b*

Abb. 3.7 Beispielitem F: Gesamtmodellieren

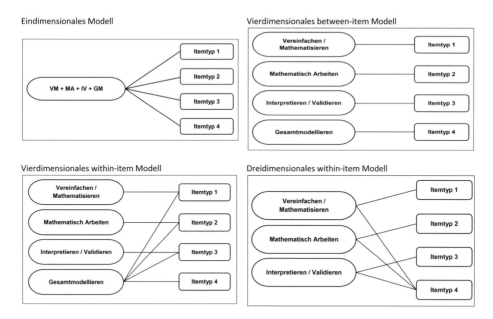

Abb. 3.8 Verglichene Modelle im Rahmen der Modellselektion

Modellselektion unter Bezug auf die informationstheoretischen Maße AIC, BIC und CAIC lediglich Aussagen über ein relativ bestes Modell ermöglicht, nicht aber darüber, ob dieses Modell auch absolut am besten zu den Daten passt (vgl. Bühner 2011).

Bei den vier verschiedenen Modellen (siehe Abb. 3.8) handelt es sich um

A. ein eindimensionales Modell, bei welchem davon ausgegangen wird, dass die Ergebnisse der Tests durch eine einzige latente Variable erklärbar und die ursprünglich zur Testerstellung unterschiedenen Dimensionen zu einer Modellierungskompetenz zusammenzufassen sind,
B. ein vierdimensionalen between-item Modell, welches davon ausgeht, dass ein Itemtyp genau auf eine latente Variable lädt,
C. ein dreidimensionales within-item Modell, welches lediglich drei latente Variablen beinhaltet und annimmt, dass die ersten drei Itemtypen jeweils einzeln auf eine der drei latenten Variablen laden, während der vierte Itemtyp auf jede der drei Variablen lädt,
D. ein vierdimensionales within-item Modell, in welchem die vier Itemtypen jeweils auf eine latente Variable und zusätzlich auf die latente Variable *Gesamtmodellieren* laden.

Im Vorfeld der Auswertung der erhobenen Daten wurden verschiedene Hypothesen formuliert. So wurde etwa angenommen, dass die mathematischen Modellierungskompetenzen besser durch ein mehrdimensionales als durch ein eindimensionales Modell beschrieben werden. Bezogen auf die Kompetenzentwicklung wurde davon ausgegangen, dass die Teilkompetenzen mathematischen Modellierens innerhalb der Gruppe

zum atomistischen Ansatz aufgrund der intensiven Auseinandersetzung mit den Teilprozessen *Vereinfachen/Mathematisieren, mathematisch Arbeiten* und *Interpretieren/
Validieren* effektiver gefördert werden, die Dimension *Gesamtmodellieren* aber nach
dem holistischen Ansatz durch das häufigere Durchlaufen kompletter Modellierungsprozesse (vgl. Brand 2014).

3.4 Ergebnisse

Die Auswertung der Daten der Modellierungstests des Projekts ERMO lässt Rück-
schlüsse sowohl in Bezug auf die Kompetenzstruktur als auch auf die Kompetenzentwicklung der an dem Projekt beteiligten Schülerinnen und Schüler zu. Zu beiden
Bereichen werden im Folgenden einzelne Ergebnisse geschildert (für eine ausführliche
Darstellung und Interpretation der Ergebnisse siehe Brand 2014).

Im Rahmen der Analyse der Struktur des Konstrukts mathematischer Modellierungskompetenzen wurde die auf theoretischer und methodischer Ebene relevante Frage
behandelt, welches der vier eingesetzten Modelle (siehe Abb. 3.8) die mithilfe der
Tests erhobenen Daten relativ am besten abbildet. Der Vergleich der unterschiedlichen Modelle, über den Ansatz der virtuellen Personen skaliert, zeigt, dass das vierdimensionale between-item Modell (B) und das vierdimensionale between-item Modell
(D) sehr ähnliche Werte für AIC, BIC und CAIC zeigen, wobei die Werte des Modells
B minimal geringer sind und dieses Modell demnach relativ am besten zu den Daten
zu passen scheint (siehe Tab. 3.1). Die Reliabilitäten, vor allem der ersten *(Verein-
fachen/Mathematisieren)* und dritten *(Interpretieren/Validieren)* Kompetenzdimension,
sind im Modell D dagegen nicht zufriedenstellend, während sie im Modell B mit 0,767
bis 0,823 akzeptabel sind. Das eindimensionale Modell (A) weist zwar mit 0,900 die

Tab. 3.1 Vergleich der verschiedenen Modelle (N = 909)

	Modell A	Modell B	Modell C	Modell D
Anzahl Items	100	100	100	100
Deviance	63502,20	62256,39	63661,57	62258,79
AIC	63702,20	62456,39	63861,57	62458,79
BIC	63798,05	62552,24	63957,42	62554,64
CAIC	63898,05	62652,24	64057,42	62654,64
EAP-/PV-Reliabilität	0,900			
Dimension 1 (VM)		0,767	0,704	0,637
Dimension 2 (MA)		0,818	0,783	0,661
Dimension 3 (IV)		0,801	0,754	0,649
Dimension 4 (GM)		0,823		0,848

Anmerkungen: Deviance = −2*LogLikelihood, #Par = Anzahl der geschätzten Parameter,
AIC = Akaike's Information Criterion, BIC = Bayes Information Criterion, CAIC = Consistent
Akaike's Information Criterion

beste Reliabilität auf, allerdings sind hier AIC, BIC und CAIC höher als in den Modellen B oder D. Außerdem lässt dieses Modell es durch die eindimensionale Struktur
nicht zu, die Entwicklungen der einzelnen Teilkompetenzen mathematischer Modellierung getrennt voneinander zu betrachten. Das dreidimensionale within-item Modell
(C) besitzt die vergleichsweise höchsten Werte der Informationskriterien AIC, BIC und
CAIC, dieses Modell scheint die erhobenen Daten demzufolge verglichen mit den anderen untersuchten Modellen am schlechtesten zu beschreiben, obwohl die EAP-/PV-Relia-
bilitäten zufriedenstellend sind.

Auf der Grundlage des Modellvergleichs wurde das vierdimensionale between-item
Modell (B) als das als das Modell mit der relativ besten Passung ausgewählt. Es weist
die besten AIC, BIC und CAIC Werte auf und beschreibt demnach die Daten der Studie
relativ am genauesten. Zudem ergeben sich für alle vier Kompetenzfacetten mit 0,767 bis
0,823 zufriedenstellende Reliabilitäten.

In Bezug auf die Kompetenzentwicklung der Lernenden im Rahmen des Projekts
verdeutlicht die Analyse der erhobenen Daten, dass die Effekte der beiden untersuchten
Ansätze für Schülerinnen und Schüler differenziert zu betrachten sind. Die Daten zeigen sowohl in der holistischen als auch in der atomistischen Gruppe überwiegend hoch
signifikante Leistungszuwächse zwischen dem ersten und zweiten sowie dem ersten und
dritten Messzeitpunkt (siehe Tab. 3.2). In der Dimension *Vereinfachen/Mathematisieren*
können die errechneten Effektstärken in beiden Gruppen als mittel bis hoch bezeichnet
werden. Vom Pre- zum Post-Test ist der Effekt in der holistischen Gruppe mit d=0,88
als hoch zu benennen, während sich in der atomistischen Gruppe mit d=0,72 ein noch
mittlerer Effekt zeigt. Zwischen dem Pre- und Folge-Test ist der Effekt mit d=0,68
in der atomistischen Gruppe größer als mit d=0,59 in der holistischen Gruppe. Die
Abnahme der gemessenen Personenfähigkeiten zwischen dem Post- und dem Folge-Test
wird lediglich in der holistischen Gruppe signifikant (p<0,05), hier ist mit d=−0,26
ein kleiner Effekt messbar. Die Effektstärken in der Kompetenzfacette *Mathematisch
Arbeiten* sind in der atomistischen Gruppe zwischen der ersten und der zweiten Testung
jeweils etwas höher als in der holistischen Gruppe (d=0,57 im Vergleich zu d=0,47),
ebenso zwischen der ersten und der dritten Messung (d=0,46 im Vergleich zu d=0,32).
Der Leistungsabfall zwischen dem zweiten und dritten Messzeitpunkt wird dagegen nur
in der holistischen Gruppe signifikant (p<0,05), hier ergibt sich mit d=−0,18 ein kleiner
Effekt. Die berechneten Effekte der Leistungszuwächse in der Dimension *Interpretieren/
Validieren* sind in der holistischen Gruppe jeweils höher als in der atomistischen Gruppe
(d=0,77 statt d=0,69 zwischen Pre- und Post-Test und d=0,65 statt d=0,57 vom Pre-
zum Folge-Test). Die Leistungsabnahme zwischen dem Post- und dem Folge-Test wird
in beiden Gruppen nicht signifikant. In der Kompetenzfacette *Gesamtmodellieren* sind
die gemessenen Effektstärken zwischen den ersten beiden und zwischen der ersten und
dritten Testung ebenfalls in der holistischen Gruppe (d=0,90 bzw. d=0,61) größer als
in der atomistischen Gruppe (d=0,68 bzw. d=0,35). Die Leistungsminderung vom
zweiten zum dritten Modellierungstest wird in beiden Gruppen signifikant (p<0,05), hier
ergibt sich mit d=−0,27 bzw. d=−0,32 jeweils ein kleiner Effekt.

Tab. 3.2 Mittelwerte und Leistungssteigerungen in den verschiedenen Dimensionen der Modellierungskompetenzen

	M MZP 1 (SD)	M MZP 2 (SD)	M MZP 3 (SD)	MZP1→MZP2 (Cohen's d)	MZP1→MZP3 (Cohen's d)	MZP2→MZP3 (Cohen's d)
Vereinfachen/Mathematisieren						
Holistische Gruppe	48,26 (11,29)	57,60 (9,87)	54,90 (11,14)	+9,33*** (0,88)	+6,64*** (0,59)	−2,69* (−0,26)
Atomistische Gruppe	51,21 (7,80)	57,62 (9,84)	57,08 (9,38)	+6,42*** (0,72)	+5,87*** (0,68)	−0,54 (−0,06)
Mathematisch Arbeiten						
Holistische Gruppe	49,94 (10,18)	54,93 (10,83)	53,10 (9,29)	+4,98*** (0,47)	+3,16*** (0,32)	−1,83* (−0,18)
Atomistische Gruppe	48,85 (9,16)	54,76 (11,36)	53,81 (12,33)	+5,91*** (0,57)	+4,95*** (0,46)	−0,96 (−0,08)
Interpretieren/Validieren						
Holistische Gruppe	47,93 (9,42)	55,82 (11,07)	54,38 (10,50)	+7,89*** (0,77)	+6,47*** (0,65)	−1,48 (−0,13)
Atomistische Gruppe	50,55 (8,86)	56,73 (8,96)	55,79 (9,59)	+6,18*** (0,69)	+5,24*** (0,57)	−0,94 (−0,10)
Gesamtmodellieren						
Holistische Gruppe	49,78 (9,34)	58,08 (9,20)	55,55 (9,62)	+8,30*** (0,90)	+5,78*** (0,61)	−2,53** (−0,27)
Atomistische Gruppe	50,79 (9,74)	57,28 (9,46)	54,21 (9,81)	+6,52*** (0,68)	+3,46* (0,35)	−3,07* (−0,32)

***$p < 0.000$, **$p < 0.01$, *$p < 0.05$; Holistische Gruppe: N = 132; Atomistische Gruppe: N = 72

Zweifaktorielle Varianzanalysen zeigen für die Kompetenzfacetten *Vereinfachen/Mathematisieren* und *Gesamtmodellieren* jeweils mindestens geringe Effekte des Ansatzes zugunsten des holistischen Ansatzes, während solche signifikanten Effekte in den Dimensionen *Mathematisch Arbeiten* und *Interpretieren/Validieren* nicht nachweisbar sind.

Neben den dargestellten Differenzen der Leistungssteigerungen zwischen den beiden Modellierungsansätzen sind auch unterschiedliche Resultate zwischen den verschiedenen Schulformen rekonstruierbar. Bei der Analyse der erhobenen Daten unter

Berücksichtigung der Schulform sind zum einen signifikante Effekte für die Zuge-
hörigkeit der Lernenden zu einer der beiden einbezogenen Schulformen feststellbar: die
Schülerinnen und Schüler der Gymnasien erzielen in beiden Vergleichsgruppen zu allen
Messzeitpunkten signifikant bessere Ergebnisse als die Schülerinnen und Schüler der
Stadtteilschulen. Zum anderen ergeben sich bei der Auswertung der Personenfähigkeiten
keine signifikanten Effekte des Modellierungsansatzes in Bezug auf die Leistungsentwicklung der Gymnasialschülerinnen und -schüler, wohingegen für die Lernenden
der Stadtteilschulen für die Dimensionen *Vereinfachen/Mathematisieren* und *Gesamtmodellieren* jeweils signifikante Effekte zugunsten des holistischen Modellierungsansatzes erkennbar sind. (vgl. Brand 2014).

Die in diesem Kapitel dargestellten Ergebnisse werden im folgenden Kapitel
diskutiert.

3.5   Diskussion der Ergebnisse und Schlussfolgerungen

Zur Analyse der Modellierungskompetenzen der an dem Projekt ERMO beteiligten
Schülerinnen und Schüler wurde mit den Modellierungstests ein ausreichend reliables
Messinstrument entwickelt, welches sowohl bezogen auf die Kompetenzstruktur als auch
hinsichtlich der Kompetenzentwicklung der Lernenden Ergebnisse liefert.

In Bezug auf die Kompetenzstruktur ist die theoretisch angenommene Mehr-
dimensionalität des Konstrukts Modellierungskompetenzen auch empirisch nachweisbar: der Vergleich der eingesetzten Modelle (siehe Abb. 3.8) ergab die relativ beste
Passung zu den erhobenen Daten für ein vierdimensionales between-item Modell mit
den Kompetenzfacetten *Vereinfachen/Mathematisieren, Mathematisch Arbeiten, Inter-
pretieren/Validieren* und *Gesamtmodellieren.* Die relativ beste Eignung eines mehrdimensionalen Modells entspricht den Ergebnissen im Rahmen der KOMMA-Studie
(vgl. Zöttl 2010). Im KOMMA-Projekt wies zwar ein Subdimensionsmodell im Vergleich zu anderen Modellen die relativ beste Passung auf, wohingegen im ERMO-Projekt ein vierdimensionales between-item Modell den anderen überlegen ist, dieser
Umstand kann aber anhand der Definition der Kompetenzdimension *Gesamtmodellieren*
begründet werden. Diese beinhaltet in der KOMMA-Studie allein die Durchführung
vollständiger Modellierungsprozesse (vgl. Zöttl 2010), im Rahmen des Projekts ERMO
dagegen besteht sie wesentlich aus Überblickskompetenzen über den Modellierungsprozess und enthält dementsprechend weniger starke Bezüge zu den Teilprozessen *Ver-
einfachen/Mathematisieren, mathematisch Arbeiten* und *Interpretieren/Validieren.*

Bei den drei eingesetzten mehrdimensionalen Modellen ist durchgehend die Tatsache
erkennbar, dass die Reliabilitäten in den beiden Teilprozessen *Vereinfachen/Mathemati-
sieren* und *Interpretieren/Validieren* relativ niedriger sind als in den anderen. Berichtet
wird dieses Phänomen ebenfalls bei Zöttl (2010) aus dem KOMMA-Projekt, bei dessen Auswertung sich ebenfalls in den beiden Kompetenzfacetten *Verstehen – Verein-
fachen/Strukturieren – Mathematisieren* und *Interpretieren – Validieren* ergeben in den

unterschiedlichen berücksichtigten mehrdimensionalen Modellen jeweils vergleichs-weise geringere EAP-/PV-Reliabilitäten als in dem dritten Teilprozess mathematischer Modellierung *(Mathematisch Arbeiten)* und gegebenenfalls in der Kompetenzfacette *Gesamtmodellieren* ergeben. Dieser Fakt könnte darauf hinweisen, dass die betroffenen beiden Teilprozesse, insbesondere im Vergleich zum Teilprozess *mathematisch Arbei-ten,* jeweils mehrere Teilschritte des Modellierungsprozesses beinhalten und dement-sprechend weiter gefächerte Facetten ansprechen und somit schwerer bzw. weniger einheitlich zu operationalisieren sind als mathematische Leistungsfähigkeit.

Hinsichtlich der Kompetenzen der Schülerinnen und Schüler konnte festgestellt werden, dass die Modellierungsaktivitäten beider Ansätze tatsächlich in den Unter-richt integriert werden konnten und sowohl der holistische als auch der atomistische Modellierungsansatz geeignet ist, die Modellierungskompetenzen von Lernenden unter realen Bedingungen zu fördern. Dies wird dadurch ersichtlich, dass in beiden Vergleichs-gruppen in allen vier Kompetenzfacetten trotz Vergessenseffekten zwischen allen Mess-zeitpunkten hoch signifikante Leistungszuwächse nachweisbar sind. Eine allgemeine Überlegenheit eines der beiden Ansätze wurde aber nicht ersichtlich. Insgesamt sind Aussagen im Rahmen des ERMO-Projekts im Wesentlichen aber in Bezug auf einen relativen Vergleich der Effekte der beiden Modellierungsansätze zueinander möglich. Für eine Interpretation der absoluten Leistungszuwächse wären Ergebnisse einer Kontroll-gruppe nötig, die nicht vorliegen. Die gemessenen Zunahmen der Kompetenzwerte von 0,5 bis 0,9 Standardabweichungen zwischen den ersten beiden Messzeitpunkten sind aber grundsätzlich vergleichbar mit den kurzfristigen Kompetenzsteigerungen von etwa einer halben Standardabweichung im Rahmen der DISUM-Studie (vgl. Leiss et al. 2008) und des KOMMA-Projekts (vgl. Zöttl 2010). Die in den einzelnen Dimensionen der Modellierungskompetenzen höheren Leistungssteigerungen im ERMO-Projekt könnten unter anderem durch die insgesamt längere Interventionsphase erklärt werden.

Die im Vorfeld der Analyse der durchschnittlichen Personenparameter der gesamten Stichprobe getroffene Annahme, dass die Modellierungsdimension *Gesamtmodellieren* erfolgreicher durch Modellierungsaktivitäten des holistischen Modellierungsansatzes gefördert werden kann, konnte durch die Daten weitgehend bestätigt werden. Die Hypothese, dass die Teilprozesse mathematischer Modellierung effektiver durch die Modellierungsaktivitäten des atomistischen Ansatzes gefördert werden können, lässt sich dagegen nicht bestätigen. Dieser Annahme widerspricht insbesondere die Tatsache, dass in der Dimension *Vereinfachen/Mathematisieren* ein Effekt des Ansatzes zu Guns-ten des holistischen Ansatzes nachweisbar ist. Interpretieren lässt sich dieses Ergebnis eventuell unter Rückgriff auf eine Auswertung der Daten nach Schulform, bei der sich für die Gymnasialschülerinnen und -schüler keinerlei Effekt des Modellierungsansatzes zeigt, der Ansatz also eine untergeordnete Rolle zu spielen scheint. Bei den Stadtteil-schulschülerinnen und -schülern dagegen sind Effekte des Modellierungsansatzes in den beiden Dimensionen *Vereinfachen/Mathematisieren* und *Gesamtmodellieren* fest-stellbar, jeweils zugunsten des holistischen Ansatzes. Für diese Lernenden scheint folg-lich der holistische Modellierungsansatz im Vergleich zum atomistischen Ansatz stärker geeignet zu sein, die Modellierungskompetenzen effektiv zu fördern. Erklärt werden kann dieses Phänomen möglicherweise durch das Selbstdifferenzierungspotenzial vollständiger Modellierungsaufgaben (vgl. Maaß 2007), welches die offenen, kompletten Modellierungsaufgaben der holistischen Modellierungsaktivitäten in stärkerem Maße aufweisen als die Aufgaben der atomistischen Modellierungsaktivitäten. Die Aufgaben der holistischen Gruppe ermöglichen es den Lernenden somit in größerem Umfang, die Modellierungsprobleme entsprechend ihrer spezifischen Fähigkeiten zu vereinfachen und zu bearbeiten, während für die Aufgaben der atomistischen Gruppe zum Teil zunächst vorgegebene Modelle verstanden und analysiert werden müssen.

Die Aussagekraft der dargestellten und diskutierten Ergebnisse wird u. a. durch die Tatsache beschränkt, dass es sich bei dem Projekt ERMO um eine Feld- und keine Laborstudie handelt und dementsprechend nicht von identischen Bedingungen der Lernenden und Lehrpersonen sowie der durchgeführten Modellierungsaktivitäten ausgegangen werden kann (vgl. Brand 2014). Trotz dieser zu berücksichtigenden Grenzen der Studie veranschaulichen die Resultate, dass die entwickelten Modellierungsaktivitäten in den regulären Mathematikunterricht integriert werden können und sie den Erwerb der verschiedenen Dimensionen mathematischer Modellierungskompetenzen von Schülerinnen und Schülern fördern. Die Analyse der Daten weist darauf hin, dass für vergleichsweise leistungsheterogene und relativ leistungsschwächere Klassen bei dem Erwerb von Modellierungskompetenzen der holistische Modellierungsansatz effektiver zu sein scheint, wohingegen er für vergleichsweise leistungsstarke Lernende eine untergeordnete Rolle spielt.

Bezogen auf die Erfassung der Struktur des Konstrukts Modellierungskompetenzen erwies sich ein vierdimensionales between-item Modell als relativ am besten zur Beschreibung der mithilfe der Modellierungstests erhobenen Daten. Dieses mehrdimensionale Modell reduziert zwar einerseits die Kompetenzstruktur auf theoretisch nur bedingt anzunehmende klar voneinander abgegrenzte Dimensionen (vgl. Brand 2014), es schafft andererseits dadurch aber auch die Voraussetzung für die detaillierte Analyse der Kompetenzentwicklung verschiedener Facetten der Modellierungskompetenzen und somit für differenzierte Aussagen in Bezug auf die Eignung der untersuchten unterschiedlichen Ansätze zur Förderung mathematischer Modellierungskompetenzen.

Literatur

Blomhøj, M., & Jensen, T. (2003). Developing mathematical modelling competence: Conceptual clarification and educational planning. *Teaching Mathematics and its Applications, 22*(3), 123–139.

Blum, W. (1996). Anwendungsbezüge im Mathematikunterricht – Trends und Perspektiven. In G. Kadunz, H. Kautschitsch, G. Ossimitz, & E. Schneider (Hrsg.), *Trends und Perspektiven. Beiträge zum 7. Internationalen Symposium zur Didaktik der Mathematik* (S. 15–38). Wien: Hölder-Pichler-Tempsky.

Blum, W., P. L. Galbraith, P.L., Henn, H.-W. & Niss, M. (Hrsg.) (2007), *Modelling and Applications in Mathematics Education. The 14th ICMI Study.* New York: Springer

Böhm, U. (2013). *Modellierungskompetenzen langfristig und kumulativ fördern. Tätigkeitstheoretische Analyse des mathematischen Modellierens in der Sekundarstufe I.* Berlin: Springer Spektrum.

Böttcher, K. (2013). *Ansätze zur Förderung von Modellierungskompetenzen aus Sicht der Lehrkraft.* Masterarbeit im Fachbereich Erziehungswissenschaft der Universität Hamburg. Hamburg: unveröffentlicht.

Borromeo Ferri, R. (2011). *Wege zur Innenwelt des mathematischen Modellierens. Kognitive Analysen zu Modellierungsprozessen im Mathematikunterricht.* Wiesbaden: Vieweg + Teubner.

Borromeo Ferri, R. & Kaiser, G. (2008). Aktuelle Ansätze und Perspektiven zum Modellieren in der nationalen und internationalen Diskussion. In A. Eichler & F. Förster (Hrsg.), *Materialien für einen realitätsbezogenen Mathematikunterricht* (Bd. 12, S. 1–10). Hildesheim: Franzbecker.

Brand, S. (2014). *Erwerb von Modellierungskompetenzen. Empirischer Vergleich eines holistischen und eines atomistischen Ansatzes zur Förderung von Modellierungskompetenzen.* Wiesbaden: Springer Spektrum.

Bruder, R., Krüger, U.-H. & Bergmann, L. (2014). LEMAMOP – Ein Kompetenzentwicklungsmodell für Argumentieren, Modellieren und Problemlösen wird umgesetzt. Beiträge zum Mathematikunterricht 2014.

Bühner, M. (2011). *Einführung in die Test- und Fragebogenkonstruktion* (3. Aktualisierte Aufgabe). München: Pearson Studium.

Galbraith, P., & Stillman, G. (2006). A framework for identifying blockades during transitions in the modelling process. *Zentralblatt für Didaktik der Mathematik, 38*(2), 143–162.

Greefrath, G., Kaiser, G., Blum, W., & Borromeo Ferri, R. (2013).Mathematisches Modellieren – Eine Einführung in theoretische und didaktische Hintergründe. In R. Borromeo Ferri, G. Greefrath, & G. Kaiser (Hrsg.), *Realitätsbezüge im Mathematikunterricht. Mathematisches Modellieren für Schule und Hochschule. Theoretische und didaktische Hintergründe* (S. 11–37). Wiesbaden: Springer Fachmedien.

Haines, C., Crouch, R., & Davis, J. (2001). Understanding student's modelling skills. In J. F. Matos, W. Blum, K. Houston, & S. P. Carreira (Hrsg.), *Modelling and mathematics education: ICTMA9: Applications in science and technology* (S. 366–381). Chichester: Horwood.

Kaiser, G. (1995). Realitätsbezüge im Mathematikunterricht – Ein Überblick über die aktuelle und historische Diskussion. In G. Graumann, T. Jahnke, G. Kaiser, & J. Meyer (Hrsg.), *Materialien für einen realitätsbezogenen Mathematikunterricht* (Bd. 2, S. 66–84), (ISTRON) (S Hildesheim: Franzbecker.

Kaiser, G. (2007). Modelling and modelling competencies in school. In C. Haines, P. Galbraith, W. Blum, & S. Khan (Hrsg.), *Mathematical Modelling (ICTMA 12): Education, engineering and economics* (S. 110–119). Chichester: Horwood Publishing.

Kaiser, G., Blomhøj, M., & Sriraman, B. (2006). Towards a didactical theory for mathematical modelling. *Zentralblatt für Didaktik der Mathematik, 38*(2), 82–85.

Kaiser, G., & Stender, P. (2013). Complex modelling problems in co-operative, self-directed learning environments. In G. Stillman, G. Kaiser, W. Blum, & J. P. Brown (Hrsg.), *Teaching mathematical modelling: Connecting to research and practice* (S. 277–293). Dordrecht: Springer.

Klocke, N. (2013). *Förderung von Modellierungskompetenzen nach dem holistischen Ansatz aus Lehrerperspektive.* Bachelorarbeit im Fachbereich Erziehungswissenschaft der Universität Hamburg. Hamburg: unveröffentlicht.

Krüger, A. (2013). *Förderung von Modellierungskompetenzen nach dem atomistischen Ansatz aus Lehrerperspektive.* Bachelorarbeit im Fachbereich Erziehungswissenschaft der Universität Hamburg. Hamburg: unveröffentlicht.

Kuntze, S. (2010). Zur Beschreibung von Kompetenzen des mathematischen Modellierens konkretisiert an inhaltlichen Leitideen. Eine Diskussion von Kompetenzmodellen als Grundlage für Förderkonzepte zum Modellieren im Mathematikunterricht. *Der Mathematikunterricht, 4,* 4–19.

Leiss, D., Blum, W., Messner, R., Müller, M., Schukajlow, S., & Pekrun, R. (2008). Modellieren lehren und lernen in der Realschule. *Beiträge zum Mathematikunterricht, 2008,* 79–82.

Maaß, K. (2004). *Mathematisches Modellieren im Unterricht. Ergebnisse einer empirischen Studie.* Hildesheim: Franzbecker.

Maaß, K. (2005a). Modellieren im Mathematikunterricht der Sekundarstufe I. *Journal für Mathematikdidaktik, 26*(2), 114–142.

Maaß, K. (2005b). Stau – Eine Aufgabe für alle Jahrgänge! *PM Praxis der Mathematik, 47*(3), 8–13.

Maaß, K. (2007). *Mathematisches Modellieren. Aufgaben für die Sekundarstufe I.* Berlin: Cornelsen Scriptor.

Niss, M. Blum, W., & Galbraith, P. (2007). Introduction. In W. Blum, P. L. Galbraith, H.-W. Henn, & M. Niss (Hrsg.), *Modelling and applications in mathematics education. The 14th ICMI Study* (S. 3–32). New York: Springer.

Rost, J. (2004). *Lehrbuch Testtheorie – Testkonstruktion.* Bern: Huber.

Schukajlow, S. & Krug., A. (2013). Considering multiple solutions for modelling problems – Design and first results from the MultiMa-Project. In G. Stillman, G. Kaiser, W. Blum, & J. P. Brown (Hrsg.), *Teaching mathematical modelling: Connecting to research and practice* (S. 207–216). Dordrecht: Springer.

Schupp, H. (1997). Anwendungsorientierter Mathematikunterricht in der Sekundarstufe I zwischen Tradition und neuen Impulsen. In W. Blum, W. Henn, M. Klika, & J. Maaß (Hrsg.), *Materialien für einen realitätsbezogenen Mathematikunterricht* (Bd. 1, S. 1–11)., ISTRON Hildesheim: Franzbecker.

Stillman, G., Kaiser, G., Blum, W., & Brown, J. P. (Hrsg.). (2013). *Teaching mathematical modelling: Connecting to research and practice.* Dordrecht: Springer.

Weinert, F. E. (2001). Concept of competence: A conceptual clarification. In D. S. Rychen & L. H. Salganik (Hrsg.), *Defining and selecting key competencies* (S. 45–65). Seattle: Hogrefe & Huber Publishers.

Zöttl, L. (2010). *Modellierungskompetenz fördern mit heuristischen Lösungsbeispielen.* Hildesheim: Franzbecker.

Teilkompetenzen des Modellierens und ihre Erfassung – Darstellung einer Testentwicklung

Corinna Hankeln und Catharina Beckschulte

Zusammenfassung

Es wird die Entwicklung eines Testinstruments zur Erfassung von Teilkompetenzen des mathematischen Modellierens vorgestellt. Dieses Testinstrument fokussiert auf vier Teilkompetenzen und beschränkt sich auf den atomistischen Modellierungsansatz. Es zeigt sich, dass Modellierungskompetenzen mit atomistischen Aufgaben erfasst werden können und diese als Indikatoren für Teilkompetenzen zu betrachten sind.

4.1 Einleitung

Mathematisch zu modellieren ist sowohl für Lehrkräfte als auch für Lernende eine schwierige Disziplin (Blum 2007). Dies liegt häufig daran, dass beim Modellieren nicht einfach vertraute Schemata angewendet werden können, ohne über den Kontext nachzudenken. Stattdessen sind viele weitere Schritte zusätzlich zu dem gewohnten Rechnen nötig, wie etwas das Vereinfachen der gegebenen realen Situation, das Aufstellen eines mathematischen Modells oder das Hinterfragen des Lösungswegs, das auch das Reflektieren der verwendeten Modelle einschließt. Um zu diagnostizieren oder zu messen, wie gut Lernende zur Ausführung dieser Schritte in der Lage sind, werden andere Aufgaben

C. Hankeln (✉) · C. Beckschulte
Institut für Didaktik der Mathematik und der Informatik, Universität Münster, Münster, Deutschland

C. Beckschulte
E-Mail: ca.beckschulte@gmx.de

© Springer-Verlag GmbH Deutschland, ein Teil von Springer Nature 2020
G. Greefrath und K. Maaß (Hrsg.), *Modellierungskompetenzen –
Diagnose und Bewertung,* Realitätsbezüge im Mathematikunterricht,
https://doi.org/10.1007/978-3-662-60815-9_4

als einfache Rechenaufgaben benötigt. In diesem Kapitel diskutieren wir, wie genau solche Aufgaben aussehen können und welchen Erkenntnisgewinn sie über Modellierungskompetenzen von Lernenden ermöglichen.

4.2 Modellierungskompetenz

4.2.1 Definitionen

In diesem Abschnitt wird erläutert, wie Modellierungskompetenz definiert ist und welche unterschiedlichen Auffassungen es diesbezüglich gibt. Dazu soll zunächst der Kompetenzbegriff allgemein geklärt werden. Im Rahmen dieses Kapitels werden die Begrifflichkeiten Kompetenz, Teilkompetenz und Fähigkeit aus sprachlichen Gründen weitestgehend synonym verwendet. Weinert (2001) definiert den Begriff Kompetenz wie folgt:

> „Dabei versteht man unter Kompetenzen die bei Individuen verfügbaren oder durch sie erlernbaren kognitiven Fähigkeiten und Fertigkeiten, um bestimmte Probleme zu lösen, sowie die damit verbundenen motivationalen, volitionalen und sozialen Bereitschaften und Fähigkeiten um die Problemlösungen in variablen Situationen erfolgreich und verantwortungsvoll nutzen zu können." (S. 27 f.).

Auf den Begriff Modellierungskompetenz lässt sich diese Definition insofern übertragen, als dass beim mathematischen Modellieren Fähigkeiten, komplexe realweltliche Probleme zu lösen, betrachtet werden. In den Bildungsstandards im Fach Mathematik für die Allgemeine Hochschulreife (2012) wird die Kompetenz, mathematisch zu modellieren dazu relativ detailliert wie folgt charakterisiert:

> „Hier geht es um den Wechsel zwischen Realsituationen und mathematischen Begriffen, Resultaten oder Methoden. Hierzu gehört sowohl das Konstruieren passender mathematischer Modelle als auch das Verstehen oder Bewerten vorgegebener Modelle. Typische Teilschritte des Modellierens sind das Strukturieren und Vereinfachen gegebener Realsituationen, das Übersetzen realer Gegebenheiten in mathematische Modelle, das Interpretieren mathematischer Ergebnisse in Bezug auf Realsituationen und das Überprüfen von Ergebnissen im Hinblick auf Stimmigkeit und Angemessenheit bezogen auf die Realsituation" (S. 15).

Ein zentrales Charakteristikum von Modellierungskompetenz ist somit die Fähigkeit, zwischen realen Situationen und der Mathematik übersetzen zu können. Dabei lassen sich verschiedene Schritte identifizieren, die Bestandteil von Modellierungsprozessen sind: Das Strukturieren und Vereinfachen realer Situationen, das Konstruieren mathematischer Modelle, das Interpretieren mathematischer Ergebnisse in realweltlichen Kontexten sowie das Überprüfen von Ergebnissen und Lösungswegen. Diese Teilschritte werden häufig idealisiert als zyklische Abfolge dargestellt (Blum und Leiß 2005;

Maaß 2005) und dienen somit als unverzichtbare Basis für das Lösen einer komplexen Modellierungsaufgabe. Allerdings sind die Fähigkeiten, diese Teilschritte ausführen zu können, welche auch als Teilkompetenzen des Modellierens bezeichnet werden (Kaiser et al. 2015), nicht zwingend auch hinreichend für eine globale Modellierungskompetenz. Unter dieser versteht man weitergehend, dass vollständige Modellierungsprozesse erfolgreich vollständig durchlaufen werden können (Maaß 2004). Dazu sind zusätzlich zu den Teilkompetenzen des Modellierens noch weitere Fähigkeiten, wie etwa meta-kognitive oder soziale Kompetenzen nötig (vgl. u. a. Maaß 2006; Zöttl 2010; Stillman 2011), die aber nicht Fokus dieses Kapitels sein sollen.

Betrachtet man genauer, was Lernende eigentlich können müssen, um die verschiedenen Teilschritte des Modellierens auszuführen, lässt sich eine Art Auflistung zentraler Charakteristika jeder Teilkompetenz erstellen. Dabei sind die einzelnen Punkte der Aufzählung nicht als isolierte Fähigkeiten zu verstehen, sondern als eine Facette der jeweils in sich relativ komplexen Teilkompetenz.

Das *Vereinfachen* meint dabei „die Kompetenzen zum Verständnis eines realen Problems und zum Aufstellen eines realen Modells, d. h. die Fähigkeiten nach verfügbaren Informationen zu suchen und relevante von irrelevanten Informationen zu trennen, auf die Situation bezogene Annahmen zu machen bzw. Situationen zu vereinfachen, die eine Situation beeinflussenden Größen zu erkennen bzw. zu explizieren und Schlüsselvariablen zu identifizieren, sowie Beziehungen zwischen den Variablen herzustellen" (Kaiser et al. 2015, S. 369 f.). Dabei ist diese Teilkompetenz insbesondere von der Mathematisierung, das heißt der Kompetenz realweltliche Zusammenhänge in ein mathematisches Modell zu übertragen, zu unterscheiden. In dieser Teilkompetenz des *Mathematisierens* werden die Fähigkeiten fokussiert, ein mathematisches Modell aufzustellen, indem relevanten Größen und Beziehungen in mathematische Sprache übersetzt werden und adäquate mathematische Notationen gewählt werden. Gegebenenfalls zählt auch die Fähigkeit, Situationen in einer mathematischen Skizze grafisch darstellen zu können zu dieser Teilkompetenz (ebd.).

Die Teilkompetenz des *Interpretierens* meint die Kompetenzen, mathematische Resultate wieder zurück auf eine realweltliche Situation zu beziehen und in den realweltlichen Kontext einzuordnen. Diese Fähigkeit wird in einem Modellierungsprozess immer dann gefordert, wenn mithilfe eines mathematischen Modells ein mathematisches Ergebnis gefunden wurde, welches aber erst im Sachzusammenhang interpretiert die Ausgangsfrage beantwortet. Weiterhin kann es nötig sein, auch Zwischenergebnisse wieder auf den Sachkontext zu beziehen, um das eigentliche Ziel des mathematischen Arbeitens nicht aus den Augen zu verlieren. Darüber hinaus umfasst das Interpretieren aber auch Fähigkeiten, für spezielle Situationen entwickelte Lösungen zu verallgemeinern (ebd.).

Kompetenzen, die gefundene Lösung infrage zu stellen, werden unter dem Begriff *Validieren* zusammengefasst (ebd.). Dabei lassen sich die benötigten Fähigkeiten genauer ausdifferenzieren: Zum einen fallen Kompetenzen, sowohl eine mathematische als auch eine reale Lösung kritisch zu hinterfragen, unter diese Teilkompetenz. Weiterhin gehört dazu, die verwendeten Einheiten zu prüfen, Rechenwege auf Fehler zu kontrollieren,

aber auch, die Größenordnung der Lösung zu reflektieren. Dabei können Überschlags-
rechnungen oder auch Stützpunktwissen helfen, um abzuschätzen, ob ein Ergebnis
plausibel ist oder nicht. Darüber hinaus werden auch Fähigkeiten, die Modellwahl kritisch zu hinterfragen zum Validieren gezählt. Dazu gehört das Prüfen, ob das gewählte
mathematische Modell die Situation überhaupt korrekt widerspiegelt, die Reflexion
der getroffenen Annahmen, auf denen das Modell aufbaut, sowie die Suche nach alternativen Lösungswegen. In der Literatur werden daher häufig auch die Fähigkeiten, einen
Modellierungsprozess erneut durchzuführen, zum Validieren gezählt (ebd.).

4.2.2 Erfassung von Modellierungskompetenz

Es gibt unterschiedliche Ansätze, die oben beschriebene Kompetenz des Modellierens
beziehungsweise die Teilkompetenzen des Modellierens zu erfassen. Die Erfassung von
Modellierungskompetenz ist bereits seit Beginn der Modellierungsdiskussion ein zentrales Thema. So finden sich beispielsweise 1986 erste Beiträge zu diesem Thema in
der ICTMA-Reihe *(The International Community of Teachers of Mathematical Modelling and Applications)* (Oke und Bajpaj 1986). Zunächst einmal ist festzuhalten, dass
zumindest für die Themengebiete Satz des Pythagoras sowie Lineare Funktionen gezeigt
werden konnte, dass sich Modellierungskompetenz durchaus von einer rein techni-
schen mathematischen Kompetenz unterscheidet (Harks et al. 2014). Modellieren stellt
somit also auch aus empirischer Sicht andere Anforderungen an Lernende als innermathematische Aufgaben und Textaufgaben.

Betrachtet man die Gestaltung von bisher eingesetzten Testaufgaben, so fällt vor
allem der konzeptionelle Unterschied ins Auge. Zum einen werden sogenannte holistische Aufgaben verwendet, bei denen der gesamte Modellierungskreislauf durchlaufen
werden muss. Eine andere Variante stellen sogenannte atomistische Aufgaben dar,
bei denen nur eine oder wenige Teilkompetenzen des Modellierens aktiviert werden
(Blomhøj und Jensen 2003; Brand 2014, vgl. den Beitrag von Brand in diesem Band).

Holistische Aufgaben erfordern, dass Lernende alle Schritte des Modellierens zeigen.
Einem Lernenden wird demnach eine hohe Modellierungskompetenz zu gesprochen, wenn
er durch eine Modellierung eine plausible Antwort auf eine außermathematische Fragestellung finden kann. Diese Auffassung ist für die Erfassung einer globalen Modellierungskompetenz gut nachvollziehbar, birgt aber auch einige Schwierigkeiten. Zum einen
erfordern mathematische Modellierungen häufig auch Kreativität und Flexibilität; also
Eigenschaften, die in Prüfungssituationen oft nur schwer zu fordern sind. Zum anderen ist in
bestimmten Teilschritten des Modellierens, wie etwa dem Vereinfachen der realen Situation
oder dem Validieren des realen Resultats, kontextspezifisches Wissen notwendig. Dahingehend haben Studien gezeigt, dass die Entwicklung von Modellierungskompetenz in verschiedenen Kontextbereichen unterschiedlich auftritt (Blum 2011; Schukajlow et al. 2015).
Daher ist für reliable Messungen der Einsatz verschiedener Kontexte wünschenswert, was

aber bei vollständig zu bearbeitenden Modellierungsaufgaben häufig die zur Verfügung stehende Testzeit überschreiten würde.

Theoretisch ist es auch möglich, holistische Aufgaben für die Erfassung von Teilkompetenzen einzusetzen. Dazu werden die verschiedenen Lösungsschritte, die Lernende zur Lösung der Aufgabe ausführen, jeweils einer Teilkompetenz zugeordnet und jeweils nach ihrer Qualität bewertet (vgl. u. a. Schukajlow et al. 2015). Dieses Vorgehen hat den Vorteil, dass die Ausführung der Teilschritte auch tatsächlich im Rahmen einer echten Modellierungstätigkeit erfasst wird. Nachteilig hingegen ist der Umstand, dass in diesem Fall die Ausführung eines Teilschritts jeweils von den zuvor ausgeführten Teilschritten abhängt. Wenn Lernende etwa beim Strukturieren und Vereinfachen starke Schwierigkeiten haben, kann es sein, dass sie gar nicht erst bis zu dem Punkt gelangen, an dem sie ihre Lösung hinterfragen müssen. Somit könnte dort auch keine hohe Kompetenz im Validieren diagnostiziert werden, obwohl sie vielleicht eigentlich über die entsprechenden Fähigkeiten verfügen. Außerdem stellt sich die Frage, was als qualitativ gute Leistung innerhalb einer Teilkompetenz zu werten ist. Wenn Lernende eine Situation beispielsweise zu stark vereinfachen, als es eigentlich angemessen wäre, so könnten sie dies auch bewusst tun, um sich mit der entsprechenden Mathematisierung nicht zu überfordern. In diesem Fall wird die Vereinfachung also mit gleichzeitigem Blick auf die folgende Mathematisierung durchgeführt und die Diagnosebereiche beginnen zu verschwimmen.

Daher kann es ratsam sein, die Teilkompetenzen des Modellierens durch entsprechende atomistische Aufgaben zu messen. Damit wird auf das tatsächliche Durchlaufen eines kompletten Modellierungskreislaufs und die Abbildung der Abhängigkeit der Teilschritte verzichtet, um eine reliable Erfassung der verschiedenen Kompetenzen, die für die basalen Schritte des Modellierens nötig sind, zu ermöglichen. Dafür können unterschiedliche Kontexte verwendet werden, sodass kontextbezogene Stärken und Schwächen nicht so stark ins Gewicht fallen. Erste Ansätze für dieses Vorgehen gehen auf Haines und Crouch (2001) zurück, die in einem Multiple Choice-Test die verschiedenen Teilkompetenzen des Modellierens von Studierenden zu erfassen versuchen, um diese dann in der Summe als Modellierungskompetenz aufzufassen. Diese Idee wurde in zahlreichen Studien aufgegriffen und weiterentwickelt, wie etwa bei Zöttl (2010); Brand (2014). Beide berücksichtigen Aufgaben zu Teilkompetenzen bei der Entwicklung eines jeweiligen Modellierungskompetenztests zur Evaluation verschiedener Lernumgebungen beim Modellieren.

Der vorliegende Beitrag greift diesen Ansatz auf und diskutiert Testaufgaben, die darauf abzielen, die Teilkompetenzen des Modellierens möglichst gut zu erfassen. Dabei fokussiert der Beitrag auf eine schriftliche Messung der Teilkompetenzen durch einen Test, wie im schulischen Kontext üblich. Dieses Vorgehen hat den Vorteil, dass sehr ökonomisch eine Vielzahl an Personen getestet werden kann und die Messung auch leicht und verlässlich anonymisiert werden kann (Frejd 2013). Dabei sollte aber nicht vergessen werden, dass diese Art der Messung nicht die einzig mögliche ist. Vos (2007) zeigt beispielsweise, dass auch die Arbeit mit konkretem Material wie beispielsweise Gummibändern und die anschließende schriftliche Darlegung des Lösungsprozesses als Grundlage für eine Kompetenzdiagnose genutzt werden kann.

4.3 Entwicklung eines Kompetenztests

4.3.1 Schritte der Testentwicklung

Die Erstellung eines Tests, der objektiv, reliabel und valide die vier Teilkompetenzen des Modellierens Vereinfachen, Mathematisieren, Interpretieren und Validieren misst, erforderte zunächst die Sammlung einer Vielzahl an Aufgaben, die sich für die Verwendung als Testitems eigneten. Dabei waren einige Anforderungen zu beachten. Aufgrund der Konzeption der Studien, in welchen der Test eingesetzt wurde, wurde das mathematische Themengebiet des Tests auf geometrische Probleme beschränkt, die mit dem Wissen der neunten Jahrgangsstufe (G8 Gymnasien in NRW) zu bearbeiten waren. Darüber hinaus waren die folgenden Kriterien zu beachten:

1. Die Aufgaben präsentieren einen glaubwürdigen realen Kontext, in dem Mathematik zur Anwendung kommen kann.
2. Die Aufgaben erfordern es, dass die Lernenden nur genau einen Teilschritt des Modellierungskreislaufs ausführen.
3. Die Aufgaben erfordern zur Lösung schwerpunktmäßig die Fähigkeiten, die in der Definition der Teilkompetenzen formuliert sind.
4. Die Aufgaben spiegeln die Anforderungen der Teilkompetenzen möglichst umfassend wider.
5. Die Aufgaben sind in verständlicher, möglichst einfacher, aber dennoch eindeutiger Sprache formuliert.
6. Die Aufgaben sind unterschiedlich schwierig.

Ausgehend von bekannten und neuen Modellierungsproblemen wurden anhand dieser Kriterien Items konstruiert, die in einem ersten Schritt mit Experten der Fachdidaktik und insbesondere des Modellierens diskutiert wurden, um eine inhaltliche Validität zu gewährleisten. Aufgaben, die nicht die gewünschte Teilkompetenz oder Facette der Teilkompetenz maßen, wurden umformuliert und erneut diskutiert. Anschließend wurde mit Lehrkräften die Sprache und Gestaltung der Aufgabe besprochen, bevor die Aufgaben von drei Klassen eines Gymnasiums bearbeitet wurden. Durch die Beobachtung der Schülerinnen und Schüler während dieser Bearbeitung sowie der anschließenden Befragung in Gruppen wurden die Aufgaben weiter analysiert und missverständliche Formulierungen sowie fehlleitende Bilder korrigiert.

An diese qualitative Erprobung schloss sich eine quantitative Pilotierung der Testaufgaben an, bei der 189 Schülerinnen und Schüler den Test bearbeiteten. Durch diese

Erhebung konnten empirische Schwierigkeiten ermittelt werden, die zur Zusammensetzung von Testheften genutzt wurden, die in einer großen empirischen Interventionsstudie unter Beteiligung von 44 nordrhein-westfälischen Klassen eingesetzt wurden. Aus dieser Erhebung stammen auch die in Abschn. 4.4.2 präsentierten Lösungen von Lernenden. Da der Test in dieser Studie zu drei Messzeitpunkten eingesetzt wurde, unter anderem auch direkt nach einer Unterrichtsreihe speziell zum Modellieren, ist der Anteil der korrekten Antworten bei der Betrachtung der Lösungshäufigkeiten etwas höher einzuschätzen. Da in der Studie ein rotiertes Testdesign eingesetzt wurde, wurde aber nicht jedes Item zu allen Messzeitpunkten ausgefüllt, weswegen die Häufigkeiten über alle drei Messzeitpunkte berichtet werden.

In dieser Studie wurde der Test in einer 45-minütigen Schulstunde unter Verwendung eines anonymen persönlichen Codes ausgefüllt. Die Testsitzung verlief in jeder Klasse genau gleich entsprechend eines festgelegten Protokolls. Dies betraf insbesondere die Arbeitsanweisungen an die Lernenden, die in jeder Klasse seitens der Lehrkraft identisch verlesen wurden und für die Schülerinnen und Schüler auf ihren Testheften mitzulesen waren. Da bei der Testung ein rotiertes Testdesign verwendet wurde, bearbeiteten benachbarte Schülerinnen und Schüler jeweils nur zu einem Teil die gleichen Aufgaben, was das Abschreiben von dem jeweiligen Sitznachbarn zusätzlich verhindern sollte.

Die Aufgaben wurden nach einem detaillierten Kodierschema ausgewertet, in dem sowohl die korrekten, akzeptierten und nicht akzeptierten Antworten, als auch jeweils denkbare Grenzfälle beschrieben waren. Während einige Aufgaben dichotom, das heißt nur als richtig oder falsch kodiert wurden, konnten bei einigen Aufgaben auch Teilpunkte für teilweise korrekte Antworten erreicht werden. Die offenen Aufgaben wurden zu 40 % von zwei unabhängigen Ratern kodiert. Die Übereinstimmung lag dabei mit $0{,}81 \leq \kappa \leq 0{,}95$ (Cohens Kappa) in einem sehr guten Rahmen.

4.3.2 Aufgabenbeispiele

Vereinfachen

Um die Kompetenzen der Lernenden im Vereinfachen zu messen, wurden nur Multiple-Choice-Aufgaben eingesetzt. Dieser Punkt unterscheidet sich von anderen Konzeptionen von Aufgaben zum Vereinfachen, etwa bei Brand (2014), Zöttl (2010) oder Greefrath (2012). Dort finden sich offene Aufgaben im Kurzantwort-Format, bei denen Lernende eigenständig für sie bei der Lösung des Problems relevante Informationen auflisten sollen, ohne die Aufgabe tatsächlich zu lösen. Dieses Vorgehen stellt jedoch erhöhte Anforderungen sowohl an die Testpersonen, die manchmal erst durch die Mathematisierung feststellen, welche Informationen sie eigentlich benutzen, als auch an die Kodierung der Antworten, bei der entschieden werden muss, ob eine Formulierung der Erwartung entspricht und über die tatsächliche Anzahl der zu nennenden Informationen entschieden werden muss. In dem geschlossenen Multiple-Choice-Format hingegen wird den Testpersonen eine Auswahl an Informationen gezeigt, die sie hinsichtlich ihrer Relevanz für das geschilderte Problem als wichtig oder unwichtig bewerten müssen. Da in jeder Aufgabe stets mehr als eine Antwortalternative als wichtig markiert werden musste, lag die Wahrscheinlichkeit, das Item eines solchen Formats richtig zu lösen, unter 50 %.

Da die Teilkompetenz des Vereinfachens sowohl die Fähigkeiten meint, nach verfügbaren Informationen zu suchen, als auch wichtige von unwichtigen Informationen zu trennen, wurden zwei Arten von Items eingesetzt. Zum einen finden sich Items, bei denen den Lernenden unterschiedliche Informationen präsentiert werden, wie beispielsweise im Item Horizont (vgl. Abb. 4.1), das an den Kontext der bekannten Leuchtturm-Aufgabe (vgl. Kaiser et al. 2015) angelehnt ist. Aufgabe der Schülerinnen und Schüler ist es in diesem Item, sich für die Informationen zu entscheiden, die als wichtig zur Bestimmung der Entfernung erachtet werden. Bei den richtigen Antwortmöglichkeiten handelt es sich um die Angabe zum Erdradius sowie die Höhe des Leuchtturms. Das schließt nicht aus, dass es keine weiteren relevanten Informationen zur Lösung der Aufgabe gibt. Diese sind hier lediglich nicht als Antworten aufgeführt. Die Distraktoren repräsentieren typische Fehlvorstellungen wie etwa die Antwort „Es ist keine Wolke am Himmel zu sehen". Beim Ankreuzen dieses Distraktors wird irrtümlicherweise davon ausgegangen, dass die wetterbedingte Sichtbarkeit etwas mit der Entfernung von Leuchtturm und Horizont zu tun hat.

Andererseits wurden auch Items eingesetzt, die den Fokus stärker auf die Suche nach verfügbaren Informationen legen und statt konkreter Informationen, unterschiedliche Fragen präsentieren, die möglicherweise für den weiteren Lösungsprozess wichtig zu beantworten sind. Dabei bezogen sich, wie in Abb. 4.2 zu sehen, die Antwortmöglichkeiten nicht nur

Frage Horizont:

Im Sommerurlaub stehen Marcus und Irina auf einem Leuchtturm und schauen aufs Meer hinaus. „Wie weit ist es wohl bis zum Horizont?", fragt Irina.
Kreuze alle der folgenden Informationen an, die Du für wichtig hältst, um die Entfernung bis zum Horizont zu bestimmen.

☐ Zwischen dem Leuchtturm und dem Meer sind noch 25 m Sandstrand.	☐ Die beiden stehen an der Atlantikküste in Frankreich.
☐ Es ist keine Wolke am Himmel zu sehen.	☐ Der Erdradius beträgt 6370 km.
☐ Der Leuchtturm ist 83 m hoch.	☐ Das Licht des Leuchtturms strahlt bis zu 10 m weit.

Abb. 4.1 Item Horizont zur Messung der Teilkompetenz Vereinfachen

Frage Schokolade:

Thomas hat eine 100 g Tafel Vollmilch-Schokolade, Jens eine 200 g
Schachtel Pralinen bekommen. Als Jens sich freut, dass er mehr
Schokolade habe, meint Thomas: „Ich habe in Wirklichkeit mehr
Schokolade, du hast ja ganz viel von der Creme-Füllung, die ich
nicht mag!"
Kreuze ___alle___ *der folgenden Fragen an, um zu berechnen, wer*
wirklich mehr Vollmilch-Schokolade hat.

☐ Welche Form hat die Pralinen-Schachtel?	☐ Haben alle Pralinen die gleiche Form?
☐ Von welcher Marke sind die Pralinen?	☐ Wie viele Pralinen sind in der Schachtel?
☐ Was wiegt die Schokoladen-Hülle einer Praline?	☐ Ist die Tafel Schokolade quadratisch?

Abb. 4.2 Item Schokolade zur Messung der Teilkompetenz Vereinfachen

auf das Bestimmen fehlender Größen, wie etwa in den Fragen „Wie viele Pralinen sind in
der Schachtel?" oder „Was wiegt die Schokoladen-Hülle einer Praline?", sondern auch auf
das Erkennen von Schlüsselvariablen wie in den Fragen „Haben alle Pralinen die gleiche
Form?" oder auch als Negativ-Beispiel „Ist die Tafel Schokolade quadratisch?". Neben
dieser Antwort sind außerdem die Form der Pralinenschachtel sowie die Marke der Pralinen nicht relevant und daher nicht anzukreuzen. In diesem Item wurden zwei Punkte vergeben, wenn alle drei Kreuze richtig gesetzt wurden, was 52,2 % der 1509 Schülerinnen
und Schülern gelang. Wurde ein notwendiges Kreuz nicht gesetzt oder ein falsches Kreuz
zusätzlich zu den drei richtigen Kreuzen gesetzt, so wurde noch ein Punkt vergeben. Dies
war bei 34,9 % der Testpersonen der Fall. 12,8 % erreichten keinen Punkt in dieser Aufgabe.
Der häufigste Fehler in dieser Aufgabe war, die Alternative „Haben alle Pralinen die gleiche Form?" nicht anzukreuzen. Lernende, die diese Alternative als nicht wichtig erachteten,
agierten häufig nach dem gewohnten Schema, grundlegende Annahmen nicht bewusst zu
treffen. Zumindest zu Beginn der Modellierung sind sie nicht in der Lage, diese zentrale
Annahme, auf der die gesamte weitere Modellierung aufbaut, als wichtig zu erkennen.
Allerdings sind solche Lernende vermutlich dennoch in der Lage, die Aufgabe zu lösen,
wenn sie die übrigen Fragen korrekt als wichtig erkennen und hätten dann in der Validierung
die Möglichkeit, ihre Annahmen noch einmal zu hinterfragen. Daher wurde diesen Lernenden noch ein Teilpunkt für ihre Antwort gegeben.

Mathematisieren

Um die Fähigkeiten zu messen, aus einem realen Modell ein mathematisches Modell aufzustellen, wurden sowohl Multiple Choice- als auch Kurzantwort-Aufgaben eingesetzt.

Frage Sonnensegel:

Frau Möller möchte auf ihrer Terrasse ein dreieckiges Sonnensegel anbringen und findet im Internet eine Firma, die rechtwinklige Segel nach Maß fertigt. Sie gibt an, dass sie 3 m zwischen den Haken A und B Platz hat und dass sie den Haken C auf gleicher Höhe wie den Haken B mit 4 m Abstand zu diesem anbringen will. Wie kann die Firma die Länge der längsten Seite berechnen?

Erstelle eine beschriftete Skizze und stelle eine Gleichung zur Berechnung der fehlenden Seite des Sonnensegels auf! Du musst die Länge nicht ausrechnen.

Abb. 4.3 Item Sonnensegel zur Messung der Teilkompetenz Mathematisieren

Eine Aufgabe, die das Aufstellen eines mathematischen Modells unter Berücksichtigung des Satzes von Pythagoras erfordert, ist in Abb. 4.3 zu sehen.

Im Item Sonnensegel wird eine vereinfachte Situation präsentiert, bei der ein neues Sonnensegel speziell für eine Terrasse gefertigt werden soll. Es steht ein bestimmter Platz im Außenbereich zur Verfügung, in dem das Segel gespannt werden soll, markiert durch die entsprechenden Haken in der Wand. Die Situation wird durch die Grafik der Aufgabe veranschaulicht, auf der die genannten Haken bereits markiert sind. Da die Haken als Punkte markiert sind, hat somit streng genommen die Mathematisierung der Situation bereits begonnen. Es ist Aufgabe der Schülerinnen und Schüler, die Situation grafisch in einer beschrifteten Skizze darzustellen und zusätzlich eine symbolische Repräsentation zu bestimmen, mit der die noch fehlende Längenangabe des Sonnensegels bestimmt werden kann. Auch in dieser Aufgabe wurden zwei Punkte für eine korrekte Lösung vergeben, wenn in der sowohl die Skizze als auch die Formel ohne Fehler aufgeführt werden. Der Fall, dass etwa nur die Skizze oder nur die Formel den Anforderungen genügt, wurde mit einem Punkt kodiert. Von den 1002 gegebenen Antworten in der großen Implementation des Tests erreichten 44,9 % die volle Punktzahl, 32,4 % der Antworten waren teilweise korrekt, 22,7 % der Antworten waren ganz falsch und erhielten keinen Punkt.

Zusätzlich zu solchen offenen Aufgaben wurden auch Multiple Choice-Aufgaben eingesetzt, wie das Item Supermarkt in Abb. 4.4. Dort wird eine realweltliche Situation präsentiert, nämlich die einer Supermarktkette mit mehreren Filialen. Es wird die vereinfachende Annahme vorgegeben, dass die Menschen dieser Stadt immer in der Filiale einkaufen gehen, die ihrem Wohnort am nächsten liegt. Die bereits vorgegebene Vereinfachung ermöglicht es somit, direkt das Mathematisieren zu testen. Die Aufgabe der Lernenden besteht diesbezüglich darin, eine mathematische Darstellung der Wohnorte auszuwählen, für welche die entsprechenden Personen genau zwischen zwei Filialen wohnen.

Frage Supermarkt:

Eine Supermarkt-Kette hat in einer größeren Stadt mehrere Filialen. Nimm an, dass die Einwohner der Stadt immer in der Filiale einkaufen, die ihrem Wohnort am nächsten liegt.
Was gilt aus mathematischer Sicht für die Kunden, die genau zwischen zwei Filialen wohnen?

☐	Die Wohnorte aller dieser Kunden liegen auf dem Umkreis einer der beiden Filialen.	☐	Die Wohnorte aller dieser Kunden liegen auf der Mittelsenkrechten zwischen zwei Filialen.
☐	Die Wohnorte aller dieser Kunden bilden eine Gerade, die parallel zur Verbindungslinie der beiden Filialen verläuft.	☐	Die Wohnorte aller dieser Kunden liegen auf der Verbindungslinie der beiden Filialen.

Abb. 4.4 Item Supermarkt zur Messung der Teilkompetenz Mathematisieren

Daher prüft dieses Item explizit die Fähigkeiten ab, eine außermathematische Situation (die Wohnorte der Kunden, die genau zwischen zwei Filialen wohnen) in ein mathematisches Modell (Mittelsenkrechten) zu übersetzen. Da alle Antworten außer der Mittelsenkrechten falsch sind, wurden in diesem Item auch keine Teilpunkte vergeben. In der Implementation in großer Stichprobe konnten 47,6 % der Schülerinnen und Schüler eine korrekte Antwort geben.

Interpretieren

Die Kompetenzen, innermathematische Ergebnisse wieder auf die außermathematische Situation zurück zu beziehen, werden zum Beispiel wie im Item Leiter (Abb. 4.5) gemessen. Dort wird den Lernenden eine Situation präsentiert, in der eine 5 m lange Leiter an ein Haus gelehnt wird und bis an das Fensterbrett in 4 m Höhe reicht. Daran anschließend wird eine Rechnung, das heißt ein mathematisches Modell präsentiert, mit dem ein mathematisches Ergebnis, nämlich 3 m bestimmt wurde. Ohne, dass erläutert wird, wie die rechnende Person zu dem Modell gekommen ist, ist es Aufgabe der Schülerinnen

Frage Leiter:

Peters Vater hat am Haus der Familie eine 5 m lange Leiter aufgestellt, die bis zu dem Fenster von Peters Zimmer reicht. Das Fensterbrett, an dem die Leiter lehnt, befindet sich 4 m über dem Boden. Peter rechnet nun:

$$\sqrt{(5m)^2 - (4m)^2} = \sqrt{9m^2} = 3m$$

Was hat er mit diesem Ergebnis im Zusammenhang mit der Leiter berechnet?

Abb. 4.5 Item Leiter zur Messung der Teilkompetenz Interpretieren

und Schüler, zu erläutern, was das Ergebnis im Sachzusammenhang bedeutet. Die richtige Lösung ist dabei, dass die Entfernung des Leiterfußes zur Wand berechnet wurde oder, anders ausgedrückt, der Abstand zwischen Leiterfuß und Wand 3 m beträgt. Diese Antwort konnten auch 68,3 % der Schülerinnen und Schüler geben, die übrigen 31,7 % gaben eine falsche Antwort und erhielten dafür auch keinen Punkt.

Abb. 4.6 zeigt ein Beispiel für ein Item im Multiple-Choice-Format, bei dem die Fähigkeiten gemessen werden, eine Termstruktur in einer Rechnung zu interpretieren und die gegebene Rechnung einer außermathematischen Figur zuzuordnen. Dazu sind Kompetenzen nötig, aus speziellen Situationen auf allgemein geltende Formeln zu schließen, also aus der Rechnung $\pi \cdot (0{,}7)^2 \cdot 6\,\text{m} \approx 9{,}24\,\text{m}^3$, auf die allgemeine Formel für die Volumenberechnung eines Zylinders ($V = \pi \cdot r^2 \cdot h$) zu schließen und die Rechnung dem zylinderförmigen Tank zuzuordnen. Es zeigt sich, dass dieses Item somit eine etwas andere Facette der Teilkompetenz des Interpretierens abprüft. Bei diesem Item waren 67,3 % der 994 abgegebenen Antworten korrekt.

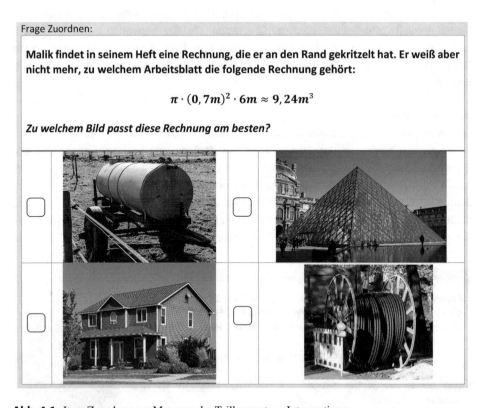

Abb. 4.6 Item Zuordnen zur Messung der Teilkompetenz Interpretieren

Validieren

Die Kompetenz des Validierens gliedert sich, wie oben beschrieben, in teilweise recht unterschiedliche Facetten auf. Dementsprechend messen auch unterschiedliche Variationen von Items diese Kompetenz. Die Fähigkeit, ein gefundenes Ergebnis zu hinterfragen, wird in dem Item Unterlage abgefragt (vgl. Abb. 4.7). Dort wird den Schülerinnen und Schülern die Behauptung präsentiert, die im Foto abgebildete Schreibtischunterlage habe eine Breite von 40 cm. Sie werden dazu aufgefordert, die Plausibilität dieses Ergebnisses mithilfe des Fotos zu überprüfen. In einer korrekten Antwort, die mit zwei Punkten bewertet wurde, wird dabei die Länge von 40 cm als nicht plausible Lösung erkannt und dies damit begründet, dass beispielsweise das auf der Unterlage zu sehende DIN A4-Blatt bereits eine Breite von 21 cm besitzt und mehr als zwei Mal (hochkant) auf die Unterlage gelegt werden kann. Eine richtige Antwort erfordert es somit, eine geeignete Vergleichsgröße zu finden, wobei dort neben dem DIN A4-Blatt auch ein Vergleich mit den zu sehenden Stiften möglich wäre, und zudem auch diese Vergleichsgröße in Beziehung zu der Unterlage zu setzen. Dies war in 44,8 % der Antworten der Fall. 18,6 % der Antworten waren nur teilweise richtig, etwa, weil sie zwar eine Vergleichsgröße benennen, diese aber nicht auf die gegebene Situation beziehen.

Ein anderes, etwas einfacheres Item (vgl. Abb. 4.8), beschränkt sich dahingegen nur auf die Fähigkeit, auf Stützpunktwissen zurückgreifen zu können. Diese Fähigkeit wird so isoliert zwar nicht als Validieren bezeichnet, jedoch bildet sie einen essenziellen Bestandteil der Fähigkeit, die Größenordnungen von Ergebnissen bewerten zu können. In diesem Item wurden alle Antworten akzeptiert, die präzise ein Objekt nannten, das in etwa eine Größe von 28 cm aufweist. Antworten wie „ein langes Lineal", „ein College-Block" oder „eine 1l-Wasserflasche" wurden beispielsweise akzeptiert.

Eine deutlich andere Facette des Validierens wurde durch Items gemessen, die wie das Item Pizzadienst (s. Abb. 4.9), eine Validierung des Modells erforderten. In diesem Item wird aus den gegebenen Informationen, dass in nur einer Fahrt zwei Kunden beliefert werden sollen, die beide 8 km von dem Startpunkt entfernt wohnen, gefolgert, dass dann

Frage Unterlage:

Matthias hat berechnet, dass seine neue Schreibtisch-Unterlage 40 cm breit ist. Beurteile anhand des Fotos auf der rechten Seite, ob sein Ergebnis plausibel ist.

Abb. 4.7 Item Unterlage zur Messung der Teilkompetenz Validieren

Frage Hund:

Myra hat berechnet, dass der rechts abgebildete Hund in Wirklichkeit
28 cm groß ist. Dazu möchte sie sich etwas vorstellen, das auch 28 cm
groß ist und dieses dann im Kopf mit dem Hund vergleichen. *Was könnte
sie sich vorstellen? (Eine Antwort reicht aus)*

Abb. 4.8 Item Hund zur Messung der Teilkompetenz Validieren (Stützpunktwissen)

Frage Pizzadienst:

Ein Pizzabote soll in nur einer Fahrt zwei Kunden beliefern, die
beide genau 8 km von der Pizzeria entfernt wohnen. Der Fahrer
überlegt sich, dass er dann 8 km zum ersten Kunden, 16 km zum
zweiten Kunden und schließlich 8 km wieder zurück zur Pizzeria
fahren muss.
Hat er damit in jedem Fall Recht? Begründe Deine Antwort kurz.

Abb. 4.9 Item Pizzadienst zur Messung der Teilkompetenz Validieren

8 km zum ersten Kunden, 16 km zum zweiten Kunden und wieder 8 km zurück zur
Pizzeria zurückgelegt werden müssen. Die Schülerinnen und Schüler sollen diese Fol-
gerung, und damit das angewendete Modell, ohne dass dieses so genannt wird, reflektieren. Die richtige Antwort ist in diesem Fall, dass der Pizzabote damit nicht in jedem
Fall Recht hat. Dabei ist es ausreichend, dass ein Beispiel angegeben wird, bei dem die
Aussage des Pizzaboten nicht stimmt. Dies ist beispielsweise dann der Fall, wenn die
beiden betrachteten Kunden nebeneinander wohnen. Denn strenggenommen gilt das
angewendete Modell nur, wenn der Pizzabote zwischen seinen Auslieferungen zwingend wieder an der Pizzeria vorbeifahren muss, weil die Kunden in entgegengesetzten
Himmelsrichtungen wohnen.

4.4   Einsatz des Testinstruments – Empirische Ergebnisse

4.4.1   Statistische Kennwerte

Die kodierten Testantworten wurden mithilfe des Programms ConQuest gemäß des
einparametrischen Rasch-Modells skaliert. Die Nutzung dieses Modells ermöglicht
es unter anderem, zu überprüfen, ob sich die theoretisch angenommene Teilung der
gemessenen Skala in vier Subskalen auch empirisch zeigt. Dazu wurden verschiedene

Modelle berechnet, deren Passung zu den tatsächlich erhobenen Daten miteinander verglichen wurde. Es zeigt sich, dass ein vierdimensionales Modell die Daten im Vergleich zu allen anderen getesteten Modellen tatsächlich am besten beschreibt. Insbesondere gegenüber einem eindimensionalen Modell, bei dem alle betrachteten Itemtypen nur auf eine einzige Skala laden, zeigt das vierdimensionale Modell eine deutlich bessere Passung, wie in Tab. 4.1 an den kleineren Werten der Informationskriterien deviance, AIC und BIC zu sehen ist. Diese Ergebnisse bestätigen die bei Brand (2014); Zöttl (2010) berichteten Befunde, dass Items, die zur Messung von Teilkompetenzen konstruiert wurden, nicht in einer einzigen Skala zusammengefasst werden sollten. Weiterhin liefern diese Befunde auch neue Erkenntnisse, denn in den berichteten Studien wurden einzelne Teilkompetenzen zu Teilphasen zusammengefasst. So bildeten dort das Vereinfachen und das Mathematisieren sowie das Interpretieren und das Validieren jeweils eine gemeinsame Skala. Diese Zusammenfassung lässt sich inhaltlich durchaus rechtfertigen, schließlich folgen diese Schritte in einem Modellierungskreislauf meist unmittelbar aufeinander, sodass sie eine gewisse Nähe zueinander aufweisen. Daher war es in dieser Studie von besonderem Interesse, diese Zusammenlegung zu hinterfragen und zu untersuchen, ob sich die Nähe der Teilkompetenzen auch inhaltlich widerspiegelt. Es zeigt sich jedoch, dass auch im Vergleich mit diesen Modellen eine vierdimensionale Modellierung die Daten relativ am besten beschreibt. Dies galt auch für eine Trennung in Multiple Choice- und Kurzantwort-Aufgaben, sodass davon ausgegangen werden kann, dass inhaltliche Gründe und die unterschiedlichen Anforderungen der Items als ursächlich für die empirische Trennung angesehen werden können. Dieser Befund belegt weiter die theoretisch angenommene Struktur der Bestandteile des Modellierungskreislaufs. Dabei zeigen die Korrelationen der Teilkompetenzen, die jeweils um $r = ,7$ lagen, dass die vier

Tab. 4.1 Kennwerte der Modellvergleiche

Darstellungen der verglichenen Modelle

Dimension	Eindimensionales Modell	Zweidimensionales Modell	Vierdimensionales Modell
#Anzahl Parameter	53	54	61
Final deviance	57685,66	57683,61	57451,04
AIC	57787,66	57791,61	57573,04
BIC	58094,66	58100,32	57921,78

[Anmerkung: Je kleiner deviance, AIC und BIC, desto besser ist die Passung zwischen Modell und Daten]

betrachteten Dimensionen Vereinfachen, Mathematisieren, Interpretieren und Validieren durchaus eine starke Nähe zueinander aufweisen, sich aber nicht so ähnlich sind, dass eine Trennung unangemessen wäre.

In den verschiedenen Implementationen des Tests wurden für die verschiedenen Teilkompetenzen EAP/PV-Reliabilitäten zwischen .66 und .88 ermittelt. Da diese Größe vergleichbar mit Cronbach's Alpha der klassischen Testtheorie ist, sind die Werte als ausreichend bis gut für Gruppenvergleiche einzuordnen. Dabei ist zu beachten, dass jede Testperson zu einem Messzeitpunkt jeweils nur auf 16 Items antwortete, durch das rotierte Testdesign insgesamt aber 32 verschiedene Items eingesetzt wurden. Bei einer Testverlängerung ist dabei auch mit einer Erhöhung der Reliabilität zu rechnen. Doch auch in dem verkürzten Format eignete sich der Test somit zur Erfassung der Teilkompetenzen, insbesondere auch zu der Evaluation von Interventionen auf Ebene der Teilkompetenzen, wie es bisher noch nicht häufig getan wurde.

4.4.2 Qualitative Lösungsanalyse

Neben der quantitativen Analyse der Testantworten wurden die offenen Aufgaben auch aus qualitativer Perspektive in den Blick genommen, um zu überprüfen, welche Defizite in Modellierungskompetenzen sich mit diesen Items tatsächlich diagnostizieren lassen. Dies soll am Beispiel zweier oben vorgestellter Items, Sonnensegel zum Mathematisieren und Pizzadienst zum Validieren, an dieser Stelle präsentiert werden.

Betrachtet man beispielsweise das Item Sonnensegel (vgl. Abb. 4.10), so finden sich in den fehlerhaften Antworten unterschiedliche Arten von Fehler. Es gibt Schülerinnen und Schüler, die die Aufgabe und die an sie gestellten Anforderungen zwar verstehen und zu bewältigen versuchen, aber an der korrekten Mathematisierung scheitern. Die Antwort in Abb. 4.11 etwa enthält bereits eine korrekte Skizze und deutet auf einen Versuch hin, eine entsprechende Formel aufzustellen. Allerdings gelingt es der Schülerin oder dem Schüler nicht, die korrekte Mathematisierung des Zusammenhangs in symbolischer Darstellung zu finden. Stattdessen wählt er oder sie eine Formel, die sich eigentlich auf den Flächeninhalt des skizzierten Dreiecks bezieht und so nicht zur Bestimmung der gesuchten Seitenlänge genutzt werden kann. Andere Lernende hingegen haben bereits vor diesem Schritt ein Problem und gelangen gar nicht bis zum Aufstellen einer Formel.

Abb. 4.10 Fehlerhafte Lösung zum Item Sonnensegel: Wahl eines unpassenden mathematischen Modells

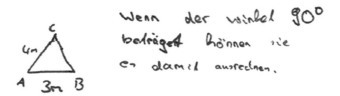

Abb. 4.11 Fehlerhafte Lösung zum Item Sonnensegel: Nicht-Berücksichtigung wichtiger Variablen im mathematischen Modell

Der oder die Lernende von dem oder der die Antwort in Abb. 4.11 stammt, schafft es beispielsweise nicht, die relevanten Größen der Aufgabe in das mathematische Modell zu integrieren. Er oder sie skizziert ein allgemeines Dreieck, das entsprechend der gegebenen Namen beschriftet ist. Er oder sie überliest aber die Information, dass es sich um ein rechtwinkliges Sonnensegel handelt, erkennt aber, dass diese Annahme nötig ist, um die fehlende Größe zu bestimmen. Die Schwierigkeiten dieser oder dieses Lernenden liegen also auf der Schnittstelle zwischen der Vereinfachung bzw. Strukturierung und der Mathematisierung. Diese Antwort weist auf die Grenzen der separaten Kompetenzmessung hin. Obwohl sich in der Gesamtheit zeigt, dass sich die verschiedenen Kompetenzen durchaus voneinander trennen lassen, finden sich in den Antworten trotz der sorgfältigen Itemkonstruktion Hinweise auf Überschneidungen zwischen den verschiedenen Kompetenzbereichen. Diese Erkenntnis bekräftigt, dass Modellierungen nicht gänzlich in die Teilphasen zerfallen, sondern trotz der unterschiedlichen Teilphasen als ein zusammenhängender Prozess zu betrachten sind.

Die Antworten der Lernenden auf das Item Pizzadienst zeigen sehr deutlich die unterschiedlichen Stufen, auf denen sie sich jeweils bezüglich ihrer Validierungskompetenz befinden. Abb. 4.12 zeigt eine falsche Antwort, bei der zwar eine Validierung durchgeführt wurde, diese aber nicht dabei hilft, den Fehler in dem präsentierten Modell zu erkennen. Der oder die Lernende überprüft, ob sich die Annahme, dass die Kunden gleich weit von der Pizzeria entfernt wohnen, in dem Modell wiederfinden lässt. Da dies der Fall ist, schließt er oder sie auf die Korrektheit der Antwort ohne zu reflektieren, dass nicht nur die Entfernung der Kunden, sondern auch die Lage ihrer Wohnorte von entscheidender Bedeutung ist.

Ähnlich geht der oder die Lernende, der die Antwort in Abb. 4.13 verfasst, vor. Er oder sie rekonstruiert gedanklich die in der Aufgabe angedeutete Modellierung und sucht

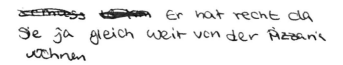

Abb. 4.12 Fehlerhafte Lösung zum Item Pizzadienst: Fehlende Reflexion von Annahmen

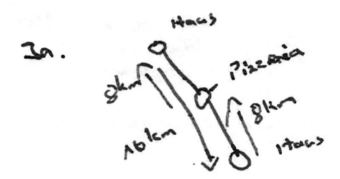

Abb. 4.13 Fehlerhafte Lösung zum Item Pizzadienst: Fehlende Reflexion von Annahmen trotz Aufstellen eines Modells

in dieser vergeblich einen Fehler, weswegen er oder sie die Antwort als korrekt einstuft. Damit wird zwar im Vergleich zur vorherigen Lösung bereits eine umfassendere Prüfung der Situation durchgeführt. Die grundlegende, auch in der Skizze wiederzufindende Annahme, dass die Kunden in entgegengesetzten Himmelsrichtungen wohnen, wird allerdings nicht hinterfragt.

Eine andere Antwort zeigt hingegen bereits Ansätze dieser Validierung, wie in Abb. 4.14 zu sehen ist. Der oder die Lernende hinterfragt die Lage der Wohnorte der Kunden, geht dabei aber nur von genau zwei Möglichkeiten aus. Entweder, die beiden Kunden sind Nachbarn, sodass der Pizzabote nur je 8 km hin und zurück fahren muss, oder beide wohnen tatsächlich die in der Aufgabe beschriebenen 16 km voneinander entfernt. Die Erkenntnis, dass der Weg damit zwischen den Kunden zwischen 8 km und 16 km variieren kann, wird an dieser Stelle nicht formuliert, was aber auch nicht gefordert war. In diesem Fall reichte die Validierungskompetenz somit bereits aus, die Frage so weit zu beantworten, dass die Aussage des Pizzaboten nicht in jedem Fall stimmt.

Eine andere korrekte Antwort ist in Abb. 4.15 zu sehen. Der oder die Lernende reflektiert umfassend die gegebene Situation und das dahinterstehende mathematische Modell. Er oder sie erkennt, dass die Fahrtstrecke abhängig von den Wohnorten der Kunden ist und antwortet daher korrekt, dass die Aussage nicht in jedem Fall stimmen

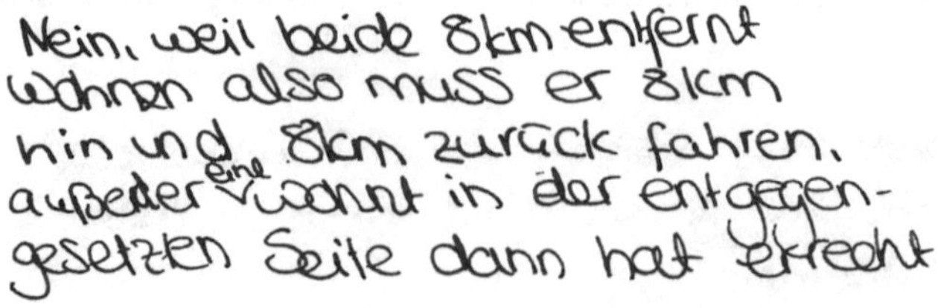

Nein, weil beide 8km entfernt wohnen also muss er 8km hin und 8km zurück fahren. außer eine wohnt in der entgegen-gesetzten Seite dann hat er recht

Abb. 4.14 Lösung zum Item Pizzadienst: Unvollständige Fallunterscheidung

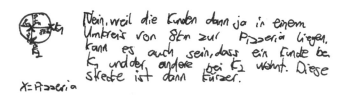

Abb. 4.15 Korrekte Lösung zum Item Pizzadienst

kann, da mindestens ein Gegenbeispiel existiert. Diese Antwort zeigt erneut den engen Zusammenhang zwischen den verschiedenen Teilschritten. Denn um das verwendete Modell zu hinterfragen, modellierte der oder die Lernende die Situation selbst und stellte mit dem Kreis ein eigenes mathematisches Modell auf.

4.5 Zusammenfassung und Diskussion

Ziel dieses Kapitel ist es, Erhebungsmöglichkeiten für die Teilkompetenzen des Modellierens aus bisheriger Forschung abzuleiten, die Operationalisierung der Teilkompetenzen in Items zu präsentieren und die empirischen Befunde des Einsatzes dieser Testitems darzustellen und zu diskutieren. Es zeigt sich, dass die Erfassung von Teilkompetenzen stets an eine Reihe von Entscheidungen in Bezug auf die Gestaltung von Testaufgaben geknüpft ist, die bei der Interpretation der Ergebnisse berücksichtigt werden müssen. Die umfassende Schilderung verschiedener Aufgaben in diesem Kapitel sollte dabei die für dieses Testinstrument getroffenen Entscheidungen bzgl. des Aufgabenformats und Testdesigns nachvollziehbar machen und dabei helfen, die Ergebnisse zu deuten. Dabei zeigt sich, dass aus empirischer Perspektive tatsächlich eine getrennte Modellierung, bei der die vier erfassten Teilkompetenzen Vereinfachen, Mathematisieren, Interpretieren und Validieren als separate latente Dimensionen einer grundlegenden Kompetenz aufgefasst werden, die beste Darstellung ist im Vergleich zu einer zusammenfassenden Skalenbildung. Damit ergänzt die in diesem Kapitel vorgestellte Forschung die Befunde bei Brand (2014); Zöttl (2010), die ebenfalls eine Trennung der Teilkompetenzen im Vergleich zu einer Gesamtkompetenz bevorzugen, dabei allerdings einzelne Teilkompetenzen zu einer Skala zusammenfassen. Dieses Ergebnis ist ein deutlicher Hinweis darauf, dass Modellierungsprozesse wirklich unterschiedliche Anforderungen an die oder den Modellierenden stellen und Schwierigkeiten an unterschiedlichen Stellen auftreten können. Dabei zeigt die qualitative Analyse der Antworten auf die Testitems, dass zum einen die intendierten Defizite auf Ebene der Teilkompetenzen aufgedeckt werden können, aber zum anderen auch, dass die tatsächliche Abstufung der Fähigkeiten noch deutlich feiner in den Antworten diagnostiziert werden kann, als es in einem zwei- oder dreischrittigem Punktesystem der Fall ist. Gleichzeitig zeigt die qualitative Analyse aber auch die Grenzen der Operationalisierung der Teilkompetenzen. Trotz sorgfältiger Aufgabenkonstruktion in einem mehrschrittigen Prozess finden sich Antworten, in denen es zu einer Vermischung von Schwierigkeiten in unterschiedlichen Teilkompetenzbereichen kommt. Dies bestätigt die bereits bei der theoretischen Diskussion von holistischen und atomistischen Testaufgaben erkannten Abhängigkcit und Verzahnung von Modellierungsschritten. Es zeigt sich, dass die Nutzung von atomistischen Aufgaben die Abhängigkeit der Teilkompetenzen voneinander zwar einschränken, aber nicht ganz verhindern kann. Daher sollten Befunde, die sich auf eine einzelne Teilkompetenz beziehen auch immer von Informationen über das Vorhandensein der übrigen Teilkompetenzen ergänzt werden.

Natürlich hat auch die vorliegende Studie und das präsentierte Testinstrument Grenzen, die es zu benennen gilt. Zum einen befasst sich der Test nur mit Aufgaben aus dem Bereich der Geometrie, die mit dem Wissen der neunten Klasse zu beantworten sind. Damit sind die Befunde nicht ohne weiteres auf andere Themengebiete übertragbar. Es ist beispielsweise denkbar, dass in Themengebieten, wie etwa Funktionen, in denen die Modelle häufig stärker abstrakt und symbolgebunden formuliert werden müssen, auch Unterschiede zu den hier berichteten Ergebnissen finden. Dies bezieht sich insbesondere auch auf den Zusammenhang zwischen den unterschiedlichen Teilkompetenzen.

Darüber hinaus ist auch zu beachten, dass die einzelnen Testaufgaben teilweise verhältnismäßig viel Text aufweisen und daher einen relativ hohen Anspruch an Lesekompetenzen stellen. Im Rahmen des DISUM-Projekts stellten Schukajlow und Leiß (2008) diesbezüglich fest, dass die Modellierungsleistungen dort zwar stärker als innermathematische Fähigkeiten mit der Lesekompetenz korreliert waren, jedoch nur schwach und nicht signifikant. Daher kann vermutet werden, dass der vorgestellte Test nicht nur Lesekompetenzen misst, aber dennoch von diesen beeinflusst werden kann.

Ein anderer noch offener Anspruch ist die Erfassung innermathematischer Fähigkeiten, auf die in dem aktuellen Test noch verzichtet wurde. Die Erfassung mathematischen Wissens trägt zwar nicht direkt zur Beschreibung der Teilkompetenzen des Modellierens bei, allerdings würden solche zusätzlichen Messungen es ermöglichen, auch die diskriminante Validität des Tests einschätzen zu können. Erwartungsgemäß wären dabei die Übersetzungskompetenzen in und aus der Mathematik, nämlich das Mathematisieren und Interpretieren, stärker mit den innermathematischen Kompetenzen korreliert, als das Vereinfachen und Validieren. Gleichzeitig ist von Interesse, ob die Favorisierung der separaten Modellierung der Teilkompetenzen bestehen bleibt, wenn zusätzlich noch eine deutlich andere, innermathematische Kompetenz erfasst wird.

Alles in allem zeigt sich also, dass es durchaus möglich ist, Modellierungskompetenzen mit atomistischen Aufgaben zu erfassen und diese als Indikatoren für Teilkompetenzen zu betrachten. Allerdings wird auch deutlich, dass in diesem Gebiet noch weitere Forschung nötig ist und die hier präsentierte Testgestaltung ein möglicher Ausgangspunkt dafür sein kann.

Literatur

Blomhøj, M., & Jensen, T. (2003). Developing mathematical modelling competence: Conceptual clarification and educational planning. *Teaching Mathematics and Its Applications, 22*(3), 123–139.

Blum, W. (2011). Can modelling be taught and learnt? Some answers from empirical research. In G. Kaiser, W. Blum, R. Borromeo Ferri, & G. Stillman (Hrsg.), *Trends in the teaching and learning of mathematical modelling – Proceedings of ICTMA14* (S. 15–30). New York: Springer.

Blum, W. & Leiß, D. (2005). Modellieren im Unterricht mit der „Tanken"-Aufgabe. *mathematik lehren,* 128:18–21.

Brand, S. (2014). *Erwerb von Modellierungskompetenzen. Ein empirischer Vergleich eines holistischen versus eines atomistischen Modellierungsansatzes zur Förderung von Modellierungskompetenzen.* Wiesbaden: Springer Spektrum.

Frejd, P. (2013). Models of Modelling Assessment – A Literature Review. *Educational Studies in Mathematics,* 84(3).

Greefrath, G. (2012). Aufgaben zu Teilkompetenzen des Modellierens. In W. Blum, R. Borromeo Ferri, & K. Maaß (Hrsg.), *Mathematikunterricht im Kontext von Realität, Kultur und Lehrerprofessionalität* (S. 129–137). Wiesbaden: Springer.

Haines, C., Crouch, R., & Davis., (2001). Understanding Students' Modeling Skills. In J. F. Matos, S. K. Houston, & W. Blum (Hrsg.), *Modelling and Mathematics Education: ICTMA 9 – Applications in Science and Technology* (S. 366–380). Chichester: Horwood.

Harks, B., Klieme, E., Hartig, J., & Leiß, D. (2014). Separating cognitive and content domains in mathematical competence. *Educational Assessment, 19*(4), 243–266.

Kaiser, G., Blum, W., Borromeo Ferri, R., & Greefrath, G. (2015). Anwendungen und Modellieren. In R. Bruder, L. Hefendehl-Hebeker, & H.-G. Weigand (Hrsg.), *Handbuch der Mathematikdidaktik* (S. 357–383). Berlin: Springer.

KMK (2012). *Bildungsstandards im Fach Mathematik für die Allgemeine Hochschulreife.* http://www.kmk.org/fileadmin/veroeffentlichungen_beschluesse/2012/2012_10_18-Bildungsstandards-Mathe-Abi.pdf. Zugegriffen: 10. Dez. 2017.

Maaß, K. (2004). *Mathematisches Modellieren im Unterricht. Ergebnisse einer empirischen Studie.* Hildesheim: Franzbecker.

Maaß, K. (2005). Modellieren im Mathematikunterricht der Sekundarstufe I. *Journal für Mathematikdidaktik, 26,* 114–142.

Maaß, K. (2006). What are modelling competencies? *Zentralblatt für Didaktik der Mathematik, 38*(2), 113–142.

Oke, K. H., & Bajpai, A. C. (1986). Formulation – Solution processes in mathematical modelling. In J. S. Berry, D. N. Burghes, I. D. Huntley, D. J. G. James, & A. O. Moscardini (Hrsg.), *Mathematical modelling methodology, models and micros* (S. 61–79). Chichester: Ellis Horwood.

Schukajlow, S., Kolter, J., & Blum, W. (2015). Scaffolding mathematical modelling with a solution plan. *ZDM Mathematics Education, 47*(7), 1241–1254.

Schukajlow, S., & Leiss, D. (2008). Textverstehen als Voraussetzung für erfolgreiches mathematisches Modellieren – Ergebnisse aus dem DISUM-Projekt. In É. Vásárhelyi (Hrsg.), *Beiträge zum Mathematikunterricht 2008* (S. 95–98). Münster: WTM.

Stillman, G. (2011). Applying metacognitive knowledge and strategies in applications and modelling tasks at secondary school. In G. Kaiser, W. Blum, R. Borromeo Ferri, & G. Stillman (Hrsg.), *Trends in teaching and learning of mathematical modelling. ICTMA14* (S. 165–180). Dordrecht: Springer.

Vos, P. (2007). Assessments of applied mathematics and modelling: Using a laboratory like environment. In W. Blum, P. L. Galbraith, H. Henn, & M. Niss (Hrsg.), *Modelling and applications in mathematics education. The 14th ICMI study* (S. 441–448). New York: Springer.

Weinert, F. E. (2001). Vergleichende Leistungsmessung in Schulen – eine umstrittene Selbstverständlichkeit. In F. E. Weinert (Hrsg.), *Leistungsmessungen in Schulen* (S. 17–31). Weinheim und Basel: Beltz.

Zöttl, L. (2010). *Modellierungskompetenz fördern mit heuristischen Lösungsbeispielen*. Hildesheim: Franzbecker.

Mathematische Modellierung im Wettbewerb – Bewertung von Schülerarbeiten in der Alympiade

Matthias Lippert

Zusammenfassung

Die Bewertung von komplexen Modellierungsprojekten stellt im schulischen Kontext eine besondere Herausforderung dar. In diesem Kapitel wird das Verfahren der Konzeption, Durchführung und Bewertung beim Mathematik-Wettbewerb Alympiade beschrieben. Es werden Kriterien zur Erstellung geeigneter komplexer Modellierungsaufgaben wie auch zur Bewertung entsprechender Modellierungen von Schülergruppen, die in Form von schriftlichen Lösungen, Präsentationen, Erklärvideos oder Postern präsentiert werden, vorgestellt.

Alympiade ist ein niederländischer Mathematikwettbewerb für Teams von drei bis vier Schülerinnen und Schülern in den A-Profilen der sogenannten zweiten Phase („tweede fase"), den letzten beiden Schuljahren, die zur Hochschulreife im niederländischen Schulsystem führen. Die Schülerinnen und Schüler legen sich in dieser Phase auf eines von vier möglichen Profilen fest. In den A-Profilen „Kultur und Gesellschaft" und „Wirtschaft und Gesellschaft" ist der Mathematikunterricht „wiskunde A" mit einem stark auf Anwendungen fokussierten Curriculum für Mathematik verbunden (vgl. Regeling syllabi centrale examens vo 2019, wiskunde A, S. 5), während das Curriculum für „wiskunde B", den Mathematikunterricht der B-Profile „Natur und Gesundheit" und „Natur und Technik", stärkere Akzente in Themen der reinen Mathematik setzt (vgl. Regeling syllabi centrale examens vo 2019, wiskunde B, S. 4). Der Schülerwettbewerb Alympiade geht auf diese Fokussierung der A-Profile mit sehr offenen Aufgabenstellungen

M. Lippert (✉)
Remscheid, Deutschland
E-Mail: mwlippert@gmx.de

© Springer-Verlag GmbH Deutschland, ein Teil von Springer Nature 2020
G. Greefrath und K. Maaß (Hrsg.), *Modellierungskompetenzen – Diagnose und Bewertung,* Realitätsbezüge im Mathematikunterricht,
https://doi.org/10.1007/978-3-662-60815-9_5

zur mathematischen Modellierung ein. Ein entsprechender Mathematikwettbewerb, Wiskunde B-Dag, mit offenen Aufgabenstellungen zu Themen der reinen Mathematik wird für die Schülerinnen und Schüler der B-Profile angeboten. Für das Konzept und die Durchführung der beiden Wettbewerbe in den Niederlanden ist das Freudenthal-Institut Utrecht verantwortlich. Beide Wettbewerbe werden in Nordrhein-Westfalen vom Ministerium für Schule und Bildung in enger Zusammenarbeit mit dem niederländischen Freudenthal-Institut für Schülerinnen und Schüler der Sekundarstufen II unter dem gemeinsamen Namen „macht mathe" ausgerichtet.[1]

Bemerkenswert sind die offenen Aufgabenstellungen der Alympiade, die auf sehr alltagsnahen Kontexten beruhen. Eng damit verknüpft ist das ebenfalls bemerkenswerte Bewertungsverfahren im Wettbewerb. Sowohl im Entwurf der Aufgaben, wie auch in der Bewertung der Schülerarbeiten liegen besondere Herausforderungen, die bereits bei de Haan und Weijers ausführlich behandelt werden (vgl. De Haan und Wijers 2000). Mittlerweile hat der Wettbewerb sich weiterentwickelt und ist auch in Nordrhein-Westfalen etabliert. In diesem Beitrag geht es daher neben der Darstellung des Wettbewerbs um die Beschreibung von Qualitätskriterien und Bewertungsverfahren, wie sie in der aktuellen Umsetzung der Alympiade verwirklicht sind.

5.1   Modellieren im Schülerwettbewerb

Der niederländische Mathematikunterricht der A-Profile betont Anwendungen und mathematische Modellierung (vgl. De Haan und Wijers 2000, S. 4). Im zentralen Abschlussexamen („Eindexamen") werden Kompetenzen sehr kleinschrittig in geschlossenen Aufgabenstellungen abgeprüft. Eigenständige Modellbildung und komplexe Problemlösung, die mit offenen und authentischen Fragestellungen zu realitätsnahen Problemstellungen verbunden sind, können in kein einheitliches Bewertungsschema eingepasst werden und sind deshalb nicht Bestandteil der engmaschig standardisierten zentralen Prüfungen: „The assessment by the expert, the teacher, cannot be entirely objective for such open ended problems and that seems to be a weighty argument for not including any ‚higher level' problems in the central written examination." (vgl. De Haan und Wijers 2000, S. 4).

Eine starke Konzentration des Mathematikunterrichts auf die Vorbereitung zum zentralen Examen und die damit verbundene starke Ausrichtung auf die Übung typischer Examensaufgaben birgt die Gefahr, grundlegende Ziele der mathematischen Schulbildung nicht in der gewünschten Tiefe zur erreichen. Im Curriculum für Wiskunde A werden weitgehende Anforderungen formuliert: „[…] Die Schüler werden auf die (Informations)-Gesellschaft vorbereitet und sie lernen, mathematische Aspekte in unterschiedlichen Situationen zu erkennen, zu interpretieren und zu nutzen. Die Schüler

---

[1]Genauere Informationen hierzu werden unter www.machtmathe.de bereitgestellt.

lernen dabei, Möglichkeiten und Grenzen mathematischer Anwendungen einzuschätzen. […]"[2] (vgl. Regeling syllabi centrale examens vo 2019, wiskunde A, S. 6 bzw. Regeling syllabi centrale examens vo 2019, wiskunde B, S. 7). Dies impliziert, dass Schülerinnen und Schüler Mathematik als kreative Tätigkeit und Gestaltungsmöglichkeit in Prozessen der komplexen Problemlösung und der Modellbildung von Realsituationen erleben, dabei Möglichkeiten von Mathematik gewinnbringend ausschöpfen und gleichzeitig die Grenzen mathematischer Behandlung von Problemen vor dem Hintergrund des Bezugs auf die Realsituation beachten.

Der Wettbewerb Alympiade soll diese Zielsetzung in aller Tiefe mithilfe geeigneter Aufgaben unterstützen und einer zu starken Konzentration auf Aufgaben zur unmittelbaren Vorbereitung der zentralen Examensprüfung entgegenwirken. Durch den in diesen Aufgaben erforderlichen aktiv gestaltenden Umgang mit Mathematik bei der Behandlung offener und authentischer Modellierungsprobleme und die damit verbundene komplexe Problemlösung soll der Mathematikunterricht ergänzt und bereichert werden: „… The idea was that it would be good for mathematics A if a task was designed that attempted to encompass the original objectives of mathematics A. …" (vgl. De Haan und Wijers 2000, S. 4).

Im Wettbewerb erreichen diese Aufgaben eine breite Schülerschaft. Der Wettbewerbscharakter sichert nicht nur zusätzliche Motivation, sondern auch eine klare zeitliche Begrenzung der Arbeitszeit und eine Orientierung hinsichtlich der erbrachten Leistungen durch die Einordnung der abgegebenen Arbeiten in ein Gesamtranking. Allerdings basieren die hohe Leistungsbereitschaft der Schülerinnen und Schüler im Wettbewerb und die Orientierung am Ranking auf dem Vertrauen in eine faire Leistungsbewertung. Die gemeinsame Vorstellung von Qualitätskriterien unter den Teilnehmern eines Teams, die sich an der Formulierung der Aufgabenstellung ausrichtet, bestimmt entscheidend den Prozess der Aufgabenbearbeitung. Daher kommen einer klaren Formulierung der Bewertungskriterien und der transparenten Bewertung der Ergebnisse sowohl hinsichtlich der eigenständigen Modellbildung als auch hinsichtlich der damit eng verbundenen mathematischen Problemlösung im Wettbewerb der Alympiade eine ganz besondere Bedeutung zu. Die oben angesprochene Problematik einer objektiven Bewertung von sehr individuellen Lösungswegen der Schülerteams zu den offenen Aufgabenstellungen wird in den unterschiedlichen Runden des Wettbewerbs in den Niederlanden und Nordrhein-Westfalen auf unterschiedliche Weise behandelt. Das gemeinsame Grundkonzept der Bewertung besteht darin, dass die Resultate eines teilnehmenden Teams immer von mehreren Bewertenden auf der Grundlage gemeinsamer Kriterien begutachtet werden und die Bewertung immer durch ein Ranking gegeben wird (vgl. Abschn. 5.6).

---

[2]Vom Autor dieses Abschnitts aus dem Niederländischen übersetzt.

5.2 Alympiade in Nordrhein-Westfalen

In Nordrhein-Westfalen fand die Alympiade schnell große Verbreitung. Die Schwerpunktsetzung im Mathematikunterricht der gymnasialen Oberstufe in Nordrhein-Westfalen ist weder im Leistungs- noch im Grundkurs so stark auf Anwendungsaspekte fokussiert, wie dies das Curriculum für Wiskunde A in den Niederlanden vorsieht. Die teilnehmenden Schülerinnen und Schüler gaben dennoch gleich zur ersten Ausrichtung des Wettbewerbs in Nordrhein-Westfalen im Jahr 2001 sehr positive Rückmeldungen (vgl. Leuders und Lippert 2007). Die authentische Anwendungsorientierung, die freien und kreativen Möglichkeiten in der Problemlösung sowie die Teamarbeit waren für viele Teilnehmer sehr motivierend (vgl. Goris und Lippert 2008).

Die Rückmeldungen zeigten allerdings auch Schwierigkeiten mit dem Konzept der Aufgaben. Die Einordnung in den Bereich der Mathematik schien aus der Sicht der Schülerinnen und Schüler nicht gut zu passen (vgl. Goris und Lippert 2008; Leuders und Lippert 2007). Die in der Schule erlernte mathematische Fachsprache wurde in den Aufgabentexten gar nicht verwendet. In der eigenständigen Modellbildung mit anschließender Problemlösung und Rückinterpretation lag eine Herausforderung, die Schülerinnen und Schüler vielfach aus ihrem Mathematikunterricht nicht kannten. Dennoch gelang es vielen Teams, geeignete Modellierungsansätze zu entwickeln, mathematische Überlegungen auf hohem Niveau zu formalisieren und kreative Ideen einzubringen (vgl. Goris und Lippert 2008). Gleichzeitig war den Schülerinnen und Schülern offenbar die Wichtigkeit einiger wesentlicher Qualitätsmerkmale einer Ausarbeitung zu einem so offen gestellten Modellierungsproblem nicht bewusst: Es fehlten in den Ausarbeitungen sehr vieler Teams wichtige Erläuterungen und Begründungen, wie auch teilweise der Einsatz geeigneter mathematischer Mittel (vgl. Goris und Lippert 2008), obwohl in der Einleitung zur Aufgabe und im Aufgabentext gerade diese Bewertungsaspekte in besonderer Weise hervorgehoben wurden[3]. Im Rahmen eines Trainingswochenendes wurden deshalb in Nordrhein-Westfalen die erfolgreichsten Teams aus der Schulrunde auf die besonderen Anforderungen von Modellierungsaufgaben vorbereitet. Aus diesem Trainingswochenende ist nach wenigen Jahren die Landesrunde der Alympiade für Nordrhein-Westfalen entstanden.

Seit 2004 wird der Wettbewerb in Nordrhein-Westfalen in drei Runden durchgeführt. In jeder dieser Runden bearbeiten die Schülerteams, bestehend aus drei bis vier Schülerinnen und Schülern, innerhalb von ein bzw. zwei Tagen eine umfangreiche und komplexe Aufgabe zur mathematischen Modellierung. Nach der Schulrunde müssen von den Lehrerinnen und Lehrern der Schule die Ausarbeitungen von zwei Teams pro Schule für das Landesranking ausgewählt werden. Nach einem Zufallsverfahren werden von allen eingereichten Arbeiten jeder teilnehmenden Schule sechs anonymisierte Arbeiten

---

[3]Der Aufgabentext findet sich auf https://www.machtmathe.de/alympvor/alympiade-vr-2005.pdf.

zugeteilt, die von den Lehrkräften an den Schulen in eine Reihenfolge nach ihrer Qualität gebracht werden. Aus den Einzelrankings wird anschließend ein Gesamtranking für das Land erstellt, aus dem die Abschlussbewertung der Vorrunde für alle Teams, deren Arbeiten weitergeleitet wurden, hervorgeht. In der Landesrunde wie auch im internationalen Finale werden die teilnehmenden Teams von der jeweiligen Aufgabenkommission durch Rankings bewertet.[4]

Die bewertenden Lehrkräfte an den Schulen formulierten in Nordrhein-Westfalen in ihren Rückmeldungen zum Wettbewerb den Wunsch nach umfangreicheren Bewertungsgrundlagen, als den in der Aufgabenstellung formulierten Kriterien. Hierbei ging es zum einen um eine Hilfe, Berechnungsergebnisse schnell nach ihrer Realitätsnähe beurteilen zu können, und zum anderen um eine Orientierung hinsichtlich zentraler Argumentationsschritte. Anders, als in den Niederlanden, erhalten aus diesem Grund seit einigen Jahren die Schulen in Nordrhein-Westfalen zur Bewertung in der Vorrunde einen Erwartungshorizont, in dem Vergleichsergebnisse zu möglichen Berechnungen, Beispielargumentationen sowie Hinweise auf zentrale Fragen, zu denen besondere Ausführungen notwendig werden, zu finden sind. Ein Beispiel hierzu wird in Abschn. 5.6.1 vorgestellt.

5.3 Zielsetzungen in Nordrhein-Westfalen

Eine Umfrage unter den betreuenden Lehrkräften bei der Alympiade 2016/2017 zeigte, dass die meisten Lehrerinnen und Lehrer den Wettbewerb an ihrer Schule durchführten, um Interesse an Mathematik zu wecken und zu bestärken und begabte Schülerinnen und Schüler durch die Beschäftigung mit interessanten Aufgabenstellungen im Team zu fördern. Dies entspricht der Zielsetzung des Ministeriums für Schule und Bildung in Nordrhein-Westfalen, das die Ausrichtung des Wettbewerbs in Nordrhein-Westfalen organisiert: „Schülerwettbewerbe und Schülerakademien sind besonders geeignet, Kinder und Jugendliche zur intensiven Beschäftigung mit neuen Fragestellungen und Inhalten anzuregen, Talente zu wecken, zu fördern und zu fordern. Sie unterstützen Schülerinnen und Schüler bei der Entwicklung selbstständiger, kreativer und kooperativer Arbeitsformen. […]" (vgl. RdErl. d. Ministeriums für Schule und Bildung v. 19.05.2018).

Einige Lehrerinnen und Lehrer gaben in der Umfrage außerdem an, durch die Beschäftigung mit mathematischer Modellierung die Orientierung ihrer Schülerinnen und Schüler hinsichtlich der Möglichkeiten und der Bedeutung von Mathematik stärken zu wollen. Zu dieser Zielsetzung können die Aufgaben der Alympiade auch außerhalb des Wettbewerbs beitragen, indem sie als Grundlage für Facharbeiten und zur Weiterentwicklung der Aufgabenkultur im Unterricht genutzt werden:

---

[4]Der genaue Ablauf wird ausführlich unter https://www.machtmathe.de/ablaufa.html beschrieben.

„[…] Erkenntnisse und Erfahrungen, die im Rahmen von Schülerwettbewerben und Schülerakademien gewonnen und in die schulische Arbeit einbezogen werden, tragen wesentlich zur Weiterentwicklung der Qualität des Fachunterrichts bei. […]" (vgl. RdErl. d. Ministeriums für Schule und Bildung v. 19.05.2018).

Die meisten Teilnehmer der Umfrage sahen ihre Ziele im Wettbewerb gut oder sogar sehr gut umgesetzt. Dies zeigt, dass die Aufgabenkultur der Alympiade als Bereicherung und das Bewertungsverfahren in der praktizierten Form als valide beurteilt werden.

Bei der Verwendung des Aufgabenmaterials als Grundlage für Facharbeiten oder zur Weiterentwicklung der Aufgabenkultur im Unterricht muss ein geeignetes Verfahren zur Bewertung bzw. zur Rückmeldung gefunden werden. Die mit der selbstständigen Modellierung einhergehende Offenheit der Aufgabenstellung führt auch bei einer Verwendung außerhalb des Wettbewerbs zu sehr individuellen Ergebnissen. Diese Problematik wird in Abschn. 5.6.3 behandelt.

5.4   Konzept der Alympiade-Aufgaben

Das Freudenthal-Institut Utrecht hat eine Kommission mit der Erstellung von Aufgaben für die Vor- und die Finalrunde der niederländischen Alympiade beauftragt. Der Kommission gehören Wissenschaftler der Mathematik-Didaktik und Mathematik-Lehrkräfte weiterführender Schulen an (vgl. Maassen und Verhoef 1990; De Haan und Wijers 2000, S. 5 bzw. Goris und Lippert 2008). In einem Themenpool werden Ideen gesammelt. Jährlich erweitert die Kommission in einer zweitägigen Arbeitsphase diesen Pool, entscheidet sich nach den oben genannten Kriterien für geeignete Aufgabenideen zur Vor- und zur Finalrunde und arbeitet für jede der beiden Wettbewerbsrunden eine Aufgabe aus. Seit dem Jahr 2012 gibt es auch eine Aufgabenkommission aus niederländischen und deutschen Wissenschaftlern und Lehrkräften, die in einem analogen Vorgehen die Aufgaben für das Landesfinale in Nordrhein-Westfalen ausarbeitet.

5.4.1   Anforderungen an die Aufgaben der Alympiade

Der Wettbewerb Alympiade soll die schulische Bildung hinsichtlich der mathematischen Modellierung ergänzen und wichtige Impulse zur Weiterentwicklung setzen. Dies gilt, wie in den beiden vorangegangenen Abschnitten dargestellt, sowohl für den Mathematikunterricht „Wiskunde A" der „zweiten Phase" in den Niederlanden (vgl. Limpens und Wijers 2001) wie auch für den Mathematikunterricht der Sekundarstufe II in Nordrhein-Westfalen. Insbesondere sollen Aufgaben mit authentischer und offener Problemstellung bereitgestellt werden, in deren Bearbeitung alle wesentlichen Aspekte eines Modellierungsprozesses sinnvoll eingehen.

Darüber hinaus sind vielfältige weitere Anforderungen an eine Aufgabe der Alympiade gestellt, die sich aus den Rahmenbedingungen des Wettbewerbs ergeben: Die

Zielgruppe stellen Schülerinnen und Schüler ab dem ersten Jahr der „zweiten Phase" bzw. der Sekundarstufe II dar, die sich innerhalb eines festgelegten Zeitraums mit einem Modellierungsproblem befassen. Deshalb sollte die Ausgangssituation des Modellierungsproblems den teilnehmenden Schülerinnen und Schülern aus ihrer Lebenswelt vertraut und für sie bedeutsam sein, sodass die Teams den Modellierungsprozess auf einer soliden Grundlage eigener Ideen gestalten können. Außerdem muss das Problem in sinnhafter Weise mit mathematischen Grundlagen der Sekundarstufe I und innerhalb der gegebenen Zeit zu bearbeiten sein. Insbesondere sollten Einstiegsaufgaben absichern, dass alle Teams die grundlegenden Begriffe und Fragestellungen angemessen erfassen. Der Aufgabenkontext muss komplex sein und unterschiedliche Perspektiven zulassen, damit eine Aufgabenteilung im Team und der Austausch innerhalb des Teams sinnvoll und bereichernd sind (vgl. De Haan und Wijers 2000, S. 94 f.; Goris und Lippert 2008).

Die Rückmeldung in Form eines Rankings, durch das die Schülerinnen und Schüler eine Orientierung zur Qualität ihrer Ergebnisse erhalten, hat eine zentrale Bedeutung. In der Erstellung des Rankings liegt eine besondere Problematik (vgl. Hol 1997), die in Abschn. 5.6 dieses Beitrages genauer behandelt wird. Bei aller Schwierigkeit, der Individualität der Resultate gerecht zu werden, zeigt sich in Jurybesprechungen im Landesfinale in Nordrhein-Westfalen oder auch in den Finalrunden der Niederlande, dass im Wesentlichen über Qualitätsabstufungen zwischen den Schülerresultaten große Einigkeit unter den bewertenden Jurymitgliedern herrscht (vgl. Maassen und Verhoef 1990). Um diese Qualitätsabstufungen möglichst differenziert an die Schülerinnen und Schüler zurückmelden zu können, sollte die Aufgabenstellung diskriminieren, d. h. Leistungen sollten auf höchstem Niveau, aber auch gut verteilt in unterschiedlichen Niveaustufen erreicht und gezeigt werden können (vgl. De Haan und Wijers 2000, S. 94 f.). Neben den oben genannten Anforderungen an die Aufgabenstellung muss daher sichergestellt sein, dass den Teams bei der Bearbeitung der Aufgaben das Bewertungsverfahren mit Qualitätskriterien vollkommen transparent ist. Die allgemeinen Bewertungskriterien werden mit den Rahmenbedingungen für den Wettbewerb bekannt gegeben. Eine weitere Anforderung an die Aufgabenstellung besteht aber darin, dass die speziellen, an das behandelte Modellierungsproblem gebundenen Qualitätsmerkmale aus dem Kontext und aus der Aufgabenformulierung klar hervorgehen.

5.4.2 Aufbau der Aufgaben

In den Aufgabenstellungen der Alympiade wird den Schülerinnen und Schülern zunächst ein Kontext vorgestellt und darin eine komplexe Problemstellung beschrieben. Dabei werden Begriffe und Konzepte eingeführt, die anschließend von den Schülerinnen und Schülern im Modellierungsprozess angewendet werden müssen. Durch Einstiegsaufgaben wird gesichert, dass der Kontext und die Problemstellung unmissverständlich klar werden (vgl. De Haan und Wijers 2000, S. 94 f.). Die Aufträge der Einstiegsaufgaben leiten die Überlegungen und Berechnungen sehr eng auf grundlegende Fragen, die mit der Problemstellung zusammenhängen, und führen an Hand einfacher Beispiele in die mathematische Modellierung ein. In vertiefenden Aufträgen werden die Teams angeleitet, komplexere Beispiele zu konstruieren und daran eigene Ideen für die Weiterentwicklung der mathematischen Modellierung zu entwickeln (vgl. Abschn. 5.5.3 und 5.5.4). Die Ergebnisse der Einstiegsaufgaben und vertiefenden Aufträge liefern wichtige Argumente und Zwischenschritte zur Bearbeitung der Hauptaufträge. Insbesondere werden hier bereits Qualitätsmerkmale für Teilschritte des Modellierungsprozesses formuliert (vgl. beispielsweise Abschn. 5.5.4: Definition eines zentralen Begriffs mit gut handhabbarer Berechnungsmethode), die im Bewertungsverfahren Berücksichtigung finden.

Die Hauptaufträge sind offen gestellt und ihre Bearbeitung erfordert alle Schritte eines Modellierungsprozesses. Das Gelingen einer angemessenen mathematischen Modellbildung wird durch die vorbereitenden Einstiegsaufgaben und vertiefenden Aufträge unterstützt. Als weitere Hilfe sind jede Literatur wie auch digitale Werkzeuge zugelassen. Gelingt eine angemessene mathematische Modellbildung, so resultiert daraus ein anspruchsvolles mathematisches Problem, dessen Behandlung ein zentraler Bestandteil der Wettbewerbsleistung ist. Der Kontext impliziert Qualitätsmerkmale zur Bewertung der Schülerleistungen, die im Hauptauftrag konkret formuliert werden (vgl. beispielsweise Abschn. 5.5.5: Handhabbarkeit der Darstellung für die Leitung von AmberFast).

5.4.3 Modellierungskontexte

Am Anfang eines Aufgabenentwurfs steht die Kontextsuche. Damit die hohen Anforderungen, die an eine Aufgabe der Alympiade gestellt werden, erfüllt werden können, müssen der Kontext und die grundlegende Problemstellung authentisch und für Schülerinnen und Schüler interessant und bedeutsam sein. Das Problem muss aus mathematischer Sicht herausfordernd und mit Vorkenntnissen der Sekundarstufe zu bearbeiten sein und es muss komplex genug sein, damit vielfältige kreative Lösungswege möglich sind (vgl. De Haan und Wijers 2000, S. 94 f. bzw. Abschn. 5.4.1). Die Kontextsuche stellt daher eine besondere Herausforderung für die Aufgabenkommissionen dar.

Seit der ersten Durchführung der Alympiade im Jahr 1990 haben die Aufgabenkommissionen bereits 70 Modellierungsaufgaben erarbeitet. Beschreibungen von ausgewählten Kontexten finden sich bei de Haan und Wijers (vgl. 2000), bei Filler (vgl. 2009), bei Goris und Lippert (vgl. 2008), bei Leuders und Lippert (vgl. 2007), bei Limpens und Wijers (vgl. 2001) und bei Maassen und Verhoef (vgl. 1990). Die meisten Vorrunden- und Finalaufgaben liegen in deutscher Übersetzung vor und sind auf der Seite von „macht mathe"[5] veröffentlicht. Weitere Finalaufgaben sind in englischer und

---

[5]Vgl. https://www.machtmathe.de/archiv.html.

niederländischer Sprache auf den Seiten des Freudenthal-Instituts zu finden[6]. Die Aufgaben der Landesrunde NRW wurden bislang nicht veröffentlicht.

Die Realsituationen, die den Aufgaben zugrunde liegen, sind vielfältig. Allerdings lassen sich einige Konzepte benennen, die häufiger den Kontext bestimmen. In mehreren Aufgaben sollen Spiele analysiert und weiterentwickelt werden. In der Realsituation geht es dabei immer wieder darum, die Spannung der Spiele zu erhöhen und andere Parameter, wie die Übersichtlichkeit der Regeln oder Spieleinsätze in einem bestimmten Rahmen zu halten (Aufgaben der Vorrunden 1997–1998 „Rubbellose", 2005–2006 „Zwei gegen Hundert", 2011–2012 „Count Down 2012" und der Finalrunden 2005–2006 „Let's play Darts", 2009–2010 „Heckmeck am Bratwurmeck", 2018–2019 „Die Qual der Wahl"). Ein anderes mehrfach verwendetes Konzept ist die Untersuchung von Strömen. Thematisiert wurden Verkehrsströme (Vorrunde 1990–1991: „Grüne Welle", Vorrunde 1999–2000: „Glatteis in Zeist", Vorrunde 2017–2018: „Viel zu lange in der Schlange", Finalrunde 2004–2005: „Busliniennetz in Amberhavn"), Menschenströme (Vorrunde 1995–1996: „Aufzüge", Vorrunde 2008–2009: „Evakuierung eines Hochhauses", Finalrunde 2016–2017: „Musikfestival") oder auch Warenströme (Finalrunde 2008–2009: „Containerlogistik", Finalrunde 2013–2014: „Amberhavn Delivery Service"). Bewertungen – beispielsweise von sportlichen Leistungen oder von Schulen – und Abstimmungsmodalitäten sind ebenfalls Themen mehrerer Aufgaben. Das faire bzw. gerechte Verfahren stellt hier einen zentralen Begriff dar. Auch geometrische Problemstellungen sind Thema mehrerer Aufgaben. Dabei geht es beispielsweise um die Neuaufteilung von Gebietsnutzungen (Vorrunde 2001–2002: „Gebietsneuordnung"), die Ausstattung verschachtelter Räumlichkeiten mit Überwachungskameras (Vorrunde 1996–1997: „Sicherheit ist eine Kunst für sich") oder eine optimale Bebauung von Flächen unter vorgegebenen Rahmenbedingungen (Vorrunde 2013–2014: „Der Raum in Zahlen"). Die genannten Beispiele beinhalten reichhaltige Kontexte und erfüllen in besonderer Weise die oben genannten Kriterien für die den Aufgaben der Alympiade zugrunde liegende reale Situation.

5.5 Modellierung am Beispiel „Füllgrad" (Vorrunde 2015/2016)

5.5.1 Der Modellierungsprozess

Wer online Waren bestellt hat, wird gelegentlich durch ein viel zu großes Versandpaket überrascht. Auf dieser Ausgangssituation baut die Aufgabe „Füllgrad" aus der Vorrunde 2015–2016 auf[7].

---

[6]Vgl. http://www.fisme.science.uu.nl/publicaties/subsets/alympiad/index.php.

[7]Vgl. https://www.machtmathe.de/alympvor/alympiade-vr-2015.pdf bzw. http://www.fisme.science.uu.nl/toepassingen/28440/.

Der Prozess, den Schülerinnen und Schüler bei der Bearbeitung von Modellierungs-aufgaben durchlaufen, wird von Blum als Metamorphose einer Problembehandlung innerhalb eines Modellierungskreislaufs beschrieben (vgl. Blum und Leiß 2005). Charakteristische Phasen in dieser Beschreibung sind die Darstellung einer realitätsbe-zogenen Situation durch ein Realmodell, die Übersetzung zentraler Fragen in eine mathematische Problemstellung, die mathematische Problemlösung, die Interpretation der mathematischen Lösungsideen im Realmodell und der Rückbezug auf die Ausgangs-situation. Der Modellierungsprozess der Schülerinnen und Schüler vollzieht sich nicht unbedingt in dieser Systematik und Reihenfolge (vgl. Blum 2006; Voigt 2013), wird aber durch die Beschreibung als Kreislauf in sinnvoll aufeinander bezogene Abschnitte gegliedert. Die im Modellierungskreislauf hervorgehobenen Schritte des Modellierungs-prozesses können mit hohen Anforderungen an Schülerinnen und Schüler verbunden sein (vgl. Blum 2006).

Die Aufgabenstellung der Aufgabe „Füllgrad" führt in den Kontext ein, unterstützt durch geeignete Anleitung entscheidende Schritte des Modellierungsprozesses und steckt einen Rahmen für die Allgemeinheit der Problemstellung. Dabei lässt sie aus-reichend Spielraum für eine kreative Gestaltung der Modellierung und Problemlösung und setzt zugleich Maßstäbe zur Bewertung der Schülerresultate. Dies soll in den folgenden Abschnitten durch eine genauere Untersuchung der Aufgabenstellung verdeutlicht werden.

5.5.2 Das Realmodell

Die Aufgabenstellung der Aufgabe „Füllgrad" sichert erste Schritte des Modellierungs-prozesses durch einen schülernahen Einführungstext und durch die genaue Vorgabe des Realmodells ab.

Der Online-Einkauf, der dieser Aufgabe als Kontext zugrunde liegt, ist den Schülerin-nen und Schülern aus ihrem Alltag vollkommen vertraut. Die Problemstellung bleibt im ersten Abschnitt ganz offen und es wird nur auf die Diskrepanz zwischen Packungs- und Warengröße hingewiesen:

> „Heutzutage muss man nicht mal mehr vor die Tür, wenn man einkaufen möchte: Man kann online bestellen und alle Einkäufe werden nach Hause geliefert. Auch die Schlepperei ist vorbei – man muss nur noch das Paket vom Postboten annehmen. So ein Paket ist manch-mal jedoch erstaunlich groß! Wenn man beispielsweise einen Schraubenzieher bestellt, lässt die Größe des Pakets eher vermuten, dass stattdessen eine Bohrmaschine verschickt wurde. In dieser Aufgabe untersuchen wir, warum dies so ist und wie man Bestellungen möglichst effektiv einpacken kann."[8]

---

[8]Siehe https://www.machtmathe.de/alympvor/alympiade-vr-2015.pdf, S. 4.

Bereits im Einleitungstext wird allerdings eine wesentliche Strukturierung und Reduzierung der möglichen Informationen und Parameter vorgenommen.

> „In der folgenden Aufgabe betrachten wir eine vereinfachte Situation: Wir gehen davon aus, dass in jeden Karton nur ein Artikel verpackt wird. Und wir gehen davon aus, dass der optimale Versandkarton für jedes Produkt ein quaderförmiger Karton ist, der den Artikel (der sich jeweils in einem Karton des Herstellers befindet) exakt umschließt."[9]

Alle Waren können also als Quader behandelt werden, alle Verpackungen sind ebenfalls Quader. Als Maß für die Raumnutzung der Verpackung wird der Füllgrad eingeführt:

> „Unter dem Füllgrad versteht man den Anteil (Prozentsatz) des Paketinhalts, den der Artikel ausfüllt."[10]

Damit ist ein Realmodell gegeben und erste Übersetzungsmöglichkeiten in ein mathematisches Modell liegen nahe.

Unter Bezug auf das Realmodell wird im Einleitungstext die grundsätzliche Problematik skizziert:

> „Wenn ein kleiner Artikel in einem sehr großen Karton verpackt ist, dann entsteht ein großer leerer Raum: Der Karton ist mehr mit Luft (oder Füllmaterial) gefüllt als mit dem Artikel selbst. Der Füllgrad ist dann sehr niedrig. Ist das schlimm? Ein niedriger Füllgrad erhöht natürlich die Kosten für das Verpackungsmaterial (und das Füllmaterial), er führt aber auch zu höheren Versandkosten. Denn wenn die Kartons größer als erforderlich sind, passen weniger in einen Container oder Lastwagen. Daher ist auch der Füllgrad des Containers oder Lastwagens niedriger als er sein könnte. Dadurch muss häufiger beladen, gefahren und entladen werden. Auch das ist mit höheren Kosten verbunden. Trotzdem hat man sich beim Versandhandel dafür entschieden, nicht für jeden Artikel einen passenden Karton zu verwenden. Der Einsatz vieler verschiedener Kartons führt zu höheren Packzeiten, weil die Einpacker jeweils den geeigneten Karton suchen müssen. Zudem müssen immer sehr viele verschiedene Kartons auf Vorrat gelagert sein und das benötigt wiederum mehr Platz. Daher soll die Anzahl verschiedener Kartons, die der Versandhandel vorrätig hat, begrenzt sein. Es stellt sich daher nun die Frage: Welche Formate müssen die Kartons haben, um einen optimalen Füllgrad für die verschiedenen Artikel zu erreichen?"[11]

Das durch die Aufgabenstellung vorgegebene Realmodell kann folgendermaßen beschrieben werden:

- Rahmenbedingungen: Die zu verpackenden Artikel sind als eine Menge von unterschiedlichen Quadern gegeben. Die gesuchten Verpackungen für die Artikel stellen eine echt kleinere Menge von unterschiedlichen Quadern dar.

---

[9]Ebd.
[10]Ebd.
[11]Ebd.

- Veränderliche Parameter sind die Zahl der Artikelquader, die Kantenlängen der Artikelquader, das Verhältnis der Verkaufszahlen für die unterschiedlichen Artikel, die Zahl der Packungsquader und die Kantenlängen der Packungsquader.
- Es gibt zwei Zielsetzungen: Es soll ein geeignetes Maß für die Nutzung von Packungsraum definiert werden (verallgemeinerter Füllgrad) und es soll bei gegebenen Artikelquadern ein Verfahren zur Festlegung einer geeigneten Anzahl von Packungsmodellen sowie zur Festlegung der Kantenlängen der Packungsquader entwickelt werden, wobei mit möglichst wenigen unterschiedlichen Verpackungs-modellen der Platz der Verpackung optimal genutzt werden soll.

Das mathematische Problem, das sich in dieser Allgemeinheit aus einem geeigneten mathematischen Modell ergibt, ist sehr komplex. Aus diesem Grund werden an späterer Stelle im Hauptauftrag Konkretisierungen festgelegt, durch die das mathematische Prob-lem erheblich vereinfacht wird.

5.5.3 Modellierung mit vereinfachten Realmodellen

In fünf Einstiegsaufgaben und zwei vertiefenden Aufträgen der Aufgabenstellung werden die Schülerinnen und Schüler auf unterschiedlichen Niveaustufen angeleitet, Teile des Modellierungsprozesses zu durchlaufen.

Den beiden ersten Einstiegsaufgaben und den beiden vertiefenden Aufträgen liegt jeweils das Realmodell mit stark reduzierten Parametern zugrunde:

- In Aufgabe 1 sind drei Artikelquader mit Kantenlängen vorgegeben, Verkaufszahlen für die Artikel werden nicht beachtet und es soll nur ein Verpackungsmodell ver-wendet werden, für das die Kantenlängen bestimmt werden sollen. Die Lösung ist eindeutig.
- In Aufgabe 2 wird die Zahl der Verpackungsmodelle auf zwei erhöht. Zur Lösung des Problems reicht die vorgegebene Definition des Begriffs vom Füllgrad nicht aus. Es ergibt sich ein offenes Problem, das durch die geringe Zahl an Berechnungsergeb-nissen überschaubar bleibt.
- Im ersten vertiefenden Auftrag (Aufgabe 6) wird zusätzlich die Abhängigkeit von Verkaufszahlen betrachtet. Zur Untersuchung des allgemeinen Zusammenhangs wird empfohlen, mit eigenen Beispielen zu experimentieren. Das Problem ist komplex, da das Verhältnis der Verkaufszahlen durch zwei freie Parameter gegeben ist.
- In der zweiten vertiefenden Aufgabe (Aufgabe 7) wird ein vierter vorgegebener Arti-kel hinzugenommen. Die Komplexität erhöht sich durch die zusätzlichen zu berück-sichtigenden Artikelmaße und durch den zusätzlichen Parameter in den Verkaufszahlen.

In jeder dieser Aufgaben wird die Fragestellung in ein mathematisches Modell übertragen, das Problem mit mathematischen Mitteln gelöst und die Lösung anschließend im
Realmodell interpretiert.[12]

In den Aufgaben 3, 4 und 5 (Einstiegsaufgaben) geht es um die Verallgemeinerung
des zentralen Begriffs des Füllgrades, der im Spezialfall im Einleitungstext definiert
wird (vgl. Abschn. 5.5.2). Ausgehend von der in Aufgabe 2 gegebenen Situation soll der
verallgemeinerte Begriff für unterschiedliche Verkaufszahlen erprobt und gegebenenfalls weiter verändert werden. Zur Definition wird keine weitere Vorgabe gemacht. Die
Kriterien für einen geeigneten verallgemeinerten Begriff müssen sich aus dem Kontext
ergeben. Daher können die Schülerinnen und Schüler zu unterschiedlichen Definitionen
kommen, je nachdem, welche Annahmen sie zugrunde legen und wie stark sie bestimmte
Argumente gewichten. Naheliegend ist die Definition als Quotient aus dem gesamten
Artikelvolumen und dem gesamten Verpackungsvolumen. Allerdings ist beispielsweise
das Porto für den Versand nicht proportional zum Volumen des Pakets. Es sind also auch
ganz andere Lösungen denkbar. In Aufgabe 5 soll abschließend das Berechnungsver-
fahren für den verallgemeinerten Füllgrad beschrieben werden.[13]

Durch die Bearbeitung der Einstiegsaufgaben und der vertiefenden Aufträge erproben
die Schülerinnen und Schüler den Modellierungsprozess mit vereinfachten Parametern,
werden zu wichtigen Schritten der Problemlösung angeleitet und sammeln Beispiele und
Argumente für die Bearbeitung des Hauptauftrages.

5.5.4 Öffnung der Aufgabenstellung und Festlegung von Qualitätskriterien

Durch die offene Aufgabenstellung für die Definitionserweiterung zum „kombinierten Füllgrad" kommt es bei einem zentralen Begriff des Modells zu einer starken Indi-
vidualisierung der Schülerlösungen. Dies hat weitreichende Konsequenzen für die
Entwicklung des gesamten mathematischen Modells und der damit zusammenhängenden
mathematischen Problemlösung. Die Möglichkeit, die Schülerlösungen im direkten Vergleich zu bewerten, wird mit dieser offenen Aufgabenstellung ausgeschlossen.
Andererseits werden mit dem Auftrag zur Definition des neuen Begriffs auch wichtige
Bewertungskriterien gegeben: Es muss ein Maß gefunden werden, das sich im realen
Kontext dazu eignet, die Nutzung des Verpackungsraums zu bewerten und gleichzeitig
gut handhabbar, also ohne besonderen Aufwand berechenbar und in seiner Abhängigkeit
von Parametern gut darstellbar ist.

In den Aufgaben 6 und 7, den vertiefenden Aufträgen, sollen auf der Grundlage von eigenen Untersuchungen allgemeingültige Regeln für die Bestimmung von

---

[12]Siehe https://www.machtmathe.de/alympvor/alympiade-vr-2015.pdf, S. 5 f.
[13]Ebd.

Verpackungsmaßen mit optimalem Füllgrad aufgestellt werden. Die Aufgabenstellung bleibt sehr offen – zur Darstellungsform dieser Regeln oder zu ihrer genauen Verwendung werden keine Eingrenzungen vorgenommen. Mit diesen Aufträgen wird für den Hauptauftrag ein Qualitätsmerkmal festgelegt: Die Ergebnisse des Hauptauftrages müssen aus allgemeingültigen Regeln abgeleitet werden und basieren letztlich auf einer umfassenden Untersuchung der Abhängigkeit optimaler Verpackungsmaße von den gegebenen Artikelmaßen und den Verkaufszahlen.

5.5.5 Der Abschlussauftrag

Die Abschlussaufgabe ist gestuft aufgebaut. Auf einer deutlich komplexeren Ebene, als in den vertiefenden Aufgaben, bleiben im Hauptauftrag A die Parameter zunächst noch stark eingegrenzt. Die Anzahl der Artikel, die zugehörigen Quadergrößen, das Verhältnis der Verkaufszahlen und die Zahl der Verpackungsmodelle sind fest vorgegeben. Unter diesen Voraussetzungen soll ein Verfahren zur Bestimmung von geeigneten Packungsmodellen bestimmt werden, für die der kombinierte Füllgrad optimiert wird:

> „Wir gehen nun von maximal 5 Paketformaten und gleich vielen Bestellungen pro Artikel (d. h. gleiches Verhältnis der Mengen) aus. Überlegt euch eine Strategie, wie man in diesem Fall die optimalen Maße der fünf verschiedenen Paketformate bestimmen kann. Beachtet hierbei: Es geht um die Beschreibung eurer Herangehensweise, nicht um das Ergebnis."[14]

Die notwendige mathematische Modellbildung zur Bearbeitung der Problemstellung ist in den vorangegangenen Aufgaben bereits vorbereitet worden. Die Erweiterung der Problemstellung ist in erster Linie ein mathematisches Problem. Da nicht die Lösung des Optimierungsproblems unter den gegebenen Einschränkungen ermittelt, sondern ein Verfahren zur Bestimmung einer solchen Lösung beschrieben und begründet werden soll, vereinfachen die gegebenen Einschränkungen für die Parameter das Problem nur teilweise. Die Entwicklung eines Verfahrens beinhaltet eine Verallgemeinerbarkeit beispielsweise auf eine variable Anzahl von Artikeln und variable Kantenlängen der Artikel.

Im Hauptauftrag B soll die Problematik allgemeiner und unter Verwendung der erarbeiteten Ergebnisse dargestellt werden. Dabei bleiben die Zahl der Artikel und die Maße der zugehörigen Quader fest vorgegeben. Die anderen Parameter, die Verhältnisse der Verkaufszahlen, die Zahl der Verpackungsmodelle und die Kantenlängen der zugehörigen Quader, sind frei. Es soll eine Optimierung nach zwei Parametern, der Anzahl der Verpackungsmodelle und dem kombinierten Füllgrad, betrachtet werden. Der Lösungsraum soll in geeigneter Weise in das Realmodell übersetzt und dort so dargestellt werden, dass die im realen Kontext beschriebene Firma eine eigene Entscheidung hinsichtlich der günstigsten Lösung treffen kann:

---

[14]Siehe https://www.machtmathe.de/alympvor/alympiade-vr-2015.pdf, S. 7.

„Die Firma AmberFast möchte gerne einen Einblick in den Zusammenhang zwischen der benötigten Anzahl an Kartonformaten und dem Füllgrad erhalten, sodass sie eine vernünftige Wahl treffen kann. Hierbei können die Bestellmengen jedes Artikels natürlich verschieden sein. Beschreibt den Zusammenhang der Anzahl an Kartonformaten mit dem kombinierten Füllgrad und mit dem Verhältnis der Bestellmengen der verschiedenen Produkte. Erstellt daraus für den Versandhändler AmberFast eine übersichtliche und für die Praxis gut handhabbare Darstellung. Das Unternehmen muss an Hand dieser Übersicht selbst über die Anzahl der Kartons und die möglichen Maße entscheiden können. Mit anderen Worten: Ihr trefft nicht die Wahl für den Versandhändler, sondern ihr erstellt eine Übersicht, mit deren Hilfe die Leitung von AmberFast eine gut durchdachte Wahl treffen kann."[15]

Die Verallgemeinerung dieses Hauptauftrags impliziert ein erweitertes mathematisches Modell und damit einhergehend ein komplexeres mathematisches Problem, für dessen Lösung vertiefte Untersuchungen der Abhängigkeiten der unterschiedlichen Parameter voneinander notwendig werden. In diesem Auftrag werden neue Anforderungen an die Realitätstauglichkeit der erarbeiteten Lösungen formuliert, die den Teams im mathematischen Modell die Möglichkeit eröffnen, Einschränkungen vorzunehmen, die den Lösungsraum auf ein sinnvoll in die Anwendungssituation übertragbares Maß eingrenzen, sodass eine übersichtliche, in der Praxis gut handhabbare Darstellung entsteht.

Die Einstiegsaufgaben, die vertiefenden Aufgaben und die Hauptaufträge geben also Anleitungen und Hilfen im Modellierungsprozess, sie setzen aber auch Standards für Mindestleistungen in bestimmten Schritten des Modellierungsprozesses. Dies betrifft im gegebenen Beispiel die Definition des kombinierten Füllgrades, die Untersuchung des Modells in Abhängigkeit von den Kantenlängen der Verpackungsmodelle und von den Verhältnissen der Verkaufszahlen, die Entwicklung von Verfahren zur Bestimmung der optimalen Verpackungsgrößen und den Rückbezug auf die Realsituation, in der die Handhabbarkeit des Verfahrens für die Leitung von AmberFast von entscheidender Bedeutung ist.

5.6   Die Bewertung von Schülerlösungen

Seit der ersten Durchführung der Alympiade stellt die Bewertung der Schülerarbeiten eine besondere Herausforderung dar. Zum einen sah die Jury zunächst erhebliche Schwierigkeiten darin, vor der Bearbeitung der Aufgaben durch die Schülerinnen und Schüler angemessene Bewertungskriterien festzulegen (vgl. Maassen und Verhoef 1990), zum anderen bleibt, unabhängig vom Bewertungskonzept, ein subjektiver Bewertungsanteil unvermeidbar (vgl. Hol 1997).

Hol schlägt unterschiedliche Bewertungsverfahren vor, die sich, je nach Einbindung des Wettbewerbs in das schulische Bildungskonzept, unterschiedlich gut für

---

[15]Ebd.

die bewertenden Lehrkräfte an den Schulen eignen (vgl. Hol 1997). Dabei geht er ausführlich auf den Bedarf der zahlreichen Schulen in den Niederlanden ein, in denen die Schülerinnen und Schüler ihre Wettbewerbsarbeit als „praktische opdracht", eine mindestens teilweise außerunterrichtliche Leistung, in die Wertung für das „schoolexamen", den schulischen, nicht zentralen Teil der Hochschulreife, einbringen dürfen (vgl. Limpens und Wijers 2001). Die dort vorgestellten Bewertungskonzepte liefern wertvolle Anregungen für Schulen in Nordrhein-Westfalen, die den Wettbewerb Alympiade als Grundlage für Facharbeiten oder zur Weiterentwicklung der Aufgabenkultur im Unterricht verwenden möchten (vgl. Abschn. 5.3 und 5.6.3).

Mit der Teilnahme am Wettbewerb erhalten die Schülerinnen und Schüler eine Orientierung zur Qualität ihrer Ausarbeitung im Vergleich mit einer großen Zahl anderer Teams zahlreicher unterschiedlicher Schulen. Für eine valide Bewertung sind einheitliche Vereinbarungen notwendig, die allen teilnehmenden Schülerinnen und Schülern gleichermaßen wie den bewertenden Lehrkräften bekannt sind. Eine als fair wahrgenommene Bewertung ermöglicht einen Blick über den Tellerrand der eigenen Schule hinaus und stärkt die Selbstwirksamkeit der Schülerinnen und Schüler erheblich.

In den drei Runden des Wettbewerbs stellen die Schülerinnen und Schüler ihre Ergebnisse in unterschiedlichen Formaten dar: In der Vorrunde genauso wie im Finale erstellen die Teams eine schriftliche Ausarbeitung ihrer Resultate. Die Beurteilung dieser Schülerarbeiten im Wettbewerb Alympiade wird in Abschn. 5.6.1 behandelt. Das Format der Darstellung ist im Landesfinale von Nordrhein-Westfalen ganz anders: Die Ergebnisse werden in Vorträgen, Erklärvideos, Posterpräsentationen und Interviews einer Jury vorgestellt. Dieses Bewertungsverfahren wird in Abschn. 5.6.2 erläutert.

Insgesamt zeigt sich, dass eine absolute Bewertung, die ein Ergebnis auf einer vor der Bearbeitung der Aufgaben festgelegten Punkte- oder Notenskala widerspiegelt, im Rahmen des Wettbewerbs nicht sinnvoll umsetzbar ist. Dennoch kann an Hand von allgemeinen wie auch von solchen Qualitätskriterien, die sich auf die konkrete Aufgabenstellung beziehen, eine sinnvolle Einstufung der Resultate in unterschiedliche Qualitätsniveaus vorgenommen werden.

5.6.1   Die Bewertung in der Vor- und Finalrunde

Für die schriftlichen Ausarbeitungen in der Vor- und Finalrunde erhalten die Teams eine kleine Anleitung, in der auch die Bewertungskriterien benannt werden:

> „In manchen Aufgabenstellungen finden Sie den Auftrag ‚Untersuchen Sie …'. Führen Sie immer sorgfältig an, was Sie genau untersucht haben. Recherchieren Sie unter Umständen weitere/untergeordnete Fragestellungen, betrachten Sie Alternativen, gehen Sie über die einfache Bearbeitung der Aufgabenstellung hinaus. Die Ergebnisse dieser Aufgabenstellungen werden nach diesen Kriterien beurteilt. Wenn Sie während der Bearbeitung der Aufgaben bestimmte Methoden oder Vorgehensweisen aus vorherigen Aufgaben abändern, beschreiben Sie dann in Ihrer Ausarbeitung diese Anpassungen und

begründen Sie diese auch. […] Wesentliche Beurteilungskriterien sind: Lesbarkeit und Verständlichkeit des Abschlussauftrages – Vollständigkeit der Arbeit – kreativer, sinnvoller, richtiger und geschickter Einsatz von Mathematik – schlüssige Argumentationen und sinnvolle Begründungen von getroffenen Entscheidungen (Hierbei kann Realitätsbezug von Bedeutung sein.) – Tiefgang der Arbeit: Wie gründlich wurden die einzelnen Punkte ausgearbeitet? – Gestaltung der Arbeit: Form, Struktur, Sprache, Gebrauch und Funktion der Anlagen – Einsatz von Diagrammen, Tabellen, Zeichnungen, usw."[16]

In der Analyse der Aufgabe „Füllgrad" wurde bereits deutlich, dass die erarbeiteten Schülerlösungen sehr individuelle Prozesse der Modellbildung verfolgen und eine direkte Vergleichbarkeit von Teilergebnissen in wichtigen Bereichen der Schülerarbeiten nicht möglich ist. Eine Einzelkorrektur, wie beispielsweise bei schulischen Klausuren, kann vom Arbeitsaufwand her nicht geleistet werden. Stattdessen findet das Bewertungsverfahren für die schriftlichen Ausarbeitungen in Form von Rankings statt. Jede teilnehmende Schule erhält ca. sechs anonymisierte und zufällig zugeordnete Arbeiten, vergleicht sie miteinander und bringt sie nach ihrer Qualität in eine Reihenfolge. Dabei wird jedes Team in drei solchen Teilrankings bewertet. Aus allen Teilrankings wird ein Gesamtranking erstellt, indem die drei Rankingergebnisse addiert werden. Die höchste Bewertung ist also 3. Sie kommt zustande, wenn die Arbeit in allen drei Teilrankings den ersten Platz erhalten hat. Die schlechteste Bewertung ist demnach 18. Eine Arbeit erreicht diese Kategorie, wenn sie in allen Teilrankings auf dem sechsten Platz eingestuft wird. Die Einordnung in die unteren Plätze der Teilrankings ist oft mit einer großen Unsicherheit belastet. Daher werden die vier unteren Kategorien in der Bewertungskategorie 15 zusammengefasst und nicht weiter unterschieden.

Um eine möglichst gerechte Entscheidung über den Erfolg im Wettbewerb der Alympiade zu sichern, muss geklärt sein, nach welchen Kriterien die Arbeiten in ihrer Qualität eingestuft werden. Allgemeine Bewertungskriterien sind in der Anleitung zum Wettbewerb formuliert. Die Analyse der Aufgabe „Füllgrad" zeigt, dass durch die Aufgabenstellung weitere, kontextgebundene Qualitätskriterien festgelegt werden (vgl. Abschn. 5.5.4 und 5.5.5). Als Orientierungshilfe erhalten die bewertenden Lehrkräfte in Nordrhein-Westfalen einen Erwartungshorizont, in dem diese Bewertungskriterien zusammengestellt sind. Der Erwartungshorizont liefert neben den allgemeinen und den kontextgebundenen Bewertungskriterien zusätzlich Beispielrechnungen, die das Überprüfen der Berechnungen in den Schülerarbeiten erleichtern (im Falle der Aufgabe Füllgrad gehört zum Erwartungshorizont eine Tabellenkalkulation, die sich dazu eignet, spezielle Rechnungen nachzuprüfen) und mögliche Argumentationswege zu den geforderten Schritten des Modellierungsprozesses. Diese Erwartungshorizonte werden nur für den internen Gebrauch der teilnehmenden Schulen erstellt und sind nicht veröffentlicht. Der Erwartungshorizont zu den ersten drei Einstiegsaufgaben der Aufgabe „Füllgrad" ist im Folgenden wiedergegeben. Die römischen Ziffern in der letzten Tabelle

---

[16]Siehe https://www.machtmathe.de/alympvor/alympiade-vr-2015.pdf, S. 3.

beziehen sich auf drei in der Aufgabenstellung vorgegebene Verhältnisse von Verkaufszahlen der Artikel:

„**Aufgabe 1:** Die Packungsgrößen der drei Artikel werden durch die drei Kantenlängen x, y und z mit x<y<z angegeben. Der Karton muss sich an den jeweils größten Maßen orientieren. Daraus ergibt sich genau eine optimale Lösung:

Artikel				Packungen				Füllgrad
x	y	z	V	x	y	z	V	
21	27	34	19278	21	27	38	21546	89 %
14	15	38	7980	21	27	38	21546	37 %
9	15	20	2700	21	27	38	21546	13 %

Aufgabe 2: Um die Maße des optimalen Kartons zu finden, sollte man zunächst die Maße der einzelnen Artikel der Größe nach sortieren. Da es keine Rolle spielt, ob der Artikel vor dem Verpacken gedreht werden muss, sind die Artikelverpackungen durch ihre drei Kantenlängen x, y und z mit x<y<z angegeben. Die Sortierung ist lexikalisch und der Größe nach absteigend beginnend mit der Größe von z. Da die beiden Kartongrößen so gewählt werden, dass der eine Karton für zwei Artikel und der zweite Karton für den dritten Artikel genutzt wird, ergeben sich drei mögliche Lösungen mit den zugehörigen Füllgraden:

	Artikel				Packungen				Füllgrad
a)	x	y	z	V	x	y	z	V	
	14	15	38	7980	14	15	38	7980	100 %
	21	27	34	19278	21	27	34	19278	100 %
	9	15	20	2700	14	15	38	7980	34 %
b)	x	y	z	V	x	y	z	V	Füllgrad
	14	15	38	7980	21	27	38	21546	37 %
	21	27	34	19278	21	27	38	21546	89 %
	9	15	20	2700	9	15	20	2700	100 %
c)	x	y	z	V	x	y	z	V	Füllgrad
	14	15	38	7980	14	15	38	7980	100 %
	21	27	34	19278	21	27	34	19278	100 %
	9	15	20	2700	21	27	34	19278	14 %

Die Schülerinnen und Schüler müssen zunächst erläutern, weshalb diese Packungen in den drei betrachteten Fällen optimal sind. Da eine insgesamt optimale Lösung angegeben werden soll, muss diskutiert werden, in welchen Fällen welche Lösung optimal ist. Die Schülerinnen und Schüler können an dieser Stelle auch einen kombinierten Füllgrad einführen und mit einer entsprechenden Gewichtung, in die bereits begründete Annahmen eingehen, auf der Grundlage der neuen Größe eine Entscheidung über die optimale Lösung treffen.

Aufgabe 3: Hier kann keine eindeutige Lösung angegeben werden, da die Definition eines solchen kombinierten Füllgrads auf unterschiedliche Weisen gebildet werden kann. Möglich ist beispielsweise die Bildung des einfachen arithmetischen Mittels Fa oder auch eines gewichteten Mittelwerts Fga (n_1, n_2 und n_3 sind die Verkaufsanteile, V_1, V_2 und V_3 die Volumina der drei nicht notwendig unterschiedlichen Verpackungsmodelle und F_1, F_2 und F_3 die Füllgrade der einzelnen Artikel in den ihnen zugeordneten Verpackungen):

$$F_a = \frac{n_1 F_1 + n_2 F_2 + n_3 F_3}{n_1 + n_2 + n_3}$$

$$F_{ga} = \frac{n_1 V_1 F_1 + n_2 V_2 F_2 + n_3 V_3 F_3}{n_1 V_1 + n_2 V_2 + n_3 V_3}$$

Die Schülerinnen und Schüler sollten in jedem Fall ihre Definition klar verständlich formulieren, einzelne Teile ihres Terms erläutern und begründen, weshalb der kombinierte Füllgrad ein sinnvolles Maß im gegebenen Zusammenhang darstellt. Je nachdem, wie sie den kombinierten Füllgrad definiert haben, ändern sich natürlich auch die Rechnungen in den drei genannten Fällen. Für die obigen Definitionen erhält man z. B.:

I a)	Fa=	78 %	II a)	Fa=	59 %	III a)	Fa=	83 %
	Fga=	85 %		Fga=	69 %		Fga=	86 %
I b)	Fa=	76 %	II b)	Fa=	89 %	III b)	Fa=	59 %
	Fga=	65 %		Fga=	77 %		Fga=	48 %
I c)	Fa=	71 %	II c)	Fa=	46 %	III c)	Fa=	79 %
	Fga=	64 %		Fga=	42 %		Fga=	66 %

Anhand dieses Erwartungshorizonts kann beurteilt werden, ob Teams, die ihre Überlegungen aus den Einstiegsaufgaben in die Gesamtdarstellung übernommen haben, in diesen angeleiteten Teilen korrekt gerechnet und lückenlos argumentiert haben. Für den offen gestellten Auftrag, einen kombinierten Füllgrad zu definieren, wird deutlich, dass unterschiedliche Wege denkbar sind, erläutert werden müssen und die Qualität der Definition an ihrer Anwendbarkeit im Sachzusammenhang gemessen wird. Die Tabellenkalkulation eignet sich dazu, die Berechnungen, die mit dem selbst definierten Füllgrad durchgeführt werden, schnell zu überprüfen.

Zu den offeneren Aufgabenstellungen kann der Erwartungshorizont nicht mit konkreten Berechnungen weiterhelfen. Die Hinweise zu möglichen Lösungen der Aufgabe 7 lauten wie folgt:

> „Der neu hinzugenommene Artikel hat im Vergleich zu den anderen Artikeln die größten Maße (wenn man wieder – wie in Aufgabe 2 – nach der Größe sortiert). Es muss also auf jeden Fall ein neuer Karton mit den Maßen 29 x 38 x 45 cm (oder größer, was aber in Bezug auf den optimalen Füllgrad keinen Sinn macht) gewählt werden. Bei der Wahl des zweiten Kartons kann wieder – wie in Aufgabe 2 – variiert werden. Hier kann eine übersichtliche Darstellung in einer Tabelle (ggf. mit Excel) helfen, um die optimalen Maße zu finden. Auch die Auswirkung der Variation der Bestellmengen kann gut mit einer Tabellenkalkulation deutlich gemacht werden. Die Entscheidung für zwei Kartongrößen muss gut begründet und mithilfe der Rechnungen oder der Tabelle unterlegt werden."

Der Erwartungshorizont liefert also zur Orientierung der bewertenden Lehrkräfte mögliche Argumente und Darstellungsformen und stellt dabei gleichzeitig klar, dass die Untersuchungen zu diesem Auftrag, die für die Begründungen im Hauptauftrag unumgänglich sind, mit großer Sorgfalt und Genauigkeit auszuführen sind.

Insgesamt liefert der Erwartungshorizont keine Bewertungskriterien, die nicht schon in der Anleitung oder im Aufgabentext selber hervorgehoben sind, sondern er stellt eine Hilfe für die bewertenden Lehrkräfte dar, sich möglichst schnell mit den Schülerresultaten auf der Basis der gegebenen Bewertungskriterien in der notwendigen Tiefe auseinanderzusetzen. Die bewertenden Lehrkräfte, die schon in der Schulrunde unter Zeitdruck die geeigneten Ausarbeitungen für das Landesranking auswählen und anschließend neben ihrem eigentlichen beruflichen Arbeitspensum noch einmal sechs zufällig zugeteilte Arbeiten nach ihrer Qualität einstufen, haben immer wieder zurückgemeldet, dass ein Erwartungshorizont eine große Arbeitserleichterung bei der Qualitätseinstufung von Schülerarbeiten darstellt.

In der Finalrunde werden die Ausarbeitungen der Teams durch Mitglieder der Aufgabenkommission gerankt. Auch hier wird jedem Jurymitglied eine Anzahl von sechs Arbeiten für ein Teilranking vorgelegt und alle Schülerarbeiten werden von mehreren Kommissionsmitgliedern in eine Reihenfolge nach der Qualität der ausgearbeiteten Ergebnisse gebracht. Der Jury für die Finalrunde liegt kein Erwartungshorizont vor. Da alle Jurymitglieder als Mitglieder der Aufgabenkommission an der Aufgabenerstellung beteiligt waren, haben sie sich in den mit der Aufgabenerstellung verbundenen Diskussionen auf eine gemeinsame Vorstellung von erfolgreicher und qualitätsvoller Modellierung verständigt. Auf der Grundlage der hiermit verbundenen Kriterien entstehen die Teilrankings, aus denen, wie oben beschrieben, ein Gesamtranking ermittelt wird.

Sowohl in der Vorrunde, wie auch in der Finalrunde liegt die große Schwierigkeit des Rankens darin, mehrere divergierende Schülerausarbeitungen nach ihrer Qualität miteinander zu vergleichen. Leuders schlägt dafür ein Beurteilungsschema nach der folgenden Tabelle vor (vgl. Leuders und Lippert 2007):

Bewertungsbereiche	Kreativität	Korrektheit
Gestaltung	Interessante Darstellungsform, Einsatz von Diagrammen, Tabellen, Zeichnungen usw.	Klare äußere Form, übersichtliche Struktur
Nutzung von Mathematik	Unerwartete Ansätze, Kombination von Ideen aus verschiedenen Bereichen, Neuschöpfungen	Richtige Berechnungen, mathematische Aspekte des Themas konsequent verfolgt
Sprache	Ausdrucksreiche und interessante Sprache, begriffliche Neuschöpfungen	Sachlich richtige und schlüssige Argumentation, präzise Ausdrucksweise, korrekte Fachsprache
Gründlichkeit	Sonderfälle und Probleme erkannt, Reflexion von Alternativen	Alle geforderten Aufgabenteile behandelt, ausführliche Rechnungen, Realitätsbezug

Wenn beispielsweise für jede Arbeit in die Felder ein Kreuz gesetzt wird, die für eine besondere Stärke dieser Arbeit stehen, ergibt sich schnell ein Profil der vorliegenden Arbeiten. Das Schema hilft also bei der qualitativen Einordnung der Resultate nach den allgemeinen Qualitätskriterien, überlässt aber den beurteilenden Lehrkräften weiterhin einen großen Ermessensspielraum, wie stark einzelne Qualitätsmerkmale gewichtet werden sollen. De Haan stellt ein Beurteilungsschema vor, das von bewertenden Lehrkräften an Schulen verwendet wurde und in dem die Bewertungskriterien mit Punktgewichtungen versehen sind (vgl. De Haan 1997). Durch die Punktgewichtungen wird die Bewertung allerdings in keiner Weise objektiver, da die Zuordnung von Punkten nach eigenem Ermessen vorgenommen werden muss (vgl. Hol 1997).

Das Ranken von Schülerarbeiten bleibt aufgrund der Individualität der Resultate ein schwieriges Unterfangen und eine subjektive Komponente kann nicht vermieden werden. Diese Beobachtung melden auch die Lehrkräfte mit langjähriger Wettbewerbserfahrung zurück (vgl. Hol 1997). Neben den für alle transparenten Beurteilungskriterien sichern insbesondere zwei Faktoren die Fairness des Bewertungsverfahrens:

- Das Ranken von Arbeiten bewertet gröber als ein absolutes Bewertungsverfahren. Die Entscheidung, welche von zwei Arbeiten in ihrer Qualität nach vorgegebenen Kriterien höher einzustufen ist, kann sicherer getroffen werden, als eine absolute Bewertung nach Punkten oder Noten.
- Jede Schülerarbeit wird von drei Lehrkräften an unterschiedlichen Schulen bzw. mehreren Jurymitgliedern in drei unterschiedlichen Gruppen von Arbeiten gerankt. Erst die Summe der Rankingergebnisse führt zum Bewertungsergebnis im Wettbewerb.

5.6.2 Die Bewertung im Landesfinale für Nordrhein-Westfalen

Der Aufgabenaufbau im Landesfinale ist genauso gestaltet, wie in den anderen Runden. Die der Bewertung zugrunde liegenden allgemeinen Kriterien stimmen mit den oben genannten Kriterien der beiden anderen Runden überein und auch hier werden mit der Aufgabenstellung kontextbezogene Kriterien gegeben. Im Landesfinale besteht die Jury wie im internationalen Finale aus Mitgliedern der Aufgabenkommission, die mit den Aufgaben des Landesfinales und den damit verbundenen Erwartungen an die erarbeiteten Modellierungsprozesse sehr vertraut sind.

Im Landesfinale für Nordrhein-Westfalen werden aus den acht erfolgreichsten Teams der Vorrunde die deutschen Teams für das internationale Finale benannt. Da nur wenig Zeit bis zum internationalen Finale bleibt, wird das Ergebnis unmittelbar am Ende der Veranstaltung mitgeteilt. Deshalb werden die Arbeitsergebnisse von den Teams nicht in Form einer Ausarbeitung eingereicht, sondern präsentiert.

Am ersten Tag stehen jedem Team für die Präsentation der Ergebnisse nur 15 min Zeit zur Verfügung. Die Ergebnisse werden in Form eines kurzen Vortrages oder Erklärvideos präsentiert. Anschließend findet ein Gespräch mit der Jury über die präsentierten Ergebnisse statt. Die Teams müssen sich in der Vorbereitung also sehr genau darauf verständigen, welche Ideen, Argumentationsschritte und Berechnungen so wesentlich für den Modellierungsprozess sind, dass sie in die Präsentation aufgenommen werden sollen. Die Posterpräsentation am zweiten Tag erfordert neue Darstellungsformen für den herausgearbeiteten Modellierungsprozess. Der visuelle Anteil wird durch Interviews vor den Postern ergänzt. Für die Interviews stehen ebenfalls ca. 15 min Zeit zur Verfügung. Die begrenzte Präsentationszeit und die durch das Posterformat stark reduzierten Darstellungsmöglichkeiten erfordern auch am zweiten Tag eine genaue Verständigung im Team auf die wesentlichen Überlegungen, die dargestellt werden sollen. An beiden Tagen müssen die Teams also Darstellungsformen entwickeln, mit denen sie sehr prägnant und dicht ihre über ihre Ergebnisse kommunizieren. Der damit verbundene intensive Austausch im Team und die Reflexion über die erarbeiteten Überlegungen begünstigen eine sorgfältig angelegte und tief gehende Argumentation.

Da die Bewertung der präsentierten Ergebnisse noch vor Ort stattfindet, bleibt der achtköpfigen Jury nur sehr wenig Zeit für ihre Arbeit. Die Jury ist aus diesem Grund in zwei Gruppen unterteilt. Am ersten Tag präsentiert jedes der acht Teams seine Ergebnisse vor einer Gruppe der Jury. Die Präsentationen werden in den beiden Jurygruppen besprochen und danach werden in einer Sitzung der gesamten Jury die besonderen Qualitäten einzelner Ergebnisse, wie auch Argumentationslücken oder Schwächen in der Modellierung vorgestellt. In dieser Gesamtschau einigt sich für die Jury auf ein vorläufiges Ranking der präsentierten Ergebnisse. Zum Gesamtranking trägt die Posterpräsentation mit den Interviews vor den Postern am zweiten Tag bei. Die Jurymitglieder interviewen immer zu zweit diejenigen Teams, deren Präsentation sie am ersten Tag nicht gesehen haben. Alle Jurymitglieder studieren alle Poster. Auch bei Teams, deren

Präsentation sie am ersten Tag bereits gesehen haben, stellen die Jurymitglieder ggf. Fragen zur Ergebnisdarstellung.

Die Jury zieht sich nach den Posterpräsentationen zu einer kurzen Abschlussrunde zurück und diskutiert die Qualität der an den beiden Tagen erarbeiteten Modellierungen. Da nicht jedes Jurymitglied alle präsentierten Resultate der beiden Tage von allen Teams gesehen hat, ist der Austausch der Jurymitglieder über besondere Qualitäten von zentralen Gedankengängen und Teilschritten der Modellierungsprozesse der Teams die Grundlage der gemeinsamen Bewertung. Es geht in der Diskussion der Jury darum, besondere Stärken der präsentierten Ergebnisse zu beschreiben und auf der Grundlage der Bewertungskriterien für Modellierungsprozesse zu gewichten.

Folgende Rahmenbedingungen sichern eine faire Bewertung für das Landesfinale:

- Der Bewertung liegen allgemeine und spezielle, an die konkrete Aufgabenstellung gebundene Bewertungskriterien, die den Teams bei der Bearbeitung der Aufgaben bekannt sind, zugrunde.
- Aus den acht erfolgreichsten Teams der Vorrunde in Nordrhein-Westfalen werden nur die drei im Landesfinale besten Teams gerankt. Ein absolutes Bewertungsverfahren findet nicht statt.
- Jedes Team wird von jedem der acht Jurymitglieder beurteilt. Die Festlegung des Rankings erfolgt nach intensivem Austausch innerhalb der Jury einvernehmlich.

5.6.3 Bewertung von Schülerresultaten außerhalb des Wettbewerbs

In niederländischen Schulen wird der Wettbewerb Alympiade vielfach stärker in das schulische Bildungskonzept eingebunden, als dies in Nordrhein-Westfalen bislang etabliert ist. Bereits 1996 äußern sich in einer Umfrage unter den teilnehmenden Schulen der Alympiade etwa die Hälfte der betreuenden Lehrkräfte positiv zu der Frage, ob die Wettbewerbsleistung bei der Alympiade als Leistung in das „schoolexamen", den schulischen, nicht zentralen Teil der Hochschulreife eingehen soll (vgl. De Haan 1997). Im Jahr 2000 geben mehr als 80 % der teilnehmenden Schulen an, dass die Schülerinnen und Schüler ihre Ausarbeitung für den Wettbewerb Alympiade als „praktische opdracht", eine mindestens teilweise außerunterrichtliche Leistung, für das „schoolexamen" anrechnen lassen können (vgl. Limpens und Wijers 2001).

Die betreuenden Lehrkräfte im Wettbewerb Alympiade, die in Nordrhein-Westfalen befragt worden sind, haben den Aufgaben der Alympiade teilweise das Potenzial eingeräumt, den Unterricht positiv weiterzuentwickeln. Als Aufgaben, die bewerteten Arbeiten oder Prüfungen zugrunde liegen, wurden sie von den Lehrkräften nicht gesehen (vgl. Leuders und Lippert 2007). Auch in einer Umfrage im Rahmen der Evaluation für die Vorrunde der Alympiade in Nordrhein-Westfalen 2016/2017 nannten die Lehrkräfte in ihren Zielsetzungen für die Teilnahme an der Alympiade keine Verwendung der Aufgaben, die über die Förderung von Schülerinnen und Schülern durch die Teilnahme am Wettbewerb hinausgeht.

Die Wertung von Wettbewerbsergebnissen als benotete schulische Leistung innerhalb der gymnasialen Oberstufe ist in der Prüfungsordnung für Nordrhein-Westfalen nicht vorgesehen. Neben der Möglichkeit, die Aufgaben in geeigneter Weise für den Einsatz im Unterricht aufzubereiten, liegt ihre Verwendung als Grundlage für eine Facharbeit bzw. eine besondere Lernleistung nahe. Durch eine geeignete Öffnung des Hauptauftrages kann eine entsprechende Themenstellung für eine im schulischen Rahmen zu erstellende Arbeit entstehen. Für diesen Fall muss ein Bewertungsverfahren vereinbart werden. Die Bewertungskriterien können aus dem Wettbewerb übernommen und mit den vorhandenen schulischen Bewertungskriterien abgeglichen werden. Darüber hinaus müssen für eine benotete Schulleistung Gewichtungen innerhalb der Kriterien vorgenommen werden. Hierzu stellt Hol erprobte Möglichkeiten aus der Schulpraxis vor (vgl. Hol 1997).

Die schulische Benotung von Arbeiten zu offenen Aufträgen der Alympiade stellt als absolute Bewertung eine noch größere Herausforderung dar, als das Ranken der Arbeiten im Wettbewerb. Allerdings ist im schulischen Rahmen durch den Umgang mit den obligatorischen Facharbeiten die Kommunikation über Bewertungsvorgaben wie auch die Bewertung von offen gestellten Aufgaben bereits etabliert. Im schulischen Kontext kann die Problematik des subjektiven Anteils der Bewertung durch die stärkere Bindung an die bekannten schulischen Vorgaben und durch eine klare Kommunikation über konkrete methodische, inhaltliche und formale Erwartungen gesenkt werden.

5.7   Kritik und Weiterentwicklung

Vor dem Hintergrund der Zielsetzungen, Begabungen zu fördern und Impulse für die Unterrichtsentwicklung insbesondere zum Umgang mit mathematischen Problemstellungen zur Modellierung zu geben (vgl. Abschn. 5.3), stellt sich die Frage, inwiefern der Wettbewerb und die hierzu entwickelte Aufgabenstellung ein geeignetes Format darstellen. Die Bearbeitung von offenen Problemstellungen zu Modellierungsfragen ist mit großem Aufwand verbunden. Schülerinnen und Schüler, die einen besonders kreativen Weg finden und ausarbeiten möchten, benötigen unter Umständen erheblich mehr Zeit dafür, als ihnen im Wettbewerb zugestanden wird. Auch die Vorgabe, dass nur Teams von drei oder vier Schülerinnen und Schülern teilnehmen können, schließt möglicherweise erfolgreiche Formen der Zusammenarbeit aus. Diese Kritik ist nicht von der Hand zu weisen. Allerdings erfordert ein Wettbewerb grundsätzlich eine Festlegung von Rahmenbedingungen. Für den Fall, dass sie für einen bestimmten schulischen Zusammenhang nicht sinnvoll gesetzt sind, bleibt die Möglichkeit, die Aufgaben außerhalb der Wettbewerbskonkurrenz bearbeiten zu lassen und innerhalb der Schule zu bewerten. Hol gibt hierzu hilfreiche Hinweise (vgl. Hol 1997). In Abschn. 5.6.3 werden ebenfalls Konzepte zur Nutzung der Aufgaben außerhalb des Wettbewerbs vorgestellt.

Immer wieder wird auch die Kritik geäußert, die Aufgaben des Wettbewerbs seien zu weit vom Mathematikunterricht entfernt oder böten sogar überhaupt zu wenig mathematische Anbindung bzw. führten nur auf Problemstellungen von geringem mathematischen Anspruch (vgl. De Haan 1997; Leuders und Lippert 2007). Tatsächlich muss eine angemessene mathematische Modellierung gelingen, damit eine sinnvolle Problemstellung von hohem mathematischem Anspruch entsteht. Fehlende Begründungen für mathematische Verfahren führen jedoch in vielen Schülerarbeiten zu einer unzureichenden Modellbildung bzw. einer unvollständigen mathematischen Problemlösung (vgl. De Haan und Wijers 2000).

In der mathematischen Modellbildung liegt eine große Herausforderung der Aufgabenstellungen der Alympiade (vgl. Abschn. 5.5.3), die in dieser Form wohl selten im Unterricht praktiziert wird. Die hier vorgestellte Aufgabe „Füllgrad" ist ein Beispiel für Modellierungen mit sehr anspruchsvollen mathematischen Problemstellungen. Analysen anderer Aufgaben bei de Haan und Wijers (vgl. 2000), bei Filler (vgl. 2009) und bei Leuders und Lippert (vgl. 2007), zeigen entsprechende Ergebnisse. Diese mathematischen Problemstellungen sind aber im Allgemeinen mit schlüssiger Argumentation und einer kreativen und geschickten Nutzung von Mathematik aus der Sekundarstufe I zu bearbeiten, sodass der in der gymnasialen Oberstufe neu eingeführte Unterrichtsstoff selten zur Anwendung kommt.

Die erfolgreichsten Teams der Vorrunde 2015/2016 in Nordrhein-Westfalen, die das Landesfinale erreichten, haben in ihren Ausarbeitungen viele Beispiele ausgeführt und sind dabei auf besondere Fälle, die beachtet werden müssen, kreative Möglichkeiten und wichtige Zusammenhänge eingegangen. So hat ein Team beispielsweise auch die Möglichkeit ausgeführt, besonders schmale Artikel diagonal in einer großen Verpackung unterzubringen. In ihren Ausarbeitungen haben sich die erfolgreichsten Teams für unterschiedliche Definitionen eines verallgemeinerten Füllgrads entschieden. In all diesen Arbeiten ist die Definition genau erläutert, in einer Arbeit sind mehrere Definitionen mit ihren Vor- und Nachteilen gegeneinander abgewogen worden. In allen Lösungen der Finalisten finden sich gut begründete und handhabbare Anleitungen für AmberFast zur Wahl der Verpackungsformate. Die Arbeiten zeigen in der Vollständigkeit und Sorgfalt der Ausführungen, dass sich die Teams in ihrer Zusammenarbeit und in ihrem Zeitmanagement hervorragend organisiert haben. Die Beobachtungen im Landesfinale bestätigten die vermuteten besonderen Qualitäten in der Zusammenarbeit und der Selbstorganisation. Auch hier gelangt es den Teams, sich in sehr konstruktiver und kooperativer Zusammenarbeit auf die wesentlichen Anforderungen zu konzentrieren und dabei ein gutes Zeitmanagement einzuhalten.

Eine wichtige Weiterentwicklung des Wettbewerbs sollte in der stärkeren Nutzung des Aufgabenmaterials für schulische Projekte liegen. Für Lehrkräfte liegt eine Hürde bei dieser Nutzung sicherlich in der Schwierigkeit der Bewertung von Ergebnissen zu solchen Aufgaben mit Schulnoten. Die Entwicklung angemessener Bewertungskonzepte, die mit den schulischen Rahmenbedingungen kompatibel sind, ist mit einigem Aufwand verbunden. Weniger aufwendig ist die geeignete Öffnung von Aufgaben für eine Bearbeitung außerhalb des Wettbewerbs beispielsweise als Facharbeit. Eine geeignete Anleitung für ein Bewertungskonzept im schulischen Gebrauch kann wie bei Hol beschrieben, das Ergebnis eines Workshops zur Verwendung und Bewertung von Aufgaben der Alympiade sein (vgl. Hol 1997), in den die vielen Erfahrungen, die Lehrkräfte in Nordrhein-Westfalen bei der Bewertung dieser Aufgaben bislang gesammelt haben, einfließen.

Literatur

Blum, W., & L, Dominik. (2005). Modellieren im Unterricht mit der „Tanken"-Aufgabe. *Math. Lehren, 128,* 18–21.

Blum, W. (2006). Modellierungsaufgaben im Mathematikunterricht – Herausforderung für Schüler und Lehrer. In A. Büchter, H. Humenberger, S. Hußmann, & S. Prediger (Hrsg.), *Realitätsnaher Mathematikunterricht – Von Fach aus und für die Praxis. Festschrift für Hans-Wolfgang Henn zum 60. Geburtstag* (S. 8–23). Franzbecker: Hildesheim.

De Haan, D. (1997). Wiskunde A-lympiade 1996/1997: De voorronde. *Nieuwe Wiskrant, 16*(4), 24–31.

De Haan, D., & Wijers, M. (2000). *10 years of mathematics A-lympiad.* Utrecht: Freudenthal Institute.

Filler, A. (2009). Modelling in mathematics and informatics: How should the elevators travel so that chaos will stop? In L. Paditz, et al. (Hrsg.), *Proceedings of the 10th international conference "Models in Developing Mathematics Education", Dresden, Saxony, Germany, September 11–17, 2009* (S. 166–171). Dresden: Hochschule für Technik und Wirtschaft.

Goris, T., & Lippert, M. (2008). How mathematics develops: The Dutch mathematics competition A-lympiade (Wie Mathematik entsteht: Der niederländische Mathematikwettbewerb A-lympiade) (German). In E. Vásárhelyi (Hrsg.), *Beiträge zum Mathematikunterricht 2008. Vorträge auf der 42. GDM Tagung für Didaktik der Mathematik* (S. 147–150). Münster, Münster: WTM, Martin Stein (ISBN 978-3-9811015-7-7/print edition; 978-3-9811015-8-4/CD).

Hol, A. (1997). Beoordeling van werkstukken. *Nieuwe Wiskrant, 17*(2), 39–43.

Leuders, T., & Lippert, M. (2007). Glatteis und Mathematik – Realitätsbezogene Probleme aus der niederländischen Oberstufe. *Praxis der Mathematik in der Schule, 49*(15), 30–37.

Limpens, G., & Wijers, M. (2001). De twaalfde Wiskunde A-lympiade. *Nieuwe Wiskrant, 21*(1), 15–18.

Maassen, J. W., & Verhoef, N. C. (1990). The first experimental ‚wiskunde A-lympiade'. De eerste experimentele wiskunde A-lympiade. Die erste experimentelle ‚wiskunde A-lympiade'. *Nieuwe Wiskrant,* 3–10(Dutch).

RdErl. d. Ministeriums für Schule und Bildung v. 19.05.2018 (ABl. NRW. 06/18 S. 44).

Regeling syllabi centrale examens vo 2019. Bijlage 1A Syllabi vwo 2019. wiskunde A. Staatscourant 2017, nr. 43476.

Regeling syllabi centrale examens vo 2019. Bijlage 1A Syllabi vwo 2019. wiskunde B. Staatscourant 2017, nr. 43476.

Voigt, J. (2013). Eine Alternative zum Modellierungskreislauf. In G. Greefrath, F. Käpnick, & M. Stein (Hrsg.), *Beiträge zum Mathematikunterricht 2013* (S. 1046–1049). Münster: WTM.

Bewertung der Teilkompetenzen „Verstehen" und „Vereinfachen/Strukturieren" und ihre Relevanz für das mathematische Modellieren

6

Madlin Böckmann und Stanislaw Schukajlow

Zusammenfassung

Die Teilkompetenzen „Verstehen" und „Vereinfachen/Strukturieren" sind wichtige Bestandteile des Modellierens, deren Erfassung und Bewertung eine hohe wissenschaftliche und unterrichtspraktische Relevanz haben. Im Beitrag wird zunächst theoretisch beschrieben, welche Bedeutung diese Teilkompetenzen für das Modellieren haben, welche Aktivitäten dabei verlangt werden und wie die beiden Teilkompetenzen sowie die zugehörigen Aktivitäten bisher gemessen wurden. Anschließend wird eine empirische Studie vorgestellt, bei der die Teilkompetenzen Verstehen und Vereinfachen/Strukturieren durch drei Indikatoren (Selektion von wichtigen Informationen, Treffen von Annahmen und das Zeichnen einer Skizze) erfasst wurden. Zudem wurde die Gesamtkompetenz Modellieren erfasst. Es zeigte sich, dass 1) es möglich ist, die Teilkompetenzen und die Gesamtkompetenz Modellieren zu erfassen, und 2) mittlere bis kleine Korrelationen zwischen der Gesamtkompetenz Modellieren und den Teilkompetenzen bestehen. Implikationen für die Forschung und für den Unterricht werden diskutiert.

M. Böckmann (✉)
Münster, Deutschland
E-Mail: madlin.boeckmann@web.de

S. Schukajlow
Institut für Didaktik der Mathematik und der Informatik, Universität Münster,
Münster, Deutschland
E-Mail: schukajlow@uni-muenster.de

© Springer-Verlag GmbH Deutschland, ein Teil von Springer Nature 2020
G. Greefrath und K. Maaß (Hrsg.), *Modellierungskompetenzen –
Diagnose und Bewertung,* Realitätsbezüge im Mathematikunterricht,
https://doi.org/10.1007/978-3-662-60815-9_6

6.1   Einleitung

Seit der Einführung der Bildungsstandards im Jahr 2004 ist das Modellieren im Fach
Mathematik als eine prozessbezogene Kompetenz als Bildungsziel festgeschrieben
(KMK 2004). Dennoch weisen Analysen von Klassenarbeiten darauf hin, dass realitätsbezogene Aufgaben (einschließlich Modellierungsaufgaben) selten im Unterricht
eingesetzt werden (Drüke-Noe 2014; Jordan et al. 2008, S. 99). Ein Grund dafür kann
sein, dass anspruchsvolle Modellierungsaufgaben bisher in zentralen Prüfungsaufgabe wie dem Abitur selten bis gar nicht vorkommen (Greefrath et al. 2017). Wenn
Modellierungsaufgaben im Unterricht einen höheren Stellenwert bekommen sollen, müssen sie in Klassenarbeiten und zentralen Prüfungen einen Platz finden. Dabei
kommt die Frage auf, wie offene Modellierungsaufgaben mit mehreren möglichen
Lösungen bewertet werden können. Auch für die Untersuchung von wissenschaftlichen
Fragestellungen ist von Bedeutung, wie das Modellieren – einschließlich der Teilkompetenzen – erfasst werden kann. Bei der Erfassung von Modellierungskompetenzen
über Teilkompetenzen stellt sich zudem die Frage, in welchem Zusammenhang die
getesteten Fähigkeiten zur Gesamtkompetenz Modellieren stehen. Diesen Fragen gehen
wir im Folgenden nach, indem zunächst die Teilkompetenzen beschrieben werden.
Anschließend wird eine Möglichkeit dargelegt, wie die Teilkompetenzen „Verstehen"
und „Vereinfachen/Strukturieren" erfasst werden können bevor abschließend berichtet
wird, wie Schülerinnen und Schüler der Klasse 9 in einer Studie Aufgaben zu diesen
Teilkompetenzen und zur Gesamtkompetenz Modellieren gelöst haben und welcher
Zusammenhang zwischen den (Teil-)Kompetenzen gefunden wurde.

6.2   Bedeutung der Teilkompetenzen Verstehen und
           Vereinfachen/Strukturieren für das Modellieren

Es gibt zahlreiche prozessbezogene Beschreibungen, die angeben, welche Teilschritte beim Lösen einer Modellierungsaufgabe bewältigt werden müssen. Diese
Beschreibungen unterscheiden sich in der Anzahl der Schritte und der Stationen, die
beim Modellieren durchlaufen werden. Im Folgenden werden Modellierungsprozesse
einschließlich der Teilkompetenzen Verstehen und Vereinfachen/Strukturieren anhand
des Kreislaufs von Blum und Leiß (2005) beschrieben und an der Aufgabe Trinkpäckchen veranschaulicht.

Das Modellieren ist im Kern eine anspruchsvolle Übersetzung zwischen Mathematik und Realität (Blum et al. 2007), bei der ein Problem aus der Realität durch
ein geeignetes mathematisches Modell beschrieben und bearbeitet wird. Der
Modellierungskreislauf (siehe Abb. 6.1) beginnt mit einer Realsituation, die in der
Aufgabe präsentiert wird. In der Aufgabe Trinkpäckchen (siehe Abb. 6.2) ist die Realsituation durch ein Foto von einem Karton mit Trinkpäckchen und durch einen
Text mit Fragestellung dargelegt. Im ersten Schritt gelangt der Lernende durch das

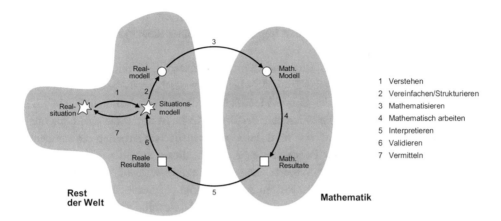

Abb. 6.1 Modellierungskreislauf nach Blum und Leiß (2005)

Abb. 6.2 Aufgabe
Trinkpäckchen

Verstehen der Realsituation zu einem mentalen Modell, dem sogenannten Situationsmodell. Der Begriff Situationsmodell lehnt sich an die Leseforschung an und wird
z. B. im Modell von van Dijk und Kintsch (1983) verwendet. Ein Situationsmodell
ist eine mentale Repräsentation des Textes, in dem alle verfügbaren Informationen
abgebildet sind (Schukajlow 2011). Es kann durch individuelles Vorwissen zum Real-
kontext angereichert werden. Im zweiten Schritt des Modellierungskreislaufs wird
das Situationsmodell vereinfacht, wobei irrelevante Informationen ausgeblendet und
Annahmen getroffen werden. Bei der Aufgabe Trinkpäckchen kann zum Beispiel
angenommen werden, das Loch für den Strohhalm befinde sich genau in der Ecke
des Trinkpäckchens, obwohl es in der Realität einige Millimeter versetzt angebracht
ist. In diesem Schritt werden relevante Informationen auch strukturiert, indem ihre
Beziehung zueinander erfasst wird. Bei Aufgaben zum Inhaltsbereich Geometrie wie

bei der Aufgabe Trinkpäckchen können die relevanten Informationen in einer mentalen Vorstellung und/oder in einer externen Repräsentation (einer Skizze) strukturiert werden. So entsteht das Realmodel.

Im dritten Schritt wird das Realmodell mathematisiert, z. B. durch das Aufstellen einer Gleichung. Bei der Aufgabe Trinkpäckchen ist das mathematische Modell der Satz des Pythagoras, der mithilfe der Skizze identifiziert werden kann, nämlich $6^2 + 4^2 = c^2$ und $c^2 + 10^2 = d^2$, wobei c die Diagonale der Bodenfläche ist und d die Raumdiagonale des Trinkpäckchens. In Schritt vier wird durch mathematisches Arbeiten ein mathematisches Resultat erzielt. In der Beispielaufgabe besteht dieser Schritt aus der doppelten Anwendung des Satzes von Pythagoras. Das mathematische Resultat lautet in dieser Aufgabe $d = 12{,}32882 \ldots$ cm. Im nächsten Schritt gelangt der Lernende zu einem realen Resultat, indem interpretiert wird, was das mathematische Resultat außerhalb der Mathematik bedeutet. In der Aufgabe Trinkpäckchen bedeutet die Länge der Raumdiagonale d, dass der Strohhalm mindestens 12,4 cm lang sein muss, damit er nicht ganz in das Trinkpäckchen rutschen kann. In Schritt sechs wird dieses Ergebnis auf das Situationsmodell zurückbezogen und dabei validiert. In der vorliegenden Aufgabe erscheint die Größenordnung der Länge des Strohhalms plausibel. Bei der Vorstellung, wie die Situation abläuft kommt der Gedanke auf, dass der Strohhalm länger produziert werden könnte, wenn man ihn wieder herausziehen will. Weitere Einflussfaktoren auf die Länge des Strohhalms sind die Position des Lochs in der Verpackung und die Modellierung des Strohhalms durch einen Zylinder statt durch eine Strecke. Die genannten Faktoren können durch eine Schätzung das Endergebnis direkt beeinflussen oder man startet einen neuen Modellierungskreislauf, um eine realistischere Schätzung der Länge zu bekommen. Im letzten Schritt wird das Ergebnis vermittelt, indem der Lösungsweg und eine Antwort formuliert werden. In diesem Beispiel kann der Antwortsatz lauten: Der Strohhalm sollte mindestens 12,4 cm lang sein, damit er nicht komplett in das Trinkpäckchen rutschen kann.

Nach dem Klassifikationsschema für Modellierungsaufgaben von Maaß (2010) kann diese Modellierungsaufgabe wie folgt charakterisiert werden: Zur Lösung der Aufgabe muss der gesamte Modellierungsprozess durchlaufen werden. Die Aufgabe wird durch einen Text mit Bild präsentiert und sie enthält sowohl überflüssige Daten (z. B. 200 ml) als auch fehlende Angaben (z. B. die genaue Position des Lochs). Die Aufgabe enthält authentische Daten und ist damit realitätsnah. Die beschriebene Realsituation stammt aus dem Alltag, da sie jedem begegnen kann. Zu Lösung der Aufgabe wird ein deskriptives Modell verwendet, das die Realsituation mathematisch beschreibt. Die Aufgabe ist offen, weil verschiedene Annahmen über Position und Dicke des Strohhalms getroffen werden können und weil verschiedene Lösungswege möglich sind (maßstabsgetreue Skizzen oder Anwendung des Satz des Pythagoras).

Die Analyse der Modellierungsaktivitäten zeigt, dass die Teilkompetenzen Verstehen und Vereinfachen/Strukturieren für den gesamten Modellierungsprozess wichtig sind, da die einzelnen Schritte im Modellierungskreislauf aufeinander aufbauen und jeder nachfolgende Schritt die erfolgreiche Bewältigung dieser ersten beiden Schritte voraussetzt.

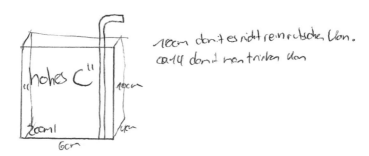

Abb. 6.3 Schülerlösung zur Aufgabe Trinkpäckchen

Wurde die Situation nicht verstanden, konstruiert man ein falsches Situationsmodell und kann somit bei der weiteren Aufgabenbearbeitung nicht zu einer richtigen Lösung kommen. Wird ein richtiges Situationsmodell nicht angemessen vereinfacht, so werden im mathematischen Modell Zahlen verwendet, die zur Lösung der Aufgabe irrelevant sind, oder eine Lösung der Aufgabe ist gar nicht möglich, da das Realmodell zu komplex ist, um es in ein mathematisches Modell zu übertragen. Ein Beispiel für eine Schülerlösung, in der ein falsches Situationsmodell konstruiert wurde und eine Vereinfachung nur teilweise stattgefunden hat, ist in Abb. 6.3 zu sehen. Der Schüler hat ein falsches Situationsmodell gebildet, da er annimmt, der Strohhalm könne nicht zur Seite rutschen und 10 cm würden demnach reichen, damit der Strohhalm „nicht reinrutschen kann". Zudem nimmt er in seine Skizze die Zahl 200 (ml) auf, die zur Lösung der Aufgabe nicht benötigt wird.

Im Folgenden werden Möglichkeiten zur Erfassung der Teilkompetenzen Verstehen und Vereinfachen/Strukturieren vorgestellt.

6.3 Möglichkeiten der Erhebung der Gesamtkompetenz Modellieren und der Teilkompetenzen

Bei einer komplexen Fähigkeit wie Modellieren können zwei Zugänge bei der Bewertung und auch beim Unterrichten unterschieden werden. Bei einem Zugang zu der Bewertung des Modellierens werden Aufgaben gestellt, die die Gesamtkompetenz Modellieren auf unterschiedlichen Schwierigkeitsniveaus abfragen. Beim anderen Zugang zu der Bewertung werden einzelne Aufgaben zu den Teilkompetenzen gestellt. So kann z. B. in einer Aufgabe nur der Schritt des Validierens einer vorgegebenen Lösung abgefragt werden, ohne dass der gesamte Modellierungsprozess durchlaufen werden muss.

Mehrere Studien haben bereits Teilkompetenzen des Modellierens erhoben und Zusammenhänge untersucht. In einer Studie von Leiss et al. (2010) werden Modellierungskompetenzen wie folgt erfasst: Die Gesamtkompetenz Modellieren wurde z. B. durch Aufgaben wie die Aufgabe „Trinkpäckchen" erhoben, zu deren Lösung ein kompletter Kreislauf durchlaufen werden muss. Neben diesen Aufgaben wurden Aufgaben gestellt, die „mathematisches Lesen", innermathematisches Arbeiten und Validieren erfassen. Die Teilkompetenz Validieren kann ebenso wie das Interpretieren nicht isoliert von der Teilkompetenz Verstehen erfasst werden, da das Verstehen Voraussetzung ist, um ein Ergebnis zu deuten und auf Richtigkeit zu prüfen. Während Aufgaben zum innermathematischen Arbeiten und Validieren direkt den entsprechenden Aktivitäten im Modellierungskreislauf zugeordnet werden können, bedürfen Aufgaben zum mathematischen Lesen einer Erläuterung. Die Bearbeitung dieser Aufgaben erfordert von Lernenden, aus mehreren Angaben diejenigen auszuwählen, die für die Beantwortung der Fragestellung wichtig sind. Somit müssen die Lernenden die Situation verstehen und das konstruierte Situationsmodell vereinfachen/strukturieren, damit sie diese Aufgaben bearbeiten können. Es kann vermutet werden, dass das Realmodell zumindest teilweise für eine erfolgreiche Bearbeitung dieser Aufgaben konstruiert werden muss. Hingegen ist es offen, ob ein Vorgriff auf das mathematische Modell für die Auswahl der Angaben in realen, nicht linear ablaufenden Prozessen bei der Bearbeitung solcher Aufgaben in Einzelfällen erfolgen kann, wie das bei der Bearbeitung der ganzen Modellierungsaufgaben beobachtet wurde (Schukajlow 2011, S. 98). Zwischen dem mathematischen Lesen und der Gesamtkompetenz Modellieren wurde in der Studie von Leiss et al. (2010) ein Zusammenhang mittlerer Stärke mit einer Korrelation von $r = ,49$ festgestellt.

In einer Studie von Krug und Schukajlow (2012) wurden ähnlich wie in der Studie von Leiss et al. (2010) Aufgaben zur Gesamtkompetenz und zu Teilkompetenzen gestellt. Für die Erfassung der Teilkompetenzen Verstehen und Vereinfachen/Strukturieren (genannt Auswahl relevanter Informationen) und mathematisches Arbeiten wurden zum Teil dieselben Items verwendet. Zusätzlich wurde in dieser Studie das Treffen von Annahmen erfasst, das sich ebenfalls auf die Schritte Verstehen und Vereinfachen/Strukturieren bezieht, jedoch eine andere Aktivität in den Mittelpunkt stellt. Die Aufforderung an die Schüler lautete: „Nenne zwei Angaben, die du schätzen musst, damit du die Aufgaben lösen kannst". Beide abgefragten Facetten der Teilkompetenzen Verstehen und Vereinfachen/Strukturieren korrelierten mittelgroß mit dem Gesamtmodellieren. Mit einer Korrelation von $r = ,45$ ist der gefundene Zusammenhang der Kompetenz Auswahl relevanter Informationen und Gesamtmodellieren ebenfalls mittelgroß. Die Fähigkeit, zu einer gegebenen Situation Annahmen zu treffen, korrelierte mit $r = ,63$ stark mit dem Gesamtmodellieren.

Zöttl et al. (2010) und Brand (2014) erfassen Modellierungskompetenzen mithilfe von Aufgaben zu vier verschiedenen Dimensionen. Die erste Dimension verlangt die Konstruktion eines Realmodells und eines Mathematischen Modells und deckt damit die Teilschritte Verstehen, Vereinfachen/Strukturieren und Mathematisieren des Kreislaufs von Blum und Leiß (2005) ab. Die zweite Dimension ist das Mathematische Arbeiten. Die dritte Dimension deckt die Teilschritte Interpretieren und Validieren ab. Die vierte Dimension schließlich ist das Gesamtmodellieren, beim Bearbeiten der Aufgaben dieser Dimension muss ein kompletter Modellierungskreislauf durchlaufen werden. Weder die Teilkompetenz Verstehen noch die Teilkompetenz Vereinfachen/Strukturieren wurden in dieser Studie isoliert von mathematischen Teilkompetenzen erfasst.

In Anlehnung an die beschriebenen Studien werden im Folgenden Aufgaben vorgestellt, mit denen die Teilkompetenzen Verstehen und Vereinfachen/Strukturieren erfasst werden können. Anders als in den beschriebenen Studien werden diese Teilschritte des Modellierungskreislaufs hier durch drei Aktivitäten erhoben, die als Indikatoren für die Teilkompetenzen gelten. Ziel ist es, ein möglichst differenziertes Bild zu diesen für das Modellieren basalen Teilkompetenzen zu bekommen.

Der erste Indikator für die Teilkompetenzen Verstehen und Vereinfachen/Strukturieren ist die Auswahl relevanter Informationen. Bei den Aufgaben müssen Lernende von allen Zahlenangaben im Text nur die zur Lösung relevanten Angaben auswählen. Dieser Aufgabentyp wurde im DISUM-Projekt entwickelt (Blum und Schukajlow 2018; Leiss et al. 2010; Schukajlow und Leiss 2011). Ein zweiter Indikator für die Teilkompetenzen Verstehen und Vereinfachen/Strukturieren ist das Treffen von Annahmen. Bei den Aufgaben müssen zu einer Situation Annahmen getroffen werden, die zu einem Realmodell führen. Der dritte und speziell für diese Studie entwickelte Indikator für die Teilkompetenzen ist das Zeichnen einer Skizze. Das Zeichnen einer Skizze erfordert die Konstruktion des Realmodells und verlangt damit neben dem Verstehen und Vereinfachen das Strukturieren relevanter Informationen im besonderen Maße. Einschränkend muss man noch anmerken, dass das Erstellen einer Skizze auch schon das Mathematische Modell vorbereitet, sodass das Mathematisieren durch diesen Aufgabentyp vermutlich in Ansätzen auch erfasst wird. Ein vierter Aufgabentyp erforderte das Durchlaufen eines kompletten Modellierungskreislaufs und erfasst die Gesamtkompetenz Modellieren (siehe Aufgabe Trinkpäckchen in Abb. 6.2).

6.3.1 Auswahl relevanter Informationen

Zum ersten Indikator werden vier verschiedene Aufgaben eingesetzt, von denen hier exemplarisch die Aufgabe „Ameisenstaat" (Siehe Abb. 6.4) vorgestellt wird.

Aufgabe Ameisenstaat

In dem rechts abgebildeten Ameisenhügel von 1 Meter Höhe und einem Umfang von 5 Metern leben ungefähr 1 Millionen Ameisen.

Da der Ameisenstaat zu groß wird, wandert ein Teil des Volkes aus und gründet in 8 m Entfernung eine Kolonie. Dazu müssen etwa 200 Königinnen gehen. Sonst kann die Kolonie nicht überleben. Jede Königin braucht für ihre Versorgung etwa 500 Arbeiterinnen.

Umkreise alle Zahlenangaben im Text, die du zur Beantwortung der folgenden Frage benötigst. Du brauchst die Frage nicht zu beantworten!

Wie viele Ameisen umfasst der „alte" Ameisenstaat ungefähr noch, nachdem die Kolonie gerade neu gegründet wurde?

Abb. 6.4 Aufgabe Ameisenstaat

Um die Aufgabe Ameisenstaat zu lösen, muss der Lernende die Aufgabe zunächst verstanden haben. Dann sollen durch das Vereinfachen/Strukturieren der gegebenen Informationen die wichtigen Zahlen (1 Mio., 200 und 500) von den unwichtigen getrennt und in der Aufgabe markiert werden. Bei der Kodierung der Aufgabe wird zu jeder Zahl im Text zunächst erfasst, ob diese markiert wurde (Code 1), oder nicht (Code 0). Daher werden sechs Codes bei der Aufgabe Ameisenstaat vergeben, für jede Zahl im Text einer. Die Code Kombination „001011" entspricht dann der Lösung, in der genau die relevanten Zahlen 1 Mio., 200 und 500 markiert sind und keine der überflüssigen Zahlen 1, 5 und 8. Dabei wird nicht bewertet, ob zusätzlich Einheiten oder wichtige Begriffe markiert wurden. Der Grund dafür ist, dass die Auswahl der Zahlen der Mindestanforderung genügt und der Arbeitsauftrag keine Informationen über andere Hervorhebungen enthält. Es ist bei lösungsrelevanten Begriffen strittig, wann diese markiert werden sollen. Z. B. könnte der ganze Satz „Dazu müssen etwa 200 Königinnen gehen." markiert werden, oder nur „200 Königinnen gehen" oder nur „200 Königinnen" oder nur die Zahl „200" selbst. Daher ist die Aufgabenstellung so formuliert, dass sie nur nach wichtigen Zahlenangaben im Text fragt, denn bei den Zahlen kann eindeutig entschieden werden, welche wichtig und welche überflüssig sind. In einem weiteren Schritt werden alle richtigen Lösungen mit einem Punkt bewertet, alle anderen Lösungen erhalten null Punkte. Die Codes können bei Bedarf für eine detaillierte Auswertung genutzt werden, z. B. um zu untersuchen, welche Fehler Lernende bei der Auswahl relevanter Informationen machen.

6.3.2 Treffen von Annahmen

Das Treffen von Annahmen ist ein zweiter Indikator für die Teilkompetenzen Verstehen und Vereinfachen/Strukturieren. Dafür werden vier im Projekt DISUM entwickelte Aufgaben genutzt (siehe Beispielaufgabe Anker in Abb. 6.5).

Bei der Aufgabe Anker müssen aus fünf möglichen Annahmen drei getroffen werden, um die Aufgabe zu lösen. Die Angaben aus dem Text, dass der Ankerplatz 2 km von der Küste entfernt ist und dass das Boot ein Zweimast-Segler ist, sind irrelevant. Die anderen drei Annahmen sind wichtig, um die Aufgabe zu lösen: Die größtmögliche Entfernung, nach der in der Fragestellung gesucht wird, wird dann erreicht, wenn die Ankerkette straff gespannt ist. Außerdem muss die Ankerkette vollständig abgerollt werden, dieser Satz steht sogar explizit im Text. Zudem muss man annehmen, dass der Anker nicht aus dem Meeresgrund herausgerissen wird, da sonst die Entfernung zum Ankerplatz sehr groß werden könnte und der Anker zudem seine Funktion, das Boot zu fixieren, nicht erfüllen würde. Die Auswahl der richtigen Annahmen erfordert zum einen die Teilkompetenz Verstehen, da z. B. die Vorstellung, dass die Ankerkette straff gespannt ist, in einer angemessenen mentalen Repräsentation der Realsituation berücksichtigt sein sollte. Zum anderen erfordert die Auswahl der richtigen Annahmen auch die Vereinfachung/Strukturierung, da dabei relevante von irrelevanten Angaben (wie 2 km Entfernung) getrennt werden.

Aufgabe Anker

Lies dir zunächst die folgende Aufgabe durch. Schreib noch keine Lösung auf!

Der Zweimast-Segler „Saphir" steuert auf der Ostsee einen sehr beliebten Ankerplatz an, der 2 km von der Ostseeküste entfernt ist. Am Ankerplatz angekommen wirft der Steuermann den Anker der „Saphir" aus. Dieser verankert sich auf dem etwa 20 Meter tiefen Meeresgrund. Die 25 Meter lange Ankerkette muss dabei vollständig abgerollt werden.

Wie weit kann das Segelschiff höchstens von seinem Ankerplatz weggetrieben werden?

Welche der folgenden Annahmen musst du treffen, wenn du durch Anwenden des Satzes des Pythagoras die obige Aufgabe lösen willst? Kreuze alle entsprechenden Annahmen an!

- ☐   Die gesuchte größtmögliche Entfernung zum Ankerplatz wird dann erreicht, wenn die Ankerkette straff gespannt ist.
- ☐   Der Ankerplatz ist 2 km von der Ostseeküste entfernt.
- ☐   Die Ankerkette wird vollständig abgerollt.
- ☐   Es handelt sich um einen Zweimast- (und nicht um einen Einmast-) Segler.
- ☐   Der Anker hakt sich fest in den Meeresgrund ein, so dass er von der Strömung nicht herausgerissen werden kann.

Abb. 6.5   Aufgabe Anker

Die Aufgabe wird so kodiert, dass bei jeder der fünf Annahmen, die zur Auswahl standen, jeweils erfasst wird, ob die Annahmen angekreuzt wurde (Code 1) oder nicht (Code 0). Daher werden bei der Aufgabe „Anker" fünf Codes vergeben. Die Code Kombination „10101" entspricht dann der richtigen Lösung, in der genau die drei relevanten Annahmen ausgewählt wurden und keine der beiden irrelevanten. Die Vergabe von Codes ermöglicht es, bei Bedarf detailliertere Auswertungen zu machen und beispielsweise zu ermitteln, wie viele Lernende fälschlicherweise die zweite Annahme ausgewählt haben.

Die Aufgabe wird dann so bewertet, dass die richtige Lösung die höchste Stufe darstellt und einen Punkt erhält (genau die Annahmen 1, 3 und 5 sind angekreuzt und keine weiteren). Auch eine teilrichtige Lösung, bei der nur zwei der drei wichtigen Annahmen angekreuzt wurden, erhält noch einen Punkt. Alle anderen Lösungen erhalten null Punkte.

6.3.3   Zeichnen einer Skizze

Um die Fähigkeit zu überprüfen, wie gut gegebene Informationen vereinfacht/strukturiert werden können, kann die Aufforderung eine Skizze zu zeichnen eingesetzt werden. Dabei wird auch die Teilkompetenz Verstehen miterhoben, da diese eine Voraussetzung darstellt, um eine gegebene Situation angemessen zu skizzieren. Das Zeichnen einer

Skizze ist demnach ein dritter Indikator für die Teilkompetenzen Verstehen und Vereinfachen/Strukturieren. Bevor eine Skizze gezeichnet werden kann, müssen relevante Objekte ausgewählt werden, die in der Skizze berücksichtigt werden sollen. Eine von vier Beispielaufgaben ist in Abb. 6.6 zu sehen.

Die relevanten Informationen zur Beantwortung der Frage sind, dass ein Schenkel des Zirkels 11 cm lang ist und dass der maximale Winkel, den man einstellen kann, 90° beträgt. Diese Angaben müssen in einer Skizze strukturiert werden. Dabei bilden die beiden Schenkel des Zirkels zusammen mit dem Radius des Kreises, der beim Zeichnen entstünde, ein rechtwinkliges Dreieck.

Jede Skizze wird mit null oder einem Punkt bewertet. Wenn die Skizze die Realsituation falsch darstellt, werden 0 Punkte vergeben. Die Realsituation ist falsch dargestellt, wenn die Skizze zu einer falschen Lösung der Aufgabe führt. Dies lässt sich z. B. daran erkennen, dass relevante Informationen in der Skizze falsch angeordnet sind (siehe Beispiel a) in Tab. 6.1). Ebenfalls null Punkte werden vergeben, wenn nicht erkennbar ist, wie mit der Skizze die Aufgabe gelöst werden soll. Die Skizze b) in Tab. 6.1 hilft nicht, die gesuchte Größe zu bestimmen. In diesem Fall wurde von einem Lernenden ein nicht zielführenden Situations- und Realmodell konstruiert. Die Skizze lässt auf die Probleme beim Verstehen, Vereinfachen und Strukturieren schließen. Auch bei fehlender Beschriftung wird die Skizze mit null Punkten bewertet, da dann nicht erkennbar ist, ob die relevanten Informationen richtig strukturiert worden sind (siehe Beispiel c) in Tab. 6.1).

Beispiele aus dem Kodierleitfaden sind in Tab. 6.1 dargestellt.

Wenn die Skizze die Situation richtig veranschaulicht und ein rechtwinkliges Dreieck erkennbar ist, wird 1 Punkt vergeben. Dabei müssen mindestens zwei Seiten des Dreiecks richtig beschriftet sein. Zwei Beispiele sind in Tab. 6.2 abgebildet:

Die Erfassung des Realmodells mithilfe von Skizzen hat wie jede Erfassungsmethode ihre Grenzen. Das Zeichnen einer Skizze ist insbesondere für solche Aufgaben geeignet, in der eine räumliche Einordnung von Objekten eine wichtige Rolle spielt. Zudem setzt diese Methode voraus, dass Lernende wissen, welche Merkmale eine gute Skizze auszeichnen und gute Skizzen auch erstellen können. Allerdings gibt es erste Hinweise

Aufgabe Zirkel

Thomas hat sich für 11,99 Euro einen neuen Zirkel gekauft. Den Zirkel kann man durch Drehen des Rädchens in der Mitte verstellen (siehe Bild). Dabei kann der Winkel zwischen den Schenkeln zwischen 0° und 90° groß sein. Ein Schenkel des Zirkels ist 11 cm lang.

Welchen Radius hat der größtmögliche Kreis, den man mit diesem Zirkel zeichnen kann?

Löse die Aufgabe nicht komplett. Zeichne nur eine Skizze und beschrifte sie.

Abb. 6.6 Aufgabe Zirkel

Tab. 6.1 Beispiele für Schülerskizzen zur Aufgabe Zirkel, die mit null Punkten bewertet wurden

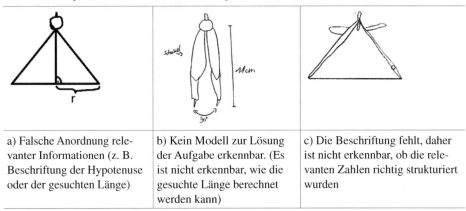

a) Falsche Anordnung relevanter Informationen (z. B. Beschriftung der Hypotenuse oder der gesuchten Länge)	b) Kein Modell zur Lösung der Aufgabe erkennbar. (Es ist nicht erkennbar, wie die gesuchte Länge berechnet werden kann)	c) Die Beschriftung fehlt, daher ist nicht erkennbar, ob die relevanten Zahlen richtig strukturiert wurden

Tab. 6.2 Beispiele für Schülerskizzen zur Aufgabe Zirkel, die mit einem Punkt bewertet wurden

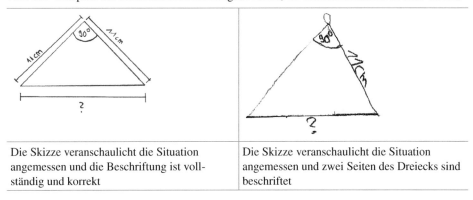

Die Skizze veranschaulicht die Situation angemessen und die Beschriftung ist vollständig und korrekt	Die Skizze veranschaulicht die Situation angemessen und zwei Seiten des Dreiecks sind beschriftet

darauf, dass Wissen über Skizzen für die Bearbeitung von Modellierungsaufgaben zwar wichtig sind, jedoch nicht alle Lernenden über dieses Wissen verfügen (Rellensmann et al. 2017).

6.3.4 Gesamtkompetenz Modellieren

Zur Erfassung der Gesamtkompetenz Modellieren werden Aufgaben eingesetzt, die von den Lernenden den kompletten Durchlauf eines Modellierungskreislaufs verlangen. Bei Aufgaben, die die Gesamtkompetenz Modellieren erfordern, können entweder Teilpunkte für einzelne Teilkompetenzen vergeben werden, oder es wird lediglich zwischen richtigen und falschen Lösungen unterschieden. Eine Beispielaufgabe, mit der die Gesamtkompetenz erfasst werden kann, ist die Aufgabe Trinkpäckchen (siehe Abb. 6.2). Die Schülerlösungen werden wie folgt bewertet: Zunächst wird überprüft, ob mit einem geeigneten mathematischen Modell eine Lösung berechnet wurde. In diesem Fall wird 1 Punkt vergeben, auch wenn Rechenfehler vorhanden sind oder wenn keine Antwort formuliert wurde. Null Punkte werden vergeben, wenn die Aufgabe nicht bearbeitet wurde, der Lösungsprozess abgebrochen oder ein ungeeignetes Modell zur Lösung gewählt wurde. Beispiele für beide Kategorien sind in Tab. 6.3 zu sehen.

Es wird erwartet, dass die Leistungen beim Treffen von Annahmen, Markieren und Zeichnen einer Skizze als Indikatoren für die Teilkompetenzen Verstehen und Vereinfachen/Strukturieren mit der Leistung bei der Gesamtkompetenz Modellieren zusammenhängen.

Im folgenden Kapitel werden Ergebnisse aus einer empirischen Studie in Klasse 9 vorgestellt, bei denen die Teilkompetenzen Verstehen und Vereinfachen/Strukturieren, sowie die Gesamtkompetenz Modellieren erfasst wurden. Dazu wurden die zuvor beschriebenen Aufgaben als Indikatoren verwendet.

Tab. 6.3 Bewertung der Gesamtkompetenz Modellieren

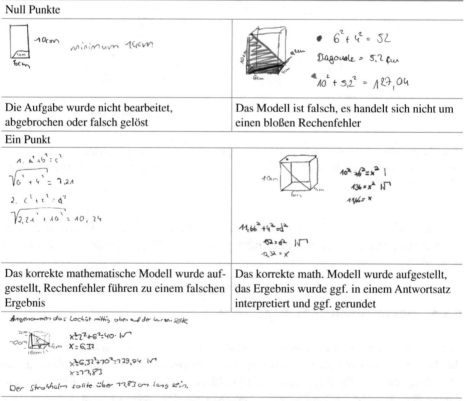

Null Punkte	
Die Aufgabe wurde nicht bearbeitet, abgebrochen oder falsch gelöst	Das Modell ist falsch, es handelt sich nicht um einen bloßen Rechenfehler
Ein Punkt	
Das korrekte mathematische Modell wurde aufgestellt, Rechenfehler führen zu einem falschen Ergebnis	Das korrekte math. Modell wurde aufgestellt, das Ergebnis wurde ggf. in einem Antwortsatz interpretiert und ggf. gerundet
Zusätzliche Annahme, dass sich das Loch nicht in der Ecke befindet, sondern davor	

6.4 Empirische Studie: Lösungshäufigkeiten und Zusammenhänge zwischen Teilkompetenzen und Gesamtkompetenz Modellieren

6.4.1 Methode

In einer empirischen Studie wurden bei insgesamt $N = 136$ Lernenden der 9. Jahrgangsstufe die beschriebenen Teilkompetenzen und die Gesamtkompetenz Modellieren untersucht. Die Lernenden stammten aus insgesamt sechs Klassen, von denen drei an einem Gymnasium und drei an einer Realschule unterrichtet werden. Im Mittel waren die Lernenden 14,92 Jahre alt ($SD = 0,52$) und 56 % waren weiblich.

Es gab vier Aktivitäten (Markieren, Annahmen treffen, Zeichnen einer Skizze und Gesamtmodellieren) zu denen jeweils vier verschiedene Aufgaben gestellt wurden, von denen exemplarisch eine Aufgabe mit entsprechender Bewertung (Codierung) im vorangehenden Kapitel (Abschn. 6.3) beschrieben wurde. Das Testheft für die Lernenden bestand somit aus 16 Aufgaben, für deren Bearbeitung sie eine Doppelstunde mit 90 min Zeit zur Verfügung hatten.

Zur Überprüfung der Objektivität der Beurteilung bei Skizzenaufgaben und der Gesamtkompetenz Modellieren wurde ein Teil der Stichprobe von einem unabhängigen Zweitkodierer nochmals bewertet und die Übereinstimmung zwischen beiden Kodierern bestimmt. Für die Aufgabentypen Annahmen treffen und Markieren wurde keine Doppelkodierung durchgeführt, da hier bei der Kodierung keine hochinferente Beurteilung erfolgte, sondern lediglich abgetippt werden musste, welche Kreuze bzw. Zahlen im Text markiert waren. Als Maß für die Übereinstimmung zwischen den beiden Kodierern wurde Cohens Kappa berechnet. Die meisten Kappa-Werte sind über 0,6 bzw. über 0,75 und deuten damit auf eine gute bzw. sehr gute Übereinstimmung hin. Lediglich zwei Werte sind zwischen 0,4 und 0,6 und gelten damit nur als akzeptable Übereinstimmung (Wirtz und Caspar 2002, S. 59).

6.4.2 Ergebnisse

Die vier Aufgaben zu einer Aktivität wurden zusammengefasst, indem ein Mittelwert über die einzelnen Punktzahlen gebildet wurde. Dazu wurde zunächst geprüft, ob die Aufgaben eine reliable Skala bilden. Ein Kennwert für diese Überprüfung ist Cronbachs Alpha. Die Reliabilitäten waren mit Alpha-Werten von 0,48 (Skala Markieren), 0,53 (Skala Annahmen), 0,57 (Skala Skizzen dichotom) und 0,69 (Skala Gesamtmodellieren) zum Teil sehr niedrig. Eine Erklärung für die niedrige Reliabilität ist die kleine Anzahl der Items pro Skala. In der folgenden Abb. 6.7 sind die Anteile richtiger Lösungen für die 16 eingesetzten Aufgaben dargestellt.

Die Aufgaben zur Auswahl relevanter Informationen wurden von 65 bis 88 % der Lernenden richtig gelöst. Dazu zählt die Aufgabe Ameisenstaat (siehe Abschn. 6.3.1), bei

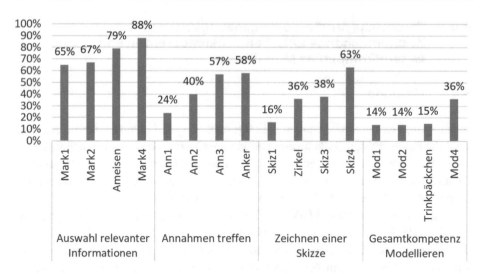

Abb. 6.7 Anteil richtiger Lösungen bei den eingesetzten Aufgaben

der 79 % der Lernenden genau die relevanten Zahlenangaben im Text markierten. Die Aufgaben zum Treffen von Annahmen wurden von 24 bis 58 % der Lernenden richtig gelöst. Als richtige Lösung zählen hier auch solche, bei denen zwei von drei relevanten Annahmen ausgewählt wurden (siehe Abschn. 6.3.2). Die Aufgaben, bei denen eine Skizze gezeichnet werden musste, wurden von 16 bis 63 % der Lernenden richtig gelöst. Bei den Aufgaben zur Gesamtkompetenz Modellieren haben 14 bis 36 % der Lernenden eine richtige Lösung berechnet. Die detaillierte Erfassung der Codes erlaubt es, bei den fehlerhaften Lösungen genauer zu ermitteln, welche Fehler häufig auftreten oder bei den richtigen Lösungen verschiedene Stufen zu unterscheiden. Exemplarisch ist hier in Abb. 6.8 eine genauere Betrachtung der Schülerlösungen zur Aufgabe Anker, bei der Annahmen getroffen werden müssen.

Die detailliertere Betrachtung der richtigen Lösungen zeigt, dass nur 21 % alle drei relevanten Annahmen getroffen haben (Code 10101), während z. B. 30 % der Schüler nur die 1. und 3. Annahme getroffen und die 5. vergessen haben (Code 10100). Bei den falschen Lösungen zeigt die Betrachtung der Codes, dass viele Lernende (27 %) die Annahme 2 gewählt haben („Der Ankerplatz ist 2 km von der Ostseeküste entfernt.", Code b1b0b). Diese Aussage steht zwar im Text, ist aber für die Lösung der Aufgabe irrelevant.

Die Mittelwerte und Standardabweichungen für die vier Skalen sind in Tab. 6.4 zu sehen.

Der Mittelwerte für die Auswahl relevanter Informationen ist erwartungskonform am höchsten. Der Wert 0,74 bedeutet, dass Lernende im Schnitt bei ungefähr drei von insgesamt vier Aufgaben die relevanten Angaben ausgewählt haben daher drei von vier möglichen Punkten bei der Skala erhalten haben. Das Treffen von Annahmen beinhaltet

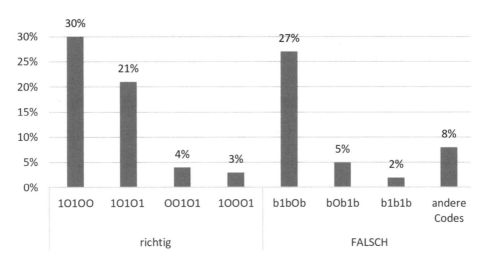

Abb. 6.8 Verteilung der Codes bei der Aufgabe Anker, 1 = Annahme wurde getroffen 0 = Annahme wurde nicht getroffen b = beliebig

Tab. 6.4 Mittelwerte und Standardabweichungen für die vier Skalen

Skala	Auswahl relevanter Informationen	Annahmen treffen	Zeichnen einer Skizze	Gesamtkompetenz Modellieren
M	0,74	0,45	0,38	0,20
SD	0,27	0,31	0,30	0,28

M Mittelwert, SD Standardabweichung

auch die Auswahl relevanter Informationen und ist daher schwieriger zu lösen, der Mittelwert für die Skala ist mit 0,45 daher geringer als bei der Auswahl relevanter Informationen. Die Skala zum Gesamtmodellieren weist den geringsten Mittelwert auf, da diese Aufgaben seltener richtig gelöst wurden.

Die Korrelationen zwischen den erhobenen Indikatoren für (Teil-)Kompetenzen sind in Tab. 6.5 abgebildet. Alle Korrelationen sind signifikant und erwartungsgemäß positiv, eine höhere Leistung bei einem Aufgabentyp geht mit einer höheren Leistung bei den anderen Aufgabentypen und in der Gesamtkompetenz Modellieren einher. Der Zusammenhang zwischen der Fähigkeit, eine Skizze zu zeichnen und der Gesamtkompetenz Modellieren beträgt 0,31 ist nach Cohen (1992, S. 157) mittelgroß, ebenso wie der Zusammenhang zwischen Markieren und dem Zeichnen einer Skizze (0,31). Zwischen der Gesamtkompetenz Modellieren und Annahmen treffen sowie zwischen der Gesamtkompetenz Modellieren und Markieren sind die Zusammenhänge nach Cohen klein (0,26 bzw. 0,23). Zwischen dem Zeichnen einer Skizze und dem Treffen von Annahmen wurde ebenfalls ein kleiner Zusammenhang gefunden (r = 0,27). Auch der Zusammenhang von r = 0,20 zwischen Markieren und dem Treffen von Annahmen ist klein.

Tab. 6.5 Korrelationen zwischen den erhobenen Indikatoren für (Teil-)Kompetenzen

	Gesamt-kompetenz Modellieren	Zeichnen einer Skizze	Annahmen treffen	Auswahl relevanter Informationen
Gesamt-kompetenz Modellieren	1			
Zeichnen einer Skizze	0,31**	1		
Annahmen treffen	0,26**	0,27**	1	
Auswahl relevanter Informationen	0,23**	0,31**	0,20*	1

*p<0,05 zweiseitig, **p<0,01

6.4.3 Fazit – Bedeutung für Forschung und Praxis

Der vorliegende Beitrag zeigt, dass es möglich ist, Teilkompetenzen des Modellierens über verschiedene Indikatoren zu erfassen. Die vorgestellten Aufgaben dienen als Beispiel, wie die Teilkompetenzen Verstehen und Vereinfachen/Strukturieren erfasst werden können. Die Aufgaben können z. B. in Klassenarbeiten zum Einsatz kommen, um Teilkompetenzen des Modellierens zeitökonomisch zu überprüfen. Aufgaben zu Teilkompetenzen helfen zu diagnostizieren, bei welchen Aktivitäten die Lernenden Schwierigkeiten haben. Darauf aufbauend können Fördermaßnahmen entwickelt werden, die helfen können, Modellierungskompetenzen zu vertiefen.

Die gefundenen Zusammenhänge zwischen den Indikatoren für die Teilkompetenzen Verstehen und Vereinfachen/Strukturieren und der Gesamtkompetenz Modellieren sind klein bis mittelgroß. Die Aufgabentypen zu den Teilkompetenzen hängen also wie erwartet mit der Gesamtkompetenz Modellieren zusammen. Dieser Zusammenhang deutet daraufhin, dass Lernende, die das Verstehen, Vereinfachen und Strukturieren beherrschen, auch beim Bearbeiten von Aufgaben, die den Gesamten Modellierungsprozess erfordern, erfolgreicher sind, als Lernende die das nicht können. Zugleich weist die weit von 1 entfernte Korrelation zwischen der Gesamtkompetenz und Teilkompetenzen darauf hin, dass die Messung von Teilkompetenzen allein nicht ausreicht, um Modellierungskompetenzen zu erfassen. Vielmehr müssen für die umfassende Diagnose der Modellierungskompetenzen auch Aufgaben zum Einsatz kommen, die die Gesamtkompetenz erfordern.

Wie die Überprüfung von Modellierungskompetenzen kann auch ihre Vermittlung im Unterricht verschiedenen Ansätzen folgen. Beim sogenannten holistischen oder ganzheitlichen Ansatz werden von Beginn an nur komplette Modellierungsaufgaben gelöst. Beim atomistischen Ansatz hingegen werden zunächst Teilkompetenzen trainiert, bevor ebenfalls komplette Modellierungsaufgaben gelöst werden (Blomhøj und

Jensen 2003; Brand 2014, S. 36–39). In beiden Ansätzen erscheinen für den Erwerb der Modellierungskompetenz solche Modellierungsaufgaben entscheidend, die für ihre Bearbeitung das Durchlaufen des gesamten Modellierungsprozesses – ggf. mehrfach – verlangen. In zahlreichen Forschungsprojekten wurde gezeigt, dass Lernende im Unterricht anspruchsvolle Aufgaben bearbeiten können und es evaluierte Lernumgebungen gibt, in denen Modellierungskompetenzen vermittelt und Einstellungen von Lernenden zu Mathematik – einschließlich Emotionen und Motivation – verbessert werden können (2018). Einige Stichworte hierzu sind selbständiges Arbeiten (Blum und Schukajlow 2018), Unterstützungsinstrument Lösungsplan (Schukajlow et al. 2010), multiple Lösungen (Krug und Schukajlow 2018), Feedback (Rakoczy et al. 2017), heuristische Lösungsbeispiele (Lindmeier et al. 2018) und außerschulische Lernorte (Buchholtz und Armbrust 2018).

Die Aufgaben, die das Zeichnen einer Skizze und damit die Konstruktion des Realmodells erforderten, wurden im Mittel von weniger als der Hälfte der Lernenden richtig gelöst. Dieses Ergebnis zeigt, dass in diesem Bereich noch Übungsbedarf bei den Lernenden besteht. Wenn man im Unterricht mit Lernenden übt, Skizzen zu zeichnen, sollte man Merkmale einer hilfreichen Skizze thematisieren. Dazu zählt z. B., dass die Skizze alle relevanten Objekte enthält und diese richtig angeordnet sind, eine Beschriftung der Skizze mit gegebenen relevanten Informationen und Kennzeichnung der gesuchten Information. Bei der Bewertung können dann Teilpunkte für die einzelnen Kriterien vergeben werden.

Die gefundenen Zusammenhänge zwischen dem Treffen von Annahmen, der Auswahl relevanter Informationen und dem Zeichnen einer Skizze waren in der vorliegenden Studie kleiner, als in anderen Studien. Zwischen dem Treffen von Annahmen und der Gesamtkompetenz wurde hier nur ein kleiner Zusammenhang gefunden, bei Krug und Schukajlow (2012) war der Zusammenhang hingegen groß. Ein Grund könnte die Erfassung sein: Krug und Schukajlow (2012) setzten ein offenes Format ein, bei dem Lernende selbst Annahmen formulieren sollten, hier waren es vorgegebene Annahmen im Multiple Choice Format. Der Vorteil der vorliegenden Erfassung ist, dass die Auswertung zeitökonomisch erfolgen kann und so die wertvolle Zeit im Unterrichtsalltag gespart werden kann. Allerdings stellt das Lesen der Antwortalternativen eine zusätzliche sprachliche Hürde dar. Der gefundene Zusammenhang zwischen der Auswahl relevanter Informationen und der Gesamtkompetenz war ebenfalls klein, während er bei Krug und Schukajlow (2012) und bei Leiss et al. (2010) mittelgroß war. Ein Grund kann die latente Erfassung der Fähigkeiten in den anderen Studien sein, während in der vorliegenden Studie die Fähigkeiten manifest gemessen wurden. Ein weiterer Grund für kleinere Zusammenhänge ist die niedrige Reliabilität von einzelnen Skalen in der vorliegenden Studie.

Um die Reliabilität der Messung zu erhöhen, sollte der Test eine Streuung der Schwierigkeit aufweisen und einzelne Aufgaben sollten ausreichend mit der Gesamtskala korrelieren. Bei der Aufgabe Ameisenstaat beispielsweise ist die Korrelation mit den anderen drei Aufgaben der Skala „Auswahl relevanter Informationen" gering, wodurch auch die Reliabilität der Skala sinkt. Die geringe Korrelation kann damit zusammenhängen, dass diese Aufgabe für die getestete Population zu leicht war und auch deutlich leichter war als die anderen Aufgaben der Skala. Es empfiehlt sich daher, die vorgestellten Aufgaben und Erfassungsmethoden weiter zu optimieren. Aus messtheoretischen Gründen sollen Tests zur Gesamtkompetenz Modellieren und Aufgaben zu den Teilkompetenzen gleich schwer sein und in ihrer Schwierigkeit variieren. Aus stoffdidaktischen Analysen ist ersichtlich, dass dieser Anspruch schwer eingelöst werden kann. So waren auch in der vorliegenden Studie die Lösungshäufigkeiten der Aufgaben zur Gesamtkompetenz Modellieren viel niedriger als die Lösungshäufigkeit bei Aufgaben, die eine Teilkompetenz erfasst haben. Eine besondere Herausforderung stellt somit die Entwicklung von leichten Modellierungsaufgaben und schweren Aufgaben zu den einzelnen Teilkompetenzen des Modellierens dar, um eine zuverlässige und valide Aussage über die Modellierungskompetenzen von Schülerinnen und Schülern zu treffen.

Der vorliegende Beitrag ist im Rahmen des Projekts TeMo (Textverstehen und Modellieren) an der Universität Münster entstanden. Das Projekt TeMo wird im Rahmen der gemeinsamen „Qualitätsoffensive Lehrerbildung" von Bund und Ländern aus Mitteln des Bundesministeriums für Bildung und Forschung gefördert.

Literatur

Blomhøj, M., & Jensen, T. (2003). Developing mathematical modelling competence: Conceptual clarification and educational planning. *Teaching Mathematics and its Applications, 22*(3), 123–139.

Blum, W., & Leiß, D. (2005). Modellieren im Unterricht mit der „Tanken"-Aufgabe. *Mathematik lehren, 128,* 18–21.

Blum, W., & Schukajlow, S. (2018). Selbständiges Lernen mit Modellierungsaufgaben – Untersuchung von Lernumgebungen zum Modellieren im Projekt DISUM. In S. Schukajlow & W. Blum (Hrsg.), *Evaluierte Lernumgebungen zum Modellieren.* Wiesbaden: Springer.

Blum, W., Galbraith, P. L., Henn, H.-W., & Niss, M. (Hrsg.). (2007). *Modelling and applications in mathematics education. The 14th ICMI study.* New York: Springer.

Brand, S. (2014). *Erwerb von Modellierungskompetenzen. Empirischer Vergleich eines holistischen und eines atomistischen Ansatzes zur Förderung von Modellierungskompetenzen* (Perspektiven der Mathematikdidaktik). Wiesbaden: Springer Spektrum.

Buchholtz, N., & Armbrust, A. (2018). Ein mathematischer Stadtspaziergang zum Satz des Pythagoras als außerschulische Lernumgebung im Mathematikunterricht. In S. Schukajlow & W. Blum (Hrsg.), *Evaluierte Lernumgebungen zum Modellieren.* Wiesbaden: Springer.

Cohen, J. (1992). A power primer. *Psychological Bulletin, 112*(1), 155–159.

Drüke-Noe, C. (2014). *Aufgabenkultur in Klassenarbeiten im Fach Mathematik. Empirische Untersuchungen in neunten und zehnten Klassen* (Perspektiven der Mathematikdidaktik). Wiesbaden: Springer Fachmedien.

Greefrath, G., Siller, H., & Ludwig, M. (2017). Modelling problems in German grammar school leaving examinations (Abitur) – Theory and practice. In Paper presented at the CERME 10, Dublin.

Jordan, A., Krauss, S., Löwen, K., Blum, W., Neubrand, M., Brunner, M., Kunter, M., & Baumert, J. (2008). Aufgaben im COACTIV-Projekt: Zeugnisse des kognitiven Aktivierungspotentials im deutschen Mathematikunterricht. *Journal für Mathematik-Didaktik, 29*(2), 83–107.

KMK. (2004). Bildungsstandards im Fach Mathematik für den Mittleren Schulabschluss (Beschluss der Kultusministerkonferenz vom 4.12.2003).

Krug, A., & Schukajlow, S. (2012). Offene Aufgaben: Schülereinstellungen und Teilaktivitäten beim Modellieren. In M. Ludwig & M. Kleine (Hrsg.), *Beiträge zum Mathematikunterricht 2012* (S. 481–484). Münster: WTM.

Krug, A., & Schukajlow, S. (2018). Multiple Lösungen beim mathematischen Modellieren – Konzeption und Evaluation einer Lernumgebung. In S. Schukajlow & W. Blum (Hrsg.), *Evaluierte Lernumgebungen zum Modellieren*. Wiesbaden: Springer.

Leiss, D., Schukajlow, S., Blum, W., Messner, R., & Pekrun, R. (2010). The role of the situation model in mathematical modelling – Task analyses, student competencies, and teacher interventions. *Journal für Mathematik-Didaktik, 31*(1), 119–141.

Lindmeier, A., Ufer, S., & Reiss, K. (2018). Modellieren lernen mit heuristischen Lösungsbeispielen. Interventionen zum selbstständigkeitsorientierten Erwerb von Modellierungskompetenzen. In S. Schukajlow & W. Blum (Hrsg.), *Evaluierte Lernumgebungen zum Modellieren*. Wiesbaden: Springer.

Maaß, K. (2010). Classification scheme for modelling tasks. *Journal für Mathematik-Didaktik, 31*(2), 285–311.

Rakoczy, K., Klieme, E., Leiß, Dominik, & Blum, W. (2017). Formative assessment in mathematics instruction: Theoretical considerations and empirical results of the Co²Ca project. In D. Leutner, J. Fleischer, J. Grünkorn, & E. Klieme (Hrsg.), *Competence assessment in education. Research, models and instruments* (S. 447–467). Cham: Springer.

Rellensmann, J., Schukajlow, S., & Leopold, C. (2017). Make a drawing. Effects of strategic knowledge, drawing accuracy, and type of drawing on students' mathematical modelling performance. *Educational Studies in Mathematics, 95*(1), 53–78.

Schukajlow, S. (2011). *Mathematisches Modellieren. Schwierigkeiten und Strategien von Lernenden als Bausteine einer lernprozessorientierten Didaktik der neuen Aufgabenkultur: Bd. 6. Empirische Studien zur Didaktik der Mathematik*. Münster: Waxmann.

Schukajlow, S., & Blum, W. (Hrsg.). (2018). *Evaluierte Lernumgebungen zum Modellieren*. Wiesbaden: Springer.

Schukajlow, S., & Leiss, D. (2011). Selbstberichtete Strategienutzung und mathematische Modellierungskompetenz. *Journal für Mathematik-Didaktik, 32*(1), 53–77.

Schukajlow, S., Krämer, J., Blum, W., Besser, M., Brode, R., & Leiss, D. (2010). Lösungsplan in Schülerhand: Zusätzliche Hürde oder Schlüssel zum Erfolg? In A. Lindmeier & S. Ufer (Hrsg.), *Beiträge zum Mathematikunterricht 2010* (S. 771–774). Münster: WTM.

van Dijk, T. A., & Kintsch, W. (1983). *Strategies of discourse comprehension* (1. Aufl.). San Diego: Academic.

Wirtz, M., & Caspar, F. (2002). *Beurteilerübereinstimmung und Beurteilerreliabilität. Methoden zur Bestimmung und Verbesserung der Zuverlässigkeit von Einschätzungen mittels Kategoriensystemen und Ratingskalen*. Göttingen: Hogrefe.

Zöttl, L., Ufer, S., & Reiss, K. (2010). Modelling with Heuristic worked examples in the KOMMA learning environment. *Journal für Mathematik-Didaktik, 31*(1), 143–165.

Mathematisches Modellieren im Rahmen einer Kompetenzstufenmodellierung für eine Abschlussprüfung

Hans-Stefan Siller, Regina Bruder, Jan Steinfeld, Eva Sattlberger, Torsten Linnemann und Tina Hascher

Zusammenfassung

Mittels Kompetenzstufenmodellen können Aufgaben hinsichtlich ihres Anspruchsniveaus unterschieden werden. Im Kompetenzstufenmodell Operieren – Modellieren – Argumentieren (O-M-A) sind Stufen in einem iterativen Prozess theoriegeleitet gesetzt und empirisch geprüft worden. In den drei Handlungsaspekten werden Anforderungen definiert, die es ermöglichen, Testleistungen zu interpretieren. Das

H.-S. Siller (✉)
Universität Würzburg, Würzburg, Deutschland
E-Mail: siller@dmuw.de

R. Bruder
TU Darmstadt, Darmstadt, Deutschland
E-Mail: r.bruder@math-learning.com

J. Steinfeld
Bundesministerium für Bildung, Wissenschaft und Forschung, Wien, Österreich
E-Mail: jan.steinfeld@bmbwf.gv.at

E. Sattlberger
Kirchliche Pädagogische Hochschule Wien/Krems, Wien, Österreich
E-Mail: eva.sattlberger@kphvie.ac.at

T. Linnemann
Gymnasium und Fachmittelschule Oberwil, Oberwil, Schweiz
E-Mail: torsten.linnemann@sbl.ch

T. Hascher
Institut für Erziehungswissenschaft, Abteilung Schul- und Unterrichtsforschung,
Universität Bern, Bern, Schweiz
E-Mail: tina.hascher@edu.unibe.ch

© Springer-Verlag GmbH Deutschland, ein Teil von Springer Nature 2020   133
G. Greefrath und K. Maaß (Hrsg.), *Modellierungskompetenzen –
Diagnose und Bewertung,* Realitätsbezüge im Mathematikunterricht,
https://doi.org/10.1007/978-3-662-60815-9_7

Modell bietet somit eine Operationalisierungshilfe für die Aufgabenentwicklung und für einen Vergleich der Anforderungen vorhandener Lern- und Testaufgaben. Hinweise, worin Aufgabenschwierigkeiten bestehen, lassen sich nur durch sorgfältige Analysen möglicher und tatsächlicher Lösungswege gewinnen. Der vorliegende Beitrag verfolgt zwei Ziele: (a) Auf Grundlage aller vorhandenen Haupttermine (2014/15, 2015/16, 2016/17, 2017/18) der standardisierten schriftlichen Reifeprüfung in Mathematik für österreichische Gymnasien wird das Handlungsfeld Modellieren in seinen Kompetenzfacetten dargestellt. (b) ausgewählte (Prüfungs-)Aufgaben werden mit dem O-M-A Modell interpretiert. Auch Unterschiede zwischen Prüfungs- und Unterrichtsaufgaben werden thematisiert.

Mithilfe von Kompetenzstufenmodellen können Aufgaben hinsichtlich ihres Anspruchs-niveaus (auch als „Bearbeitungsschwierigkeit(en)" bezeichnet) unterschieden werden. Im Kompetenzstufenmodell Operieren – Modellieren – Argumentieren (O-M-A Modell) wurden vier Stufen in einem iterativen Prozess theoriegeleitet gesetzt. Das O-M-A Modell bietet eine Operationalisierungshilfe für die Aufgabenentwicklung bzw. für die Einstufung vorhandener Lern- und Testaufgaben. Auf Grundlage aller vorhandenen Haupttermine der standardisierten schriftlichen Reifeprüfung in Mathematik für öster-reichische Gymnasien (Schuljahre 2014/2015, 2015/2016, 2016/2017, 2017/2018) wird im ersten Teil des Beitrags das Handlungsfeld Modellieren in seinen bislang geprüften Kompetenzfacetten dargestellt. Mit dem Stufenmodell können aber auch Testleistungen interpretiert werden. Anhand der Daten aus den Vollerhebungen der vier Durchführungen lassen sich Erkenntnisse über das empirische Anspruchsniveau von Prüfungsaufgaben ableiten und in Beziehung zum Modell setzen. Es zeigt sich, dass Modellierungsauf-gaben auf Stufe 1 und Stufe 2 in der Prüfungssituation zu finden sind. Dabei lässt sich auf Basis der vorhandenen Daten feststellen, dass die Aufgaben in Stufe 2 offenbar in der Prüfungssituation schwerer zu bearbeiten sind als jene auf Stufe 1. Welches Anspruchs-niveau eine Testaufgabe für die jeweiligen Adressaten tatsächlich besitzt, lässt sich jedoch auch durch genauere Analysen nur begrenzt voraussagen.

7.1   Einleitung

In Österreich werden seit dem Schuljahr 2014/2015 die Aufgaben der standardisierten schriftliche Reifeprüfung in Mathematik an den Gymnasien zentral erstellt. Auf der theo-retischen Grundlage des Prinzips der „Höheren Allgemeinbildung" nach Fischer (2001) und auf Basis curricularer Vorgaben wurden Grundkompetenzen in den vier Inhalts-bereichen Algebra & Geometrie, Funktionale Abhängigkeiten, Analysis sowie Statistik & Stochastik definiert.

Im Jahr 2012 wurde ein Team bestehend aus Autorinnen und Autoren dieses Beitrags vom Bundesinstitut für Bildungsforschung, Innovation und Entwicklung des österreichischen Schulsystems (BIFIE) beauftragt, ein *Kompetenzstufenmodell* zur Interpretation der Ergebnisse der *„standardisierten schriftlichen Reifeprüfung in Mathematik"* zu entwickeln. Ein solches Kompetenzstufenmodell wurde, ausgehend von einer ersten Fassung (vgl. Siller et al. 2013), auf Basis wissenschaftlicher Erkenntnisse überarbeitet und kriterienorientiert (vgl. Turner et al. 2015) weiterentwickelt. Schließlich sollte ein *übergreifendes* Kompetenzstufenmodell mit Ausprägungen zu den wesentlichen mathematischen Handlungsaspekten erstellt werden (d. h. abstrahierend von den jeweiligen konkreten fachlichen Inhaltsbereichen), die in den Bildungsstandards für Österreich bereits für die Sekundarstufe I adressiert worden waren (vgl. AECC 2007). Im Zuge der Entwicklung des übergreifenden Kompetenzstufenmodells erfolgte eine Fokussierung auf die Handlungsaspekte Operieren (O), Modellieren (M) und Argumentieren (A) – welche zur Bezeichnung O-M-A Modell führten[1].

In diesem Beitrag erfolgt aufgrund der Zielstellung dieses Sammelbandes eine Konzentration auf den Handlungsaspekt Modellieren unter dem Beurteilungs- und Bewertungsaspekt. Dies erfolgt in drei Schritten:

Nach einer Darstellung der Ausgangspunkte für eine fachinhaltsübergreifende Kompetenzstufenbeschreibung wird zunächst der allgemeine theoretische Hintergrund der Kompetenzstufenmodellierung im O-M-A Modell erläutert, um dann die gewählten Ausprägungen für das mathematische Modellieren vorzustellen. Zu erwähnen ist dabei, dass in einem iterativen Prozess die zunächst normativ gesetzten Kompetenzstufen mit Aufgabenbeispielen konkretisiert und bereits vorliegende Aufgaben hinsichtlich identifizierbarer Handlungsaspekte geratet wurden, um diese Ergebnisse mit den empirischen Daten abzugleichen. Die Ergebnisse wurden diskutiert und in einem nächsten Schritt die Kompetenzstufenbeschreibungen differenziert.

Anschließend werden die Prüfungsmodalitäten der österreichischen standardisierten Reifeprüfung erläutert. Im Rahmen der standardisierten schriftlichen Reifeprüfung in Mathematik müssen Schülerinnen und Schüler am Ende ihrer Schullaufbahn nachweisen, dass sie im Sinne der „Höheren Allgemeinbildung" über definierte Kompetenzen verfügen, d. h. dass grundlegende mathematische Fertigkeiten ausgebildet sind. Diese sollen erfolgreich in der schriftlichen Prüfung angewendet werden, aber Maturantinnen und Maturanten sollen auch kritisch und reflektiert mit Resultaten sowie Methoden umgehen können.

Nachfolgend werden die empirischen Daten der bisherigen Prüfungsdurchgänge in aggregierter Form mit dem normativen Modell zu Kompetenzstufen im mathematischen Modellieren in Beziehung gesetzt. Daraus ergeben sich weitere Einsichten und neue wissenschaftliche Fragestellungen bezüglich einer konsistenten Zielbestimmung sowie Beurteilung und Bewertung von Facetten einer mathematischen Modellierungskompetenz, die abschließend diskutiert werden.

---

[1]Zum Umgang mit dem Begriff Interpretieren siehe nächster Abschnitt.

7.2   Ausgangssituation für eine inhaltsübergreifende Kompetenzstufenmodellierung

In internationalen Vergleichsstudien zum Mathematikunterricht werden anhand von *Kompetenzstufen* Anforderungen definiert, die es ermöglichen sollen, vorhandene Test-leistungen inhaltsübergreifend vergleichbar zu interpretieren. Ein solches Vorgehen hat Tradition. So wurden bereits 1964 in der ersten Internationalen Mathematikstudie (FIMS) fünf Ausprägungen kognitiver Anforderungen – „cognitive behaviour level" (Niss et al. 2016, S. 616) – unterschieden:

> „(1) **Wissen und Information:** Erinnerung an Definitionen, Notation, Konzepte; (2) **Techniken und Fähigkeiten:** Lösungen; (3) **Übersetzung** von Daten in Symbole oder Schema oder umgekehrt; (4) **Verständnis:** Fähigkeit, Probleme zu analysieren, Folgerungen zuziehen; und (5) **Erfindungsreichtum:** kreatives Denken in der Mathematik" (vgl. Niss et al. 2016).

In weiteren Studien wurden mathematische Kompetenzaspekte weiter aus-differenziert. Eines der ersten solcher Projekte war das *Kompetencer og matematis-klæring (deutsch: Kompetenzen und Mathematik lernen, KOM)* auch als KOM-Projekt bekannt (vgl. Niss 2003). Unter der Leitung von Mogens Niss und Tomas Højgaard Jensen (Niss und Højgaard 2011) wurde dänischer Mathematikunterricht untersucht. Anhand verschiedener Fragen (vgl. Niss 2003, S. 4 f.) sollten Herausforderungen und Probleme identifiziert werden, um den Mathematikunterricht künftig modern(er) zu gestalten. Zu den Fragen, welche auch für eine Kompetenzstufenmodellierung von Bedeutung sein können, gehörten:

a) Inwieweit besteht Bedarf an Innovationen für die vorherrschenden Formen der mathe-matischen Bildung?
b) Welche mathematischen Kompetenzen müssen mit Lernenden in verschiedenen Pha-sen entwickelt werden?
c) Wie sichern wir Fortschritt und Kohärenz beim Lehren und Lernen von Mathematik?
d) Wie messen wir mathematische Kompetenz?
e) Was fordert und erwartet die Gesellschaft vom Mathematikunterricht?

Ein zentrales Ergebnis der Analyse war die visuelle Aufbereitung relevanter Erwartungen an mathematikbezogene Lernziele und -ergebnisse in Form von mathematischen Kompe-tenzen anhand einer sog. Kompetenzblume (vgl. Niss und Jensen 2002, S. 45). Dadurch sollte verdeutlicht werden, dass die jeweiligen Aspekte nicht trennscharf voneinander abzugrenzen sind. Entsprechend wurde im KOM-Projekt der Begriff der *mathematischen Kompetenz,* der als eine domänenspezifische Konkretisierung der Weinertschen Defini-tion (z. B. Weinert 2002) eingeordnet werden kann, wie folgt definiert:

> „A mathematical competency is insight-based readiness to act purposefully in situations that pose a particular kind of mathematical challenge." (Niss und Jensen 2002, S. 43 – zitiert nach Niss 2016, S. 26).

Jahre später wurden in den österreichischen Bildungsstandards für das Fach Mathematik die für die Schulmathematik relevanten und auch typischen Handlungsaspekte Operieren, Modellieren, Argumentieren und Interpretieren als Strukturierungsmerkmale festgelegt. Zwischen diesen gewählten Kategorien und den KOM-Kategorien gibt es enge Beziehungen:

- **Operieren:** Dazu gehören aus dem KOM-Projekt die Kompetenzen „Symbole und Formalismus-Kompetenz" sowie „Hilfsmittel- und Werkzeugkompetenz".
- **Modellieren:** Analog zum PISA-Modell (vgl. Turner et al. 2015) wird nicht die gesamte mathematische Modellierung eines außermathematischen Problems, sondern es werden jene Teile betrachtet, „that are about the direct interface between the context and its mathematical expression, hence to only the steps of transforming some features of the problem context into a mathematical form (…) or interpreting mathematical information in relation to the elements of the context it reflects." (Turner et al. 2015, S. 95, 96)
- **Argumentieren:** Dazu gehören aus dem KOM-Projekt die Kompetenzen „Denken und mathematisches Denken".
- **Interpretieren:** Zuverlässig Schlüsse ziehen bzw. valide Beurteilungen zu geben, sind eine zentrale mathematische Kompetenz. Im KOM-Projekt liegt das Interpretieren in den Kompetenzen „mathematisch Modellieren", „mathematische Repräsentation" und „Umgang mit mathematischen Symbolen und Formalismen" explizit vor. Das Ziehen von Schlüssen bzw. die valide Beurteilung ist aber insbesondere auch in der Kompetenz „Kommunikation" verortet. Niss (2003, S. 8) fordert, *„understanding others' written, visual or oral' texts, in a variety of linguistic registers, about matters having a mathematical content".*

Anhand dieser Beispiele zeigen sich Analogien zwischen den KOM-Kategorien und den österreichischen Bildungsstandards. Unterschiede ergeben sich indes dahin gehend, dass Problemlösen in den Bildungsstandards in Österreich nicht als separate Kompetenzdimension aufgefasst (so wie dies in anderen Ländern wie beispielsweise in Deutschland erfolgt), sondern als Gegenstand und Bestandteil höherer Niveaustufen in den Ausprägungen von Operieren, Modellieren und Argumentieren integriert wurde.

7.3 Zur Entwicklung des O-M-A Modells – theoretischer Hintergrund

Kompetenzstufenmodelle, welche auf Basis theoretischer und empirischer Erkenntnisse gewonnen werden, eignen sich insbesondere dazu, Aufgaben hinsichtlich der Schwierigkeit ihrer Bearbeitung zu unterscheiden. Um Schwierigkeiten differenziert zu identifizieren, bedarf es der empirischen Analyse möglicher und tatsächlicher Lösungswege (vgl. Siller et al. 2014). Aus diesem Grund wurde durch einen interaktiven mehr-schrittigen Prozess, der neben einem (notwendigen) Aufgabenrating insbesondere vertiefte Diskussionen von Kompetenzausprägungen und -entwicklungen umfasste, ein *Kompetenzstufenmodell* entwickelt. Dieses Modell soll einer Beschreibung von Kompetenzfacetten am Ende der Sekundarstufe II dienen und kommt als Orientierungs-hilfe für einen Vergleich der Aufgaben der kompetenzorientierten schriftlichen Reife-prüfung in Mathematik in Österreich zum Einsatz. Gleichzeitig bietet das Modell in Verbindung mit den ausgewiesenen inhaltsbezogenen Grundkompetenzen (vgl. BMBWF 2015) Orientierung für die Entwicklung von Prüfungsaufgaben. Das Besondere an die-sem *Kompetenzstufenmodell* ist der Hintergrund einer Zertifikatsvergabe – der sog. Matura – und das Fokussieren auf messbare erreichte Kompetenzausprägungen.

Wie in einer früheren Arbeit näher erläutert (Siller et al. 2014, S. 1136), haben wir unter Bezug auf Meyer (2007) vier Ausprägungen (Stufen) von drei inhaltlichen Kompetenz-bereichen identifiziert, wobei festzuhalten ist, dass Stufe 4 nicht für eine Testsituation anzuwenden ist, wohl aber (auch gemäß curricularer Vorgaben) für den Lernprozess:

- Stufe 1: Ausführen einer Handlung durch unreflektiertes Nachvollziehen
- Stufe 2: Ausführen einer Handlung nach Vorgabe
- Stufe 3: Ausführen einer Handlung nach Einsicht
- Stufe 4: Selbstständige Prozesssteuerung

Eine an der Eigenständigkeit der Handlungsausführung in Verbindung mit inhaltlicher Komplexität orientierte Stufung in vier Niveaus wurde auf drei Handlungsbereiche, nämlich *Operieren, Modellieren, Argumentieren* angewendet. Zwar ist in existieren-den Modellen (vgl. AECC 2007) der vierte Handlungsbereich – das Interpretieren – gesondert zu berücksichtigen. Nach mehreren Versuchen (vgl. Siller et al. 2013, 2014) zeigte sich jedoch, dass Interpretieren selten singulär auftritt, sondern sowohl für das Modellieren als auch das Argumentieren notwendig ist. Folglich wird dieser Handlungs-aspekt in unserem Modell nicht mehr explizit verwendet, sondern findet in integrierter Form Berücksichtigung in den Ausprägungsstufen Modellieren und Argumentieren.

Im Laufe der Kompetenzstufenentwicklung wurden im Abgleich mit den empirischen Daten folgende Änderungen vorgenommen:

- Differenziertere Identifikation bzw. Realisation eines Handlungsaspekts als Spezi-fizierung der Arbeit mit Prozeduren
  In einer ersten Version des O-M-A Modells 2013 (Siller et al. 2013) enthielt Level 1 die Verarbeitung einer gegebenen oder bekannten Regel. In den Bewertungen der Aufgaben wurde jedoch festgestellt, dass die Bearbeitung von Prozeduren oft nicht notwendig war, da Verfahren „nur" identifiziert werden mussten. Dies deckt sich mit Ergebnissen von Nitsch et al. (2014), die zeigen, dass Identifizieren und Realisieren theoretisch und empirisch unterscheidbare Tätigkeiten sind, die einer Kompetenzausprägung mit niedrigem Niveau zuzuordnen sind. Damit ist auch die erste, d. h. die grundlegende Kompetenzstufenbeschreibung des Handlungsaspekts Modellieren begründet, die in

Siller et al. (2015) erstmals als *„Identifizieren oder Realisieren eines Repräsentations-wechsels zwischen Kontext und mathematischer Situation und umgekehrt"* zu finden ist.

- Genauere Abgrenzung des Handlungsaspekts Modellieren versus Operieren und Argumentieren
Im O-M-A Modell von 2013 enthielt der Handlungsaspekt Operieren die Beschreibung *„konzeptionelles Wissen innerhalb einer Repräsentationsänderung zeigen"*. Dies galt auch für die Modellierung im O-M-A Modell 2015, wenn es sich um eine reale Situation handelte. Änderungen von Repräsentationen in innermathematischen Zusammen-hängen lassen sich jedoch konsistent unter dem Handlungsaspekt Argumentieren erfassen. Das Operieren wird damit von kontextualisierten Repräsentationswechseln weitgehend befreit, die Option der eigenständigen Verwendung von Repräsentations-wechseln als Heurismus bleibt aber für anspruchsvolles, problemlösendes Operieren erhalten. Als Folge dieser Überlegungen wurde das Anforderungselement „Verstehen, Zusammenfassen und Erklären von Kontexten" aus dem O-M-A Modell 2013 in der späteren Version von 2015 in die Modellierung verlagert.

Insgesamt können wir feststellen, dass das O-M-A Modell den Vorteil mit sich bringt, dass die gewählten Handlungsaspekte eine große Bandbreite der Prozesse des mathemati-schen Arbeitens abdecken. Gleichzeitig sind damit aber auch Schwierigkeiten verbunden, da eine simultane Erfassung von Modellierung(en) und die damit einhergehenden Schluss-folgerungen es kaum möglich machen, beispielsweise die beiden Handlungsaspekte Model-lieren und Argumentieren empirisch zu trennen. Zudem lassen sich in den schriftlichen Lösungen zu komplexen Aufgaben relevante Teilhandlungen mathematischen Modellierens nicht eindeutig rekonstruieren. Einzelne Kompetenzfacetten des mathematischen Model-lierens müssten in einer schriftlichen Prüfung in eindimensionalen und damit künstlichen Aufgabenstellungen isoliert adressiert werden. Damit würden sich jedoch wünschenswerte vernetzende Lernaufgaben mit unterschiedlichen Lösungswegen für den Unterricht und sol-che eindimensionalen Prüfungsaufgaben noch stärker voneinander unterscheiden (bzgl. der Aufgabenformate und der Komplexität der Anforderungen) als das jetzt schon der Fall ist. Eine solche Entwicklung birgt viele Risiken wie ein systematisches *„teaching to the test"* anhand solch eindimensionaler Prüfungsaufgaben im Unterricht, was dem angestrebten vielseitigen Kompetenzerwerb im Mathematikunterricht weitgehend widerspräche. Auch wenn eine empirische Prüfung des normativen O-M-A Modells in Gänze nicht möglich ist, versprechen wir uns eine Orientierungswirkung für Modellierungsanforderungen und Auf-gabenstellungen sowohl für Lern- als auch Prüfungssituationen.

7.4 Ein Kompetenzstufenmodell für mathematisches Modellieren am Ende der Sekundarstufe II

Analog zu PISA 2012 (vgl. Turner et al. 2015) ist im O-M-A Modell die Komplexität der erforderlichen Handlungsaspekte zur Einordnung der Aufgaben in Kompetenz-stufen das zentrale Unterscheidungsmerkmal. Im Unterschied zu Turner et al. (2015,

S. 93) wurde jedoch eine bewusste Entscheidung gegen „generische Ebenen" getroffen und stattdessen ein tätigkeitsorientierter Ansatz im Sinne von Lompscher (1985) – wie auch in Bruder und Brückner (1989) dargestellt – verfolgt. Die Kompetenzstufenbeschreibungen zum Operieren, Modellieren und Argumentieren wurden – analog zu Meyer (2007) – in vier Ausprägungen eigenständigen Handelns aufgrund unterschiedlicher Aneignungsqualitäten von Lerninhalten und damit inhaltsübergreifend umgesetzt, sodass sich die Kompetenzstufen hierarchisch qualitativ unterscheiden. Zu den nur schwer zu lösenden Problemen einer Kompetenzstufenmodellierung über eine gesamte Abschlussprüfung gehört die Frage nach einer Berücksichtigung von unterschiedlichen Handlungsgegenständen mit ihrem jeweiligen Bekanntheitsgrad und der individuellen Aneignungsqualität, die neben der Art des Handlungsaspekts schwierigkeitsrelevant sind. Auf der Individualebene, aus Sicht der Schülerinnen und Schüler, besteht die tätigkeitstheoretisch begründete Vorstellung darin, dass die Lernenden bei der Wahrnehmung einer Anforderung (Prüfungsaufgabe) eine situationsgebundene Orientierungsgrundlage ausbilden. Dies kann je nach individuellem Vorwissen (Aneignungsqualität mathematischer Inhalte) und lernstrategischer Erfahrung sowie beeinflusst durch motivationale Faktoren auf dem Niveau einer *Probierorientierung* ohne definierten Handlungsplan, einer *Orientierung an verfügbaren Mustern* bzw. Beispielen mit einem noch wenig transferfähigen Handlungsplan oder auf dem Niveau einer *Feldorientierung* erfolgen (vgl. auch Richter und Bruder 2016). Dementsprechend erweist sich dann die Aufgabenbearbeitung als qualitativ unterschiedlich im Vorgehen. Die Ergebnisse im Detail hängen im Weiteren von der Aneignungsqualität (Exaktheit, Allgemeinheit) der verfügbaren bzw. eingesetzten mathematischen Inhalte ab (vgl. Feldt-Caesar 2017).

Bei einer Klassenarbeit (Schularbeit) kann die Lehrkraft aufgrund der Kenntnis des Unterrichtsverlaufs relativ gut einschätzen, wie groß die Chancen sind, dass die Lernenden mehrheitlich in der Lage sein werden, zu den gestellten Aufgaben zumindest eine Musterorientierung auszubilden. Aufgabenentwicklerinnen und Aufgabenentwickler für eine zentrale Prüfung haben dieses lerngruppenspezifische Wissen nicht. Sie können sich neben den eigenen Unterrichtserfahrungen und der Kenntnis von Unterrichtstraditionen nur an den verfügbaren Lehr- und Lernmitteln orientieren, um den mittleren Bekanntheitsgrad einer Aufgabe für eine gesamte Jahrgangskohorte zu antizipieren. Damit besitzt der *Bekanntheitsgrad* einer Aufgabe einen hohen Einfluss auf die erzielten Prüfungsergebnisse und ist gleichzeitig ein großer Unsicherheitsfaktor für eine objektivierte Analyse der Aufgabenschwierigkeit (vgl. dazu das vierparametrische Modell zur Analyse objektiver Anforderungsstrukturen von Aufgaben nach Bruder 1981).

Im Folgenden konzentrieren wir uns auf die Kompetenzstufenbeschreibung (vgl. Tab. 7.1) für den Handlungsaspekt Modellieren. Das vollständige Kompetenzstufenmodell für alle drei Handlungsaspekte findet sich in Siller et al. (2015, S. 2718).

Im Zentrum des Ansatzes zum mathematischen Modellieren für die schriftliche Reifeprüfung in Österreich stehen Übersetzungsprozesse von einem (realitätsbezogenen) Kontext in die Sprache der Mathematik sowie Fragen der Passung eines mathematischen Modells zu einer gegebenen Situation. Eine Niveaustufung ergibt sich aus der Bekanntheit der relevanten mathematischen Modelle und möglichen Einsatzszenarien

Tab. 7.1 Kompetenzstufenausprägungen zum mathematischen Modellieren im O-M-A Kompetenzstufenmodell

Stufe 1	• Identifizieren eines Darstellungswechsels zwischen Kontext und mathematischer Repräsentation und umgekehrt • Realisieren eines Darstellungswechsels zwischen Kontext und mathematischer Repräsentation und umgekehrt
Stufe 2	• Verwendung vertrauter und direkt erkennbarer Standardmodelle unter der Berücksichtigung (dem Setzen) von Rahmenbedingungen • Erkennen unter welchen Voraussetzungen die erzielten Ergebnisse unter Einsatz des mathematischen Standardmodells zur Situation passen • Deuten der math. Resultate im gegebenen Kontext • (deskriptive) Beschreibung der vorgegebenen Situation durch mathematische Standardmodelle
Stufe 3	• Anwenden von Standardmodellen auf neuartige Situationen • Finden einer Passung zwischen geeignetem mathematischem Modell und realer Situation
Stufe 4	• Komplexe Modellierung einer vorgegebenen Situation • Reflexion der Lösungsvarianten bzw. der Modellwahl und Beurteilung der Exaktheit bzw. Angemessenheit zugrunde gelegter Lösungsverfahren

sowie deren Komplexität im schulischen Kontext. Mit Standardmodellen (Stufe 2 und 3) sind beispielsweise grundlegende mathematische Inhalte wie lineare und quadratische Zusammenhänge gemeint sowie exponentielles Wachstum oder auch lineare Gleichungen und Gleichungssysteme, die im Mathematikunterricht in unterschiedlichen Zusammenhängen vorkommen und geübt werden (sollen). Mit dieser Einschränkung wird der schriftlichen Prüfungssituation Rechnung getragen, die einem vollständigen Durchlaufen aller Phasen einer mathematischen Modellierung im Rahmen einer Aufgabenstellung entgegensteht.

Während das Übersetzen von einem realitätsbezogenen Kontext in die Sprache der Mathematik und die Fragen einer wechselseitigen Passung zwischen mathematischem Modell und Realitäts-Kontext (also einschließlich Deuten von erzielten mathematischen Resultaten im Realitäts-Kontext) im Bereich des Handlungsaspekts Modellieren verortet werden, sind Anforderungen des Arbeitens im mathematischen Modell im Handlungsaspekt Operieren abgebildet und Darstellungswechsel im innermathematischen Kontext beim Argumentieren. Beispielaufgaben zur Erläuterung der Kompetenzstufen mit den dazu verfügbaren empirischen Daten werden im Abschn. 7.6 vorgestellt.

7.5 Datengrundlage und Modalitäten der standardisierten Reifeprüfung in Österreich

Das theoretisch erstellte Kompetenzstufenmodell bedarf einer empirischen Prüfung. Entsprechende Analysen wurden mit Daten aus dem Schuljahr 2016/2017 (Haupttermin) der standardisierten schriftlichen Reifeprüfung (SRP) und den Daten aus den Hauptterminen der Schuljahre 2014/2015, 2015/2016 und 2017/2018 durchgeführt. Prüfungsgrundlage ist das Konzept zur standardisierten kompetenzorientierten schriftlichen Reifeprüfung für Allgemeinbildende Höhere Schulen. Auf Grundlage der Konzeption wurden Prüfungsaufgaben in Form von sogenannten Typ-1- und Typ-2-Aufgaben (vgl. BMBWF 2015, S. 23) erstellt. Sie variieren wie folgt sowohl in Bezug auf inhaltlich-strukturelle Merkmale als auch hinsichtlich der mit den Aufgaben einhergehenden Anforderungen:

> Typ-1-Aufgaben … sind „Aufgaben, die auf die im Konzept zur schriftlichen Reifeprüfung angeführten Grundkompetenzen fokussieren. Bei diesen Aufgaben sind kompetenzorientiert (Grund-)Wissen und (Grund-)Fertigkeiten ohne darüber hinaus gehende Eigenständigkeit nachzuweisen" (BMBWF 2015, S. 23).
> Typ-2-Aufgaben … sind „Aufgaben zur Anwendung und Vernetzung der Grundkompetenzen in definierten Kontexten und Anwendungsbereichen. Dabei handelt es sich um umfangreichere kontextbezogene oder auch innermathematische Aufgabenstellungen, im Rahmen derer unterschiedliche Fragestellungen bearbeitet werden müssen und bei deren Lösung operativen Fertigkeiten gegebenenfalls größere Bedeutung zukommt. Eine selbstständige Anwendung von Wissen und Fertigkeiten ist erforderlich" (BMBWF 2015, S. 23).

Den Typ-1-Aufgaben kommt im Rahmen der schriftlichen Prüfung eine wesentliche Rolle zu, da damit Grundwissen und Grundfertigkeiten überprüft werden, ohne „darüber hinaus gehende Eigenständigkeit nachzuweisen" (BMBWF 2015, S. 23). Werden Grundwissen als auch Grundfertigkeiten in ausreichender Weise nachgewiesen, kann die Note Genügend gerechtfertigt werden. Die Typ-2-Aufgaben sind für die Vergabe der Noten Befriedigend, Gut und Sehr gut relevant. Allerdings enthalten auch die Typ-2-Teilaufgaben extra ausgewiesene Komponenten (sogenannte Ausgleichspunkte), die für die Beherrschung der wesentlichen Bereiche, also auch für die Note Genügend relevant sind (Konzeptstand 2018). Die Beurteilung erfolgte nach einem vorgegebenen Punkteschlüssel. Die Bewertung der einzelnen Handlungsanweisungen erfolgt dichotom.

Sämtliche Daten wurden zentral im Anschluss an den Haupttermin der jeweiligen Schuljahre erhoben. Via „Hilfsskalen" wurden alle vergebenen Punkte auf Itemebene (0–1 bei Typ 1-Aufgaben und 0–1–2 bei Typ 2-Aufgaben) erfasst. Zudem mussten Geschlecht, Schulform, Klassenzuordnung und Bundesland angegeben werden. Im Schuljahr 2016/2017 standen die Daten von insgesamt $N = 17.061$ Schülerinnen und Schülern ($w = 10.555$; $m = 6906$) für die Analysen zur Verfügung. Die nachfolgend beschriebenen Analysen wurden sowohl für das Schuljahr 2016/2017, als auch für die Schuljahre 2015/2016 ($N = 16.002$; $w = 9509$; $m = 6493$), 2014/2015 ($N = 17.490$; $w = 10.240$; $m = 7250$) und 2017/2018 ($N = 16.521$, $w = 9734$; $m = 6787$) durchgeführt.

Alle Aufgaben wurden von der Entwicklergruppe des O-M-A Kompetenzstufenmodells ($=$Autorenteam) bzw. für den Haupttermin 2017/2018 von einer Gruppe von Expertinnen und Experten vor Durchführung der Prüfung (um eine Beeinflussung durch die empirische Schwierigkeit zu vermeiden) geratet. Diese Ratings der Aufgaben bilden die Grundlage der Handlungsdimensionszuordnung für die Modellierungsaufgaben und für die Stufenzuordnung. Für die Aufgaben im ersten Teil der Prüfung soll diese Zuordnung zu einem Handlungsaspekt jeweils eindeutig sein, während die Aufgaben im zweiten Teil der Prüfung meist zwei zugeordnete Handlungsaspekte benötigen. Aufgrund der Komplexität der Aufgabenstellung können vereinzelt Kombinationen im *Operieren-Modellieren* auftreten (vgl. Beispiel 1).

Beispiel 1 aus Haupttermin Schuljahr 2017/2018 – Aufgabenheft Teil 2, Aufgabe 4a, Fragestellung 2

Bitcoin

[...]

Aufgabenstellung

Es sei K_1 der Bitcoin-Euro-Kurs zum Beginn des betreffenden Monats, K_2 der Bitcoin-Euro-Kurs am Ende des betreffenden Monats sowie AT die Anzahl der Tage des betreffenden Monats.

Berechnen Sie den ungefähren Wert des Ausdrucks $\frac{K_2 - K_1}{AT}$ und interpretieren Sie das Ergebnis im gegebenen Kontext.

Aus diesem Beispiel wird ersichtlich, dass zur erfolgreichen Bearbeitung verschiedene Kompetenzfacetten des Operierens und Modellierens notwendig sind. Es zeigt zudem, wie die Handlungsdimension „Interpretieren" integriert wird und in diesem Fall Textverständnis eine große Rolle spielt.

Für die Auswertung wurde der Datensatz des Haupttermins 2017/2018 per Zufall in zwei gleichgroße Datensätze, einen Kalibrierungs- und einen Validierungsdatensatz, geteilt. Ziel dieser Teilung war eine Validierung des Modells ohne erneute Datenerhebung. Alle nachfolgenden Analysen beziehen sich auf den Kalibrierungsdatensatz.

Im Rahmen einer konfirmatorischen Faktorenanalyse wurde untersucht, ob sich die oben dargestellte theoretische Struktur empirisch abbilden lässt. Da es sich um kategoriale Daten handelt, wurde die *weighted least squares means and variance adjusted* Schätzmethode (WLSMV) verwendet. Alle Analysen wurden mit R (R Core Team 2018) und dem Paket lavaan (Rosseel 2012) durchgeführt.

Auf der globalen Ebene der Zuordnung der Handlungsdimensionen und Komplexitätsstufen war das Modell nicht schätzbar. Eine genauere Analyse konnte die Ergebnisse der vorherigen Schuljahre dahin gehend bestätigen, dass die beschriebenen Handlungsdimensionen sehr hoch miteinander korrelieren und somit empirisch nicht klar trennbar sind. Die Prüfungsaufgaben wurden allerdings bislang auch nicht entwickelt, um das O-M-A Modell zu testen. Im Gegenteil – das O-M-A Modell und die ersten Prüfungsdurchgänge waren sogar gesondert entwickelt worden (siehe oben die Argumentationen zur Relevanz einer psychometrisch weniger gut abbildbaren Vernetzung von Handlungsaspekten für Unterricht und Prüfung im Abschn. 7.4).

Erste aussagekräftige Ergebnisse wurden durch eine Analyse ausschließlich von Aufgaben im ersten Teil der Prüfung aus den Inhaltsbereichen Algebra und Analysis mittels der Daten des Haupttermins 2015 erzielt. Die beiden Faktoren des explorativen Modells enthielten im Rahmen dieser Analyse hauptsächlich Aufgaben zum „Modellieren" und „Operieren". Somit scheinen für diese vorliegende Kohorte die Handlungsaspekte

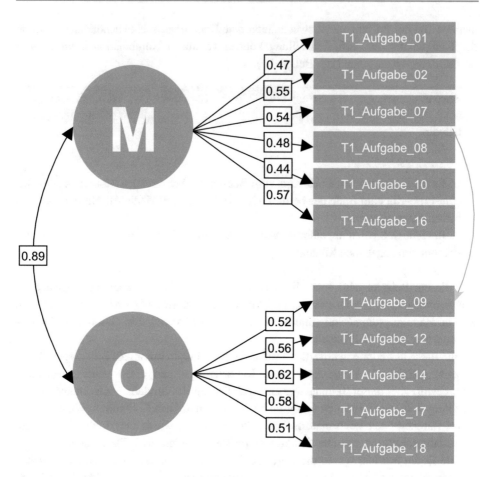

Abb. 7.1 Exploratives faktoranalytisches Modell

Operieren und Modellieren im O-M-A Modell – mit einer Korrelation von $r = 0{,}89$ (vgl. Abb. 7.1) – empirisch unterscheidbar zu sein (CFI$=0{,}989$; RMSEA$=0{,}014$ [90 % CI$=0{,}012$, $0{,}016$]).

Unser Forschungsinteresse bei der Auswertung der empirischen Daten aus den Prüfungen galt nun der Frage, inwieweit sich die postulierten Kompetenzstufen für das mathematische Modellieren empirisch abgrenzen lassen. Mit heutigem Stand können wir festhalten, dass in allen dokumentierten Hauptterminen ein Erfüllungsunterschied im Mittel zwischen Modellieren Stufe 1 (M1) und Modellieren Stufe 2 (M2) zu identifizieren ist (vgl. Tab. 7.2).

Die Datenbasis in Tab. 2 sind die Modellierungsaufgaben in den jeweiligen Prüfungsheften. Diese sind auf Basis der vorliegenden Ratings in Tab. 7.3 dargestellt. Die Konzentration auf die beiden ersten Stufen ist dabei der Prüfungssituation geschuldet, Prüfungsaufgaben der Stufe 3 und 4 waren im untersuchten Datenmaterial nicht vertreten.

Tab. 7.2 Deskriptive Auswertung zur durchschnittlichen Lösungshäufigkeit der M1- bzw. M2-Aufgaben (gerundet auf 3 Nachkommastellen) je Haupttermin (HT)

HT 2015	Mean	SD	HT 2016	Mean	SD
M1	0,681	0,170	M1	0,527	0,216
M2	0,397	0,211	M2	0,420	0,205
HT 2017	**Mean**	**SD**	**HT 2018**	**Mean**	**SD**
M1	0,685	0,174	M1	0,616	0,274
M2	0,487	0,168	M2	0,518	0,162

Tab. 7.3 Anzahl und Prozentsatz der Aufgaben im Handlungsbereich Modellieren je Haupttermin (HT)

	HT2015	HT2016	HT2017	HT2018
M1	9	5	17	10
M2	7	10	3	2
O und A	66,67 %	68,75 %	58,33 %	75,00 %
M1 und M2	33,33 %	31,25 %	41,67 %	25,00 %

Wir mussten feststellen, dass nicht immer eindeutig zu erklären ist, warum bestimmte Aufgaben (ob auf Stufe 1 oder Stufe 2) größere oder geringere Lösungsquoten erzielen. Ein möglicher Lösungsquoten bestimmender Faktor ist der Beurteilungsspielraum, den die Korrekturanleitung trotz möglichst großer Präzisierung zulässt. So kann es vorkommen, dass die beurteilenden Lehrkräfte manche offenen Aufgabenstellungen zugunsten der Schülerinnen und Schüler beurteilen. Begründet wird dies durch die überwiegende Erfüllung der Grundkompetenz, die eine Punktevergabe erlaubt. Es muss daher eine Aufgabe, die auf M2 und daher ein höheres Anspruchsniveau gestuft ist, nicht unbedingt eine niedrigere Lösungsquote aufweisen. Wir planen daher, in Posttestanalysen der Punktevergabe nachzugehen.

7.6 Exemplarische Aufgabenstellungen und Lösungshäufigkeiten zum mathematischen Modellieren

An ausgewählten Aufgaben aus den Prüfungsterminen der schriftlichen Reifeprüfung in Österreich sowie mithilfe von Aufgaben, welche im Unterricht eingesetzt werden bzw. dafür entwickelt wurden, soll das O-M-A Kompetenzstufenmodell zum mathematischen Modellieren interpretiert werden. Für Stufe 1 und Stufe 2 greifen wir auf publizierte Aufgaben der österreichischen Matura (www.matura.gv.at – Mathematik/frühere Prüfungsaufgaben) zurück. Die Aufgabe Kredit (vgl. Beispiel 2) stammt aus dem Haupttermin 2015, die Aufgabe Chemische Kettenreaktion (vgl. Beispiel 3) aus dem Haupttermin des Schulversuchs 2014.

In Stufe M1 kommt es noch zu keiner aktiven Modellierungstätigkeit. Es geht, wie hier in der Beispielaufgabe, eher um das Interpretieren gegebener Modellierungen.

Dies wird bereits durch die aus dem Konzept (vgl. BMBWF 2015, S. 14) beabsichtigte Kompetenzbeschreibung deutlich: *„Das systemdynamische Verhalten von Größen durch Differenzengleichungen beschreiben bzw. diese im Kontext deuten."* Entsprechend der Aufgabenstellung wird bei der Bearbeitung der Aufgabe das *„Realisieren eines Darstellungswechsels zwischen Kontext und mathematischer Repräsentation"* notwendig (vgl. O-M-A Modell, Stufe 1). Dass die Lösungsquote (57,96 %) hier doch vergleichsweise niedrig ausgefallen ist, hat vermutlich auch mit dem (zu diesem Zeitpunkt noch ungewohnten) Kontext zu tun. Zwar ist das Thema curricular verankert, aber erst durch die Vorgabe, auch systemdynamische Überlegungen in Prüfungen einzubringen, wurde allmählich ein Bewusstsein geschaffen. Dem hier notwendigen, verständigen Anwenden mathematischer Begriffe, Zusammenhänge und Verfahren von grundlegender Bedeutung wurde vermutlich die erforderliche Aufmerksamkeit im Unterricht noch nicht gewidmet. Dies zeigt sich auch in der Auswertung der weiteren Haupttermine: Aufgaben zu dieser Grundkompetenz weisen nahezu immer eine eher niedrigere Lösungsquote auf.

Beispiel 2 aus Haupttermin Schuljahr 2014/2015 – Aufgabenheft Teil 1, Aufgabe 15

Kredit

Ein langfristiger Kredit soll mit folgenden Bedingungen getilgt werden: Der offene Betrag wird am Ende eines jeden Jahres mit 5 % verzinst, danach wird jeweils eine Jahresrate von € 20.000 zurückgezahlt

Aufgabenstellung

y_2 stellt die Restschuld nach Bezahlung der zweiten Rate zwei Jahre nach Kreditaufnahme dar, y_3 die Restschuld nach Bezahlung der dritten Rate ein Jahr später.

Stellen Sie y_3 in Abhängigkeit von y_2 dar!

$$y_3 = \underline{\hspace{5cm}}$$

Item 3b der gekürzt dargestellten Typ-2-Aufgabe „Chemische Reaktionsgeschwindigkeit" aus dem Schulversuch AHS 2014 macht den Übergang von M1 auf M2 deutlich. Die erste Teilfrage (Bedeutung der Konstanten und Argumentation anhand des Graphen) entspricht Stufe M1, denn es ist eine Deutung in einem chemischen Kontext gefordert. Deutlich wird, dass Lernende mit eher ungewohnten Kontexten gut umgehen können, da die Lösungsquote im Vergleich zur ersten Aufgabe deutlich erhöht ist (73 %). Die zweite Teilfrage (Herleitung einer Formel) entspricht der Stufe M2, beinhaltet auch operative Anteile und wurde zu 43 % gelöst.

Beispiel 3 aus Haupttermin Schuljahr 2013/2014 – Aufgabenheft Teil 2, Aufgabe 3b

Chemische Reaktionsgeschwindigkeit

Die Reaktionsgleichung $A \rightarrow B + D$ beschreibt, dass ein Ausgangsstoff zu den Endstoffen B und D reagiert, wobei aus einem Molekül des Stoffes A jeweils ein Molekül der Stoffe B und D gebildet wird.

Die Konzentration eines chemischen Stoffes in einer Lösung wird in Mol pro Liter (mol/L) angegeben. Die Geschwindigkeit einer chemischen Reaktion ist als Konzentrationsänderung eines Stoffes pro Zeiteinheit definiert.

Die untenstehende Abbildung zeigt den Konzentrationsverlauf der Stoffe A und B bei der gegebenen chemischen Reaktion in Abhängigkeit von der Zeit t.

$c_A(t)$ beschreibt die Konzentration des Stoffes A, $c_B(t)$ die Konzentration des Stoffes B. Die Zeit t wird in Minuten angegeben.

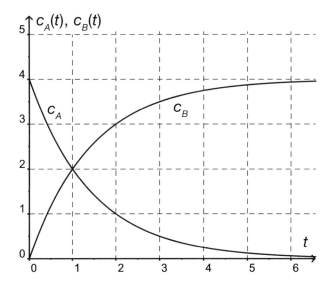

Aufgabenstellung

b) Bei der Reaktion kann die Konzentration $c_a(t)$ des Stoffes A in Abhängigkeit von der Zeit t durch eine Funktion mit der Gleichung $c_a(t) = c_0 \cdot e^{kt}$ beschrieben werden.

Geben Sie die Bedeutung der Konstanten c_a an und argumentieren Sie anhand des Verlaufs des Graphen von c_a, ob der Parameter k positiv oder negativ ist!

Leiten Sie eine Formel für jene Zeit T her, nach der sich die Konzentration von A halbiert hat! Geben Sie auch den entsprechenden Ansatz an!

Interessant ist, dass es auch Aufgaben gibt, die – obwohl auf Stufe M2 geratet – eine relativ hohe Lösungsquote aufweisen. Ein Beispiel dafür ist die Aufgabe „Ausbreitung eines Ölteppichs" (vgl. Beispiel 4) aus dem Haupttermin 2016 (Teil 1).

Beispiel 4 aus Haupttermin Schuljahr 2015/2016 – Aufgabenheft Teil 1, Aufgabe 11
Ausbreitung eines Ölteppichs

Der Flächeninhalt eines Ölteppichs beträgt momentan $1,5\,\mathrm{km}^2$ und wächst täglich um 5%.

Aufgabenstellung

Geben Sie an, nach wie vielen Tagen der Ölteppich erstmals größer als $2\,\text{km}^2$ ist!

Für Stufe M3 (vgl. Beispiel 5) steht eine Aufgabe aus den CAliMERO-Materialien SII von Bruder und Weiskirch (2013) zur Verfügung.

Beispiel 5 aus Bruder und Weiskirch (2013, S. 13)

In einer Hafenanlage sollen im Rahmen von Ausbauarbeiten zwei Gleisanschlüsse miteinander verbunden werden. Die Situation ist in der Grafik dargestellt:

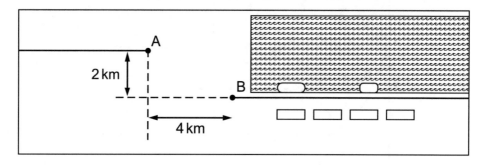

Untersuchen Sie unterschiedliche Lösungen des Problems.

Die Aufgabe kann beispielsweise mit einer inversen Kurvendiskussion gelöst werden. Damit die Bahn ruckfrei fährt, sollte auch die zweite Ableitung berücksichtigt werden. Bei A sind also eine gesuchte Funktion f und ihre ersten beiden Ableitungen Null. Bei B ist der Funktionswert -2, die ersten beiden Ableitungen sind Null. Es gibt sechs Bedingungen – damit bietet sich ein Polynom fünften Grades an. Aufgrund des bei der Aufgabe beabsichtigten CAS-Einsatzes ist die Aufgabe von Schülerinnen und Schülern lösbar, sonst wäre der Rechenaufwand zu hoch.

Solche Aufgaben sind sehr gut geeignet, Potenziale in Richtung einer *Feldorientierung* bei den Lernenden zu entwickeln, die sie dann wiederum in die Lage versetzen, ähnliche und auch weniger komplexe Fragestellungen in Testsituationen besser zu bewältigen. Allerdings wird das unreflektierte Lösen selbst einer größeren Anzahl von Testaufgaben auf Niveau 2 nicht automatisch zu einer *Feldorientierung* führen und kann bei einem ungewohnten Kontext mit Misserfolgen einhergehen.

Stufe M4 ist für Testsituationen aufgrund des Zeitaufwandes und der Offenheit (Annahmen- und Lösungswegevielfalt) wenig geeignet, wohl aber als Lernaufgabe für den Unterricht. Eine mögliche Aufgabenstellung wäre beispielsweise die Modellierung eines Bierschaumzerfalls mit verschiedenen Funktionsansätzen (vgl. www.madaba.de). Für solche eher projektartigen Aufgaben gilt, wie bereits auf dem Niveau 3, dass ein großes Potenzial für den Erwerb breiter Handlungskompetenz besteht. Allerdings muss dieses Potenzial durch eine entsprechende Reflexion und die Erkenntnissicherung, was an diesem Beispiel „über" das Modellieren gelernt wurde, zunächst angebahnt werden (vgl. dazu auch die Schüler- und Lehrermaterialien zum Projekt LEMAMOP – Modellieren, Bruder et al. 2017).

Die Prüfungsaufgaben auf den Stufen 1 und 2 unterscheiden sich von den Lernaufgaben durch den Grad ihrer Offenheit bezüglich der möglichen Annahmen für eine Mathematisierung und den möglichen mathematischen Modellen zur Lösung. Prüfungsaufgaben müssen den Erwartungshorizont bezüglich Teilschritten aus Fairnessgründen letztlich klarer vorgeben.

7.7 Diskussion und Fazit

Das vierstufige *Kompetenzstufenmodell* zum mathematischen Modellieren kann Lern- und Prüfungsaufgaben unterscheiden und eignet sich, wenn auch sehr grobmaschig, zur Orientierung für die Analyse und Erstellung von Prüfungsaufgaben. Die Beispiele zeigen relevante Möglichkeiten in der inhaltsunabhängigen Progression von Modellierungsanforderungen, was als ein grundsätzlicher Mehrwert des vorliegenden Modells interpretiert werden kann. Es kann als ein auf Mindestanforderungen basierender Rahmen für den Erwerb prozessbezogener Modellierungskompetenzen in der Schulzeit bis zum Erwerb der Hochschulreife betrachtet werden.

Durch die Reifeprüfung in Österreich werden alle Schülerinnen und Schüler im Fach Mathematik getestet. Aus unseren Analysen wurde deutlich, dass die Berücksichtigung von Modellierungskompetenzfacetten (lt. O-M-A Modell) in den jeweiligen Hauptterminen bislang (fast) nur auf Stufe 1 und bestenfalls Stufe 2 zu finden sind. Dieses Ergebnis ist vergleichbar mit Ergebnissen von Turner et al. (2015) im internationalen Rahmen und mit Ergebnissen aus der Schweizer HarmoS-Testung 2009 (Linneweber-Lammerskitten et al. 2009).

Aufgrund der vorliegenden Ergebnisse lässt sich nicht schließen, ob dies auch bedeutet, dass Modellieren im Unterricht nur eine marginale Rolle einnimmt. In weiteren Studien sollte daher der Frage der Übereinstimmung von Prüfungs- und Lernsituation nachgegangen werden. Dies wäre insbesondere vor dem Hintergrund einer Diskussion um „Teaching to the Test" besonders interessant.

Literatur

AECC. (2007). *Standards für die mathematischen Fähigkeiten österreichischer Schülerinnen und Schüler am Ende der 8. Schulstufe – Version 4/07*. Österreichisches Kompetenzzentrum für Mathematikdidaktik (Hrsg.). Klagenfurt: Institut für Didaktik der Mathematik. https://www. aau.at/didaktik-der-mathematik/publikationen/bildungsstandards-zentralmatura/materialien-berichte. Zugegriffen: 14. Okt. 2019.

BMBWF. (Hrsg.). (2015). Die standardisierte schriftliche Reifeprüfung Mathematik. https://www.matura.gv.at/fileadmin/user_upload/downloads/Begleitmaterial/MA/srp_ma_grundkonzept_2019-09-03.pdf. Zugegriffen: 14. Okt. 2019.

Bruder, R. (1981). Zur quantitativen Bestimmung und zum Vergleich objektiver Anforderungsstrukturen von Bestimmungsaufgaben im Mathematikunterricht. *Wissenschaftliche Zeitschrift der PH Potsdam, 25*(1), 173–178.

Bruder, R., & Brückner, A. (1989). Zur Beschreibung von Schülertätigkeiten im Mathematikunterricht – Ein allgemeiner Ansatz. *Pädagogische Forschung, 30*(6), 72–82.

Bruder, R., & Weiskirch, W. (2013). *CAliMERO SII – Computer-Algebra im Mathematikunterricht: Entdecken, Rechnen, Organisieren: Analysis: Schülermaterialien.* Braunschweig: Schroedel.

Bruder, R., Grave, B., Krüger, U.-H., & Meyer, D. (2017). *LEMAMOP – Lerngelegenheiten für Mathematisches Argumentieren, Modellieren und Problemlösen. Schülermaterialien, Lehrermaterialien und Lösungen: Modellieren.* Braunschweig: Westermann.

Feldt-Caesar, N. (2017). *Konzeptualisierung und Diagnose von mathematischem Grundwissen und Grundkönnen. Eine theoretische Betrachtung und exemplarische Konkretisierung am Ende der Sekundarstufe II.* Wiesbaden: Springer.

Fischer, R. (2001). Höhere Allgemeinbildung. In A. Fischer, A. Fischer-Buck, K. H. Schäfer, D. Zöllner, R. Aulcke, F. Fischer (Hrsg.), *Situation – Ursprung der Bildung.* Franz-Fischer-Jahrbuch der Philosophie und Pädagogik 6 (S. 151–161). Leipzig: Universitätsverlag.

Linneweber-Lammerskitten, H., Wälti, B., & Moser Opitz E. (2009). HarmoS Mathematik – Wissenschaftlicher Kurzbericht und Kompetenzmodell. https://www.edudoc.ch/static/web/arbeiten/harmos/math_kurzbericht_2009_d.pdf. Zugegriffen: 14. Okt. 2019.

Lompscher, J. (1985). *Persönlichkeitsentwicklung in der Lerntätigkeit.* Berlin: Volk und Wissen.

Meyer, H. (2007). *Leitfaden Unterrichtsvorbereitung.* Berlin: Cornelsen Scriptor.

Niss, M. (2003). Mathematical competencies and the learning of mathematics: The Danish KOM project. In A. Gagatsis & S. Papastavridis (Hrsg.), *Third Mediterranean conference on mathematics education* (S. 115–124). Athen: Hellenic Mathematical Society.

Niss, M. (2016). The 18th SEFI mathematics working group seminar on mathematics in engineering education. In B. Alpers, U. Dinger, T. Gustafsson, & D. Velichová (Hrsg.), *The 18th SEFI mathematics working group seminar on mathematics in engineering education* (S. 24–30). Gothenborg: Department of Mathematical Sciences.

Niss, M., Bruder, R., Planas, N., Turner, R., & Villa-Ochoa, J. A. (2016). Survey team on: Conceptualisation of the role of competencies, knowing and knowledge in mathematics education research. *ZDM Mathematics Education, 48*(5), 611–632.

Niss, M., & Højgaard, T. (Hrsg.). (2011). Competencies and mathematical learning – ideas and inspiration for the development of mathematical teaching and learning in Denmark (English Edition). IMFUFA tekst nr. 485/2011. Roskilde: Roskilde University. https://pure.au.dk/portal/files/41669781/thj11_mn_kom_in_english.pdf. Zugegriffen: 14. Okt. 2019.

Niss, M., & Jensen, T. H. (Hrsg.). (2002). Kompetencer og matematiklæring – Ideer og inspiration til udvikling af matematikundervisningen i Danmark. Uddannelsesstyrelsens temahæfteserie nr. 18. Copenhagen: The Ministry of Education. http://static.uvm.dk/Publikationer/2002/kom/hel.pdf. Zugegriffen: 14. Okt. 2019.

Nitsch, R., Fredebohm, A., Bruder, R., Kelava, T., Naccarella, D., Leuders, T., & Wirtz, M. (2014). Students' competencies in working with functions in secondary mathematics education – Empirical examination of a competence structure model. *International Journal of Science and Mathematics Education. International Journal of Science and Mathematics Education, 13*(3), 657–682.

R Core Team. (2018). R: A language and environment for statistical computing. R Foundation for statistical computing. https://www.R-project.org. Zugegriffen: 14. Okt. 2019.

Richter, K., & Bruder, R. (2016). Das Tätigkeitskonzept als Analyseinstrument für technologie-gestützte Lernprozesse im Fach Mathematik. In G. Heintz, G. Pinkernell, & F. Schacht (Hrsg.), *Digitale Werkzeuge für den Mathematikunterricht. Festschrift für Hans-Jürgen Elschenbroich* (S. 186–212). Neuss: Seeberger.

Rosseel, Y. (2012). lavaan: An R package for structural equation modeling. *Journal of Statistical Software*, 48(2), 1–36. https://www.jstatsoft.org/article/view/v048i02. Zugegriffen: 14. Okt. 2019.

Siller, H.-S., Bruder, R., Hascher, T., Linnemann, T., Steinfeld, J., & Schodl, M. (2013). Stufen-modellierung mathematischer Kompetenz am Ende der Sekundarstufe II. In M. Ludwig & M. Kleine (Hrsg.), *Beiträge zum Mathematikunterricht 2013* (S. 950–953). Münster: WTM.

Siller, H. S., Bruder, R., Hascher, T., Linnemann, T., Steinfeld, J., & Sattlberger, E. (2014). Stu-fung mathematischer Kompetenzen am Ende der Sekundarstufe II – eine Konkretisierung. In J. Roth & J. Ames (Hrsg.), *Beiträge zum Mathematikunterricht 2014* (S. 1135–1138). Münster: WTM.

Siller, H. S., Bruder, R., Hascher, T., Linnemann, T., Steinfeld, J., & Sattlberger, E. (2015). Com-petency level modelling for school leaving examination. *CERME 9-Ninth Congress of the European Society for Research in Mathematics Education* (S. 2716–2723). Prag: Fakultät für Bildung.

Turner, R., Blum, W., & Niss, M. (2015). Using competencies to explain mathematical item diffi-culty: A work in progress. In K. Stacey & R. Turner (Hrsg.), *Assessing mathematical literacy* (S. 85–116). Cham: Springer.

Weinert, F. E. (2002). Vergleichende Leistungsmessung in Schulen – eine umstrittene Selbstver-ständlichkeit. In F. E. Weinert (Hrsg.), *Leistungsmessungen in der Schule* (S. 17–32). Wein-heim: Beltz.

Vorschlag für eine Abiturprüfungsaufgabe mit authentischem und relevantem Realitätsbezug

8

Maike Sube, Thomas Camminady, Martin Frank
und Christina Roeckerath

Zusammenfassung

Die Frage „Wozu brauche ich das?" ist Lehrkräften von ihren Schülerinnen und Schülern bekannt. Einen authentischen und relevanten Realitätsbezug in Abiturprüfungsaufgaben herzustellen, scheint nach Blick auf bestehende Abiturprüfungsaufgaben nicht leicht. Wir stellen in diesem Kapitel eine authentische und relevante Abiturprüfungsaufgabe vor, die Bezug auf den Wahlsieg von Donald Trump, auf Datensicherheit und Datenskandale in sozialen Netzwerken und auf aktuelle mathematische Studien nimmt. Wir diskutieren Kriterien der Bildungsstandards sowie des Realitätsbezugs und stellen zudem Erfahrungen im Einsatz der Aufgabe dar. Nicht zuletzt durch Perspektiven für offenere Abiturprüfungsaufgaben möchten wir mit diesem Kapitel einen Beitrag zur aktuellen Diskussion um Modellierungsaufgaben in Abiturprüfungen leisten.

M. Sube (✉) · C. Roeckerath
RWTH Aachen, Aachen, Deutschland
E-Mail: sube@mathcces.rwth-aachen.de

C. Roeckerath
E-Mail: roeckerath@mathcces.rwth-aachen.de

T. Camminady · M. Frank
KIT, Karlsruhe, Deutschland
E-Mail: camminady@kit.edu

M. Frank
E-Mail: martin.frank@kit.edu

© Springer-Verlag GmbH Deutschland, ein Teil von Springer Nature 2020   153
G. Greefrath und K. Maaß (Hrsg.), *Modellierungskompetenzen –*
Diagnose und Bewertung, Realitätsbezüge im Mathematikunterricht,
https://doi.org/10.1007/978-3-662-60815-9_8

8.1   Einleitung

Wir stellen in diesem Kapitel eine Abiturprüfungsaufgabe aus dem Gebiet der Stochastik vor, die die Vorgaben aus den Bildungsstandards erfüllt und darüber hinaus einen authentischen und relevanten Realitätsbezug aufweist. Der politische, gesellschaftlich relevante und technologiebezogene Anwendungskontext ist die amerikanische Präsidentschaftswahl von Donald Trump, dessen Wahlkampfteam Big Data Analysen von sozialen Netzwerken genutzt haben soll, um adressatengerechte Botschaften verschicken zu können (vgl. u. a. Zastrow 2016; Cadwalladr und Graham-Harrison 2018). Die Frage, wie gut dies funktionieren kann, wird mathematisch betrachtet.

Authentischer und relevanter Realitätsbezug unterstützt eine von drei Grunderfahrungen, die ein allgemeinbildender Mathematikunterricht anstreben sollte:

▶   Es soll ermöglicht werden, „Erscheinungen der Welt um uns herum, die uns
      alle angehen oder angehen sollten, aus Natur, Gesellschaft und Kultur, in einer
      spezifischen Art wahrzunehmen und zu verstehen." (Winter 1995).

Mit dieser Beschreibung spricht Winter den Bezug zur Realität an. Er fordert Bezug zur Lebenswelt der Schülerinnen und Schüler und Bezug zu übergeordneten Themen, mit denen sich die Schülerinnen und Schüler beschäftigen sollten. Dies wird in den Bildungsstandards der Kultusministerkonferenz im Fach Mathematik für die Allgemeine Hochschulreife (2012) aufgegriffen. Die Prüfung des Erlernten durch Realitätsbezüge im Abitur liegt daher nahe.

Wirft man einen Blick auf Vorgaben für aktuelle Abiturprüfungsaufgaben, so stellt man fest, dass die Anwendungskontexte vielfältig sind. Um nur einen Einblick zu geben, seien beispielhaft Bezüge auf eine Buchungsproblematik einer Fluggesellschaft, auf die Konzentration eines Medikaments im Blut oder einer Krankheit in einer Seehundpopulation (KMK 2012) genannt.

Jedoch stellen sich im Sinne von Winter (1995) die Fragen: Ist die in der Abiturprüfungsaufgabe verwendete Situation Bestandteil der Lebenswelt der Schülerinnen und Schüler? Ist sie relevant für Schülerinnen und Schüler? Ist die Situation realistisch oder ist sie fiktiv? Ist die Verwendung von Mathematik realistisch oder würde man an dieser Stelle keine oder andere Mathematik zur Lösung gebrauchen? Zusammenfassen kann man diese Fragen in zwei Aspekte: Fragen nach der Relevanz für Lernende und Fragen nach der Authentizität der Situation und der Anwendung der Mathematik. Unter anderem diese Kriterien zur Beurteilung von Abiturprüfungsaufgaben wurden von Greefrath, Siller und Ludwig (2017) in einer aktuellen Untersuchung genutzt. Sie analysierten Beispielaufgaben aus dem Aufgabenpool des Instituts zur Qualitätsentwicklung im Bildungswesen, welche als Orientierung für die Erstellung von Abiturprüfungsaufgaben dienen sollen (IQB-Website 2018). In einer auf Items und Kriterien basierten qualitativen Untersuchung konnten Trends identifiziert werden: Kein Problem konnte als relevant für Schülerinnen und Schüler gesehen werden und nur 6 % (von insgesamt 50) der Items konnten Realitätsbezug sowie eine Authentizität der Situation und der Verwendung der Mathematik aufweisen. Aufgaben, die genau diese Kriterien erfüllen, scheinen kaum im aktuellen Aufgabenpool zu existieren.

Um die Diskussion um authentische und relevante Abiturprüfungsaufgaben zu ergänzen, möchten wir eine bestimmte Blickrichtung in diesem Kapitel eröffnen: Wir gehen von der angewandten Hochschulmathematik aus und stellen eine Abiturprüfungsaufgabe vor, die auf aktuellen Forschungsmethoden zur Datensicherheit in sozialen Netzwerken und mathematischer Modellierung beruht. Zu dieser Thematik ist bereits Unterrichtsmaterial für Schülerinnen und Schüler der Sekundarstufe II entwickelt und getestet worden. Zunächst wird die Aufgabe vorgestellt, ihre Eignung als Abiturprüfungsaufgabe erläutert und ihre Relevanz und Authentizität diskutiert. Zudem illustrieren wir erste Erfahrungen in der Bearbeitung der Aufgabe durch Schülerinnen und Schüler. Im Anschluss wird der Entstehungsprozess beleuchtet, indem auf Herausforderungen in der Erstellung sowie auf weitere Aufgabentypen eingegangen wird.

8.2 Vorschlag einer Abiturprüfungsaufgabe

8.2.1 Die Aufgabe

Die folgende Aufgabe ist ein Vorschlag, authentischen und relevanten Realitätsbezug im Rahmen der Abiturprüfungsanforderungen der Bildungsstandards der Kultusministerkonferenz (2012) und der Kernlehrpläne des Landes Nordrhein-Westfalen (2013) einzubringen.

Kann man mit Mathematik Wahlen gewinnen?
Die Firma Cambridge Analytica soll maßgeblich an der politischen Kampagne von Donald Trump beteiligt gewesen sein. Dazu sollen Nutzerprofile von sozialen Netzwerken analysiert worden sein, um passgenaue Wahlbotschaften zu verschicken. Hierzu muss man die Nutzer und ihre Eigenschaften möglichst detailliert kennen. Wie gut man persönliche und sogar geheime, nicht explizit preisgegebene Eigenschaften von Nutzern sozialer Netzwerke anhand der Profile erschließen kann, wird nun in einem Beispiel untersucht. Manche Nutzer geben bewusst in ihrem Profil ihr Alter nicht preis. Es soll eine Methode untersucht werden, welche die Altersgruppe eines solchen Nutzers einschätzt. Dazu wird ein echter Test-Datensatz von 41778 Nutzern, die ihr Alter alle angegeben haben, des sozialen Netzwerks Friendster betrachtet. Um z. B. adressatengerechte Werbung zu verschicken, wird eine bestimmte Personengruppe betrachtet. Es werden exemplarisch zwei Personengruppen unterschieden:

Gruppe 1: Nutzer ist zwischen 25 und 30 Jahre alt.

Gruppe 2: Nutzer ist **nicht** zwischen 25 und 30 Jahre alt.

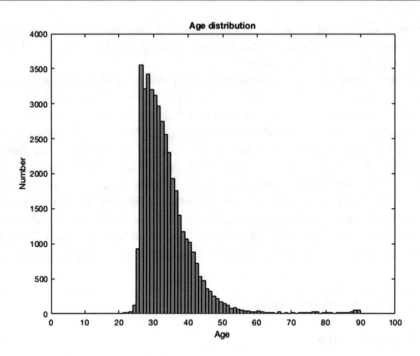

Abb. 8.1 Anzahl der Nutzer pro Alter

a) Zur Entwicklung der Einschätzungsmethode ist die Aufbereitung der Daten des Netz-werks notwendig. Bevor der Test-Datensatz aus 41778 Nutzern vorlag, gab es einen Datensatz mit 56284 Nutzern. Die Altersverteilung der Nutzer dieses großen Daten-satzes ist in Abb. 8.1 zu sehen. *Beschreiben Sie kurz die dargestellte Altersverteilung in Abb. 8.1 und entscheiden Sie begründet, welche Nutzerprofile für eine Unter-suchung nicht geeignet scheinen.*

Wir arbeiten nun mit dem Test-Datensatz von 41778 Nutzern. Um einen Nutzer in eine der beiden Altersgruppen einzuteilen, werden folgende Schritte durchgeführt:

1. Ein Benutzerprofil wird ausgewählt und das Alter der Person wird ausgeblendet.
2. Das Alter der Person wird nach einer bestimmten Regel eingeschätzt. Wir nutzen Regel A oder B, die später genauer vorgestellt werden.
3. Dann wird geprüft, ob der Nutzer mithilfe der Regel in die Gruppe der 25–30-Jähri-gen eingeteilt wurde und ob die Einschätzung korrekt oder falsch war.

In Schritt 2 sollen diese zwei Regeln getestet werden:

Regel A: Das Alter des Nutzers ist das durchschnittliche Alter (arithmetisches Mittel) seiner Freunde.

Regel B: Nach dem Prinzip „Wirf eine gefälschte Münze" wird mit einer Wahrscheinlichkeit von 41,74 % der Nutzer als 25–30-jährig eingeschätzt.

(Hinweis: 41,74 % der Nutzer im Test-Datensatz sind 25–30-jährig.)

Die beschriebene Einschätzungsmethode kann folglich mit Regel A oder B durchgeführt werden.

b) Um zu messen, „wie gut" die Methode ist, werden die richtigen Einschätzungen gezählt. Wir betrachten die Zufallsvariable X als Anzahl der richtigen Einschätzungen der Regel B. *Erläutern Sie mithilfe einer Darstellung der Einschätzungsmethode als Experiment mit Ziehen von farbigen Kugeln aus einem Behälter (z. B. Urne), warum die Zufallsvariable X als binomialverteilt angesehen werden kann.*

c) Nun soll die Einschätzungsmethode mit Regel B getestet und analysiert werden: Wir wissen, dass 41,74 % der Nutzer im Test-Datensatz 25–30-jährig sind und verwenden zur Einschätzung des Alters die Regel B.

1. *Bestimmen Sie die Wahrscheinlichkeit einer richtigen Einschätzung mit Regel B. Runden Sie Ihr Ergebnis auf die zweite Nachkommastelle. (Kontrollergebnis: 0,51)*

2. *Bestimmen Sie die Wahrscheinlichkeit, dass unter 5 zufällig ausgewählten Nutzern*
   - *genau 1 Nutzer richtig klassifiziert wird.*
   - *höchstens 2 Nutzer richtig klassifiziert werden.*
   Runden Sie die Ergebnisse auf die vierte Nachkommastelle.

3. *Berechnen Sie den Erwartungswert μ und die Standardabweichung σ unter der Voraussetzung, dass Regel B auf den kompletten Test-Datensatz angewendet wird. Runden Sie Ihr Ergebnis auf ganze Zahlen. (Kontrollergebnis: $\mu \approx 21307$, $\sigma \approx 102$)*

4. *Erläutern Sie die Bedeutung des Erwartungswerts μ und der Standardabweichung σ für die Einschätzungsmethode.*

5. *Beurteilen Sie, ob eine Approximation (Annäherung) durch eine andere Wahrscheinlichkeitsverteilung möglich ist. Skizzieren Sie die Dichtefunktion der approximierenden Verteilung mithilfe der ermittelten Kenngrößen aus Aufgabenteil c3.*

d) Bei der Durchführung der Einschätzungsmethode mit Anwendung von Regel A auf alle 41778 Personen, von denen 41,74 % 25–30-jährig sind, wurden die folgenden Ergebnisse erzielt:

- 5487 der 25–30-jährigen Nutzer werden als nicht 25–30-jährig eingeschätzt
- 2922 der nicht 25–30-jährigen Nutzer werden als 25–30-jährig eingeschätzt

1. *Bestimmen Sie für Regel A mithilfe von bedingten Häufigkeiten die relative Häufigkeit einer korrekten Einschätzung auf die zweite Nachkommastelle genau. (Kontrollergebnis: 0,80)*

2. Die Anwendung einer weiteren Regel C, die hier nicht erklärt wird, zeigte eine relative Häufigkeit einer korrekten Einschätzung von 0,81. *Beurteilen Sie die Ergebnisse der Einschätzungen mit Regel A, B bzw. C in Bezug auf ihre Eignung im Rahmen der Einschätzungsmethode.*

e) Wir möchten untersuchen, ob die Einschätzungsmethode mit Regel C statistisch signifikant ein besseres Ergebnis erzielt als die Verwendung der Regel B.

  1. *Geben Sie eine geeignete Nullhypothese als Formel und in Worten an.*
  2. Der Hypothesentest soll mit allen 41778 Nutzern durchgeführt werden. *Ermitteln Sie eine passende Entscheidungsregel auf dem Signifikanzniveau 0,05. Runden Sie Ihre Ergebnisse auf die vierte Nachkommastelle.*
  3. *Berechnen Sie die Wahrscheinlichkeit des Fehlers 2. Art für den Fall, dass die Trefferwahrscheinlichkeit von Regel C bei 60 % liegt. Beschreiben Sie die Bedeutung des Fehler 2. Art in Bezug auf die geschilderte Situation und, falls möglich, auf die von Ihnen bestimmte Wahrscheinlichkeit des Fehlers 2. Art.*
  4. Es konnte bestätigt werden, dass durch die Nutzung von Regel C 81 % der Nutzer richtig klassifiziert werden und dass dies ein signifikant besseres Ergebnis ist als die Einschätzung unter Verwendung der Regel B. *Beurteilen Sie, ob das Ergebnis auf moderne soziale Netzwerke, wie z. B. facebook, übertragbar ist.*

f) *Beurteilen Sie, ob es möglich ist, das Alter von Netzwerknutzern zu bestimmen, die ihr Alter nicht explizit angegeben haben.*

g) *Leiten Sie durch das Aufstellen von Vermutungen eine weitere Regel her, um das Alter eines Nutzers einzuschätzen.*

Im Folgenden betrachten wir die Aufgabe genauer und beleuchten einige Hintergründe. Die Aufgabe beinhaltet insbesondere Schritte einer mathematischen Modellierung und Schritte von Prozessen zur Arbeit mit Daten, welche im Folgenden herausgestellt werden sollen. Wir ziehen in diese erste Beschreibung der Aufgabe den Problem-Plan-Data-Analysis-Conclusion-Cycle (PPDAC-Cycle) nach Wild und Pfannkuch (1999) basierend auf Ausführungen aus MacKay und Oldford (1994) zur Verdeutlichung der Schritte einer Arbeit mit Daten ein. Wild und Pfannkuch nutzen ihn als Beschreibung für eine von vier Dimensionen des statistischen Denkens in empirischen Erkundungen. Der PPDAC-Cycle beschreibt mit den Phasen „Problem", „Plan", „Daten", „Analyse", „Schlussfolgerung" und jeweiligen Teilschritten die Handlungs- und Denkschritte, die man in einer statistischen Untersuchung vollzieht. Diese Phasen können mit denen eines Modellierungsprozesses in Verbindung gebracht werden: Bei den Phasen „Problem", „Plan" und „Daten" geht es u. a. um ein Verständnis der Problemstellung, um Planung von Untersuchungen und um Datensammlung bzw. -filterung. Hier kann man Verbindungen zum Vereinfachen und Strukturieren in einer Modellierung sehen. Der Schritt „Analyse" des PPDAC-Cycle beinhaltet die Ausführung von Analysen und die Erkundung der Daten. Eine Verbindung zum Mathematisieren und zur (computergestützten) mathematischen Arbeit kann hergestellt werden. Eine „Schlussfolgerung" im PPDAC-Cycle wird u. a. durch Interpretation der Ergebnisse und durch neue Untersuchungsideen bzw. Fragestellungen gezogen. Auch beim Modellieren ist dies bei der Validierung des Modells enthalten. Weitere Untersuchungen können durch das erneute Durchlaufen der Teilschritte – wie auch beim Modellieren – erfolgen.

Es gibt auch weitere Prozessdarstellungen, die die Arbeit mit Daten beschreiben. So liefern beispielsweise der Zyklus „Knowledge Discovery in Databases" oder der „Cross-Industry Standard Process for Data Mining" Leitlinien zur Arbeit mit Daten in industriellen Kontexten (Olson und Delen 2008; Chapman et al. 2000). In diesem Kapitel sollen jedoch Bezüge zum PPDAC-Cycle als Erläuterung der Schritte genügen.

Die aktuelle und zentrale Problemstellung ist die Frage „Kann man mit Mathematik Wahlen gewinnen?". Diese Fragestellung begründet sich durch den vergangenen Wahlkampf in den USA. Das Wahlkampfteam des Präsidenten Donald Trump soll u. a. laut Zastrow (2016) die Firma Cambridge Analytica beauftragt haben, ihn im Wahlkampf zu unterstützen. Die Firma führt psychologische Verhaltensanalysen sowie Big Data Auswertungen durch, um personalisiert Werbung bzw. Nachrichten verschicken zu können. Sie behauptet von sich selbst, die Persönlichkeiten von über 230 Mio. US-Bürgern zu kennen (Cheshire 2016). Nach aktuellen Berichten soll Cambridge Analytica auch Facebook-Daten zur Analyse genutzt haben (Cadwalladr und Graham-Harrison 2018). Zudem geben unabhängige Forscher an, dass man mit einer hohen Wahrscheinlichkeit vorhersagen kann, welche Hautfarbe, sexuelle Orientierung oder politische Gesinnung ein Nutzer eines sozialen Netzwerks (z. B. Facebook) hat (Grassegger und Krogerus 2018). In diesem Zusammenhang stellt sich die Frage, ob diese Behauptungen stimmen können. Ist es wirklich möglich, auf der Basis von Daten unbekannte Informationen über Personen herauszufinden?

Zur Beantwortung der Fragestellung wird exemplarisch eine Eigenschaft fokussiert. Es soll die Vorhersagbarkeit des Alters der Nutzer eines sozialen Netzwerks analysiert werden. Diese Methode ist angelehnt an einer Untersuchung von Sarigol et al. (2014), die die Vorhersagbarkeit der sexuellen Orientierung untersuchten (vgl. Abschn. 8.3.3). Zur Vorhersage des Alters werden Daten aus einem echten sozialen Netzwerk, dem Netzwerk Friendster, genutzt. Der Datensatz wurde zur Untersuchung der Fragestellung gefiltert (vgl. Abschn. 8.3.3), sodass bei allen 41778 verbleibenden Nutzern im Test-Datensatz das Alter bekannt ist.

In Aufgabe (a) vollziehen die Schülerinnen und Schüler einen kleinen Schritt der Datenfilterung selbst. Sie beschreiben die Altersverteilung eines Datensatzes, aus dem der Test-Datensatz entstanden ist, und sollen begründet entscheiden, welche Nutzer für eine Untersuchung nicht geeignet sind. Hierbei werden implizit Vereinfachungen und Annahmen getroffen. Bezieht man den PPDAC-Cycle ein, so kann hier der Schritt „Daten", insbesondere „Datenfilterung", genannt werden.

Mithilfe des Test-Datensatzes können die Vorhersagen des Alters validiert werden. Mit einer Vorhersagemethode wird getestet, ob und wie gut die Nutzer in die richtige Altersgruppe eingeteilt werden können. Zur Auswahl stehen zwei Bestimmungsregeln: Die erste Regel A arbeitet mit dem Alter der Freunde. Hintergrund ist die Vermutung, dass Menschen derselben Altersgruppe häufig miteinander befreundet sind. Die Regel bestimmt als Alter eines Nutzers als das arithmetische Mittel des Alters der direkten Freunde. Die zweite Regel B nutzt Angaben aus dem Test-Datensatz, um das Alter eines Nutzers zu bestimmen. Betrachtet man den Test-Datensatz, so stellt man fest, dass 41,74 % der Nutzer in der Altersklasse der 25- bis 30-Jährigen liegen. Durch das Werfen einer „gefälschten" Münze wird mit dieser Wahrscheinlichkeitsverteilung die Altersgruppe bestimmt. Es ist damit eine datenbasierte Zufallsentscheidung.

In den folgenden Aufgaben wird der Schritt „Analyse" des PPDAC-Cycles vollzogen: In der Aufgabe (b) wird die Modellierung durch eine binomialverteilte Zufallsvariable diskutiert. Die Schülerinnen und Schüler sollen die Bedingungen eines Bernoulli-Experiments einbringen und dies durch ein Urnenexperiment verdeutlichen. Es folgt in der Aufgabe (c) die Berechnung der Wahrscheinlichkeit einer richtigen Einschätzung durch die Anwendung Regel B, die den datenbasierten Zufall nutzt. Dazu wird ein zweistufiges Zufallsexperiment betrachtet, das im Baumdiagramm dargestellt werden kann, und es wird mithilfe von Pfad- und Summenregel die gesuchte Wahrscheinlichkeit bestimmt. Zur Illustration dieses Ergebnisses folgt eine exemplarische Anwendung durch Berechnung von (kumulierten) Wahrscheinlichkeiten. Im nächsten Schritt werden zur Analyse der Regel statistische Kenngrößen (Erwartungswert und Standardabweichung) bestimmt und anschließend ihre Bedeutung für die Einschätzungsmethode erörtert. Die Teilaufgabe schließt mit einer Beurteilung, ob eine Approximation durch eine andere Wahrscheinlichkeitsverteilung möglich ist, und deren Skizze mit den bestimmten Kenngrößen. So werden die Rechnungen direkt mit dem Kontext verknüpft und sinnstiftend einbezogen. Aufgabe (d) dient der Auseinandersetzung mit Regel A. Dazu werden den Schülerinnen und Schülern echte Ergebnisse der Anwendung der Regel auf den Test-Datensatz präsentiert. Die relative Häufigkeit einer richtigen Einschätzung soll mithilfe der Ergebnisse für die Regel bestimmt werden. Hierbei müssen die Schülerinnen und Schüler richtige Vorhersagen identifizieren und mit bedingten Häufigkeiten arbeiten. Im zweiten Aufgabenteil soll die Eignung der bereits bekannten Regeln und einer weiteren, unbekannten Regel diskutiert werden. Viele der vorherigen Ergebnisse müssen hier einbezogen werden. Regel C wird für die Schülerinnen und Schüler nicht erläutert. Sie bestimmt das Alter eines Nutzers, indem gezählt wird, wie viele Freunde welches Alter haben. Das Alter des Nutzers ist dann das Alter, welches die meisten Freunde haben. Ist dies nicht eindeutig, so wird das arithmetische Mittel der Altersangaben gebildet, die die meisten Freunde haben.

In der nächsten Teilaufgabe, Aufgabe (e), erfolgt die Beurteilung der bisherigen Erkenntnisse zur Güte von Regel B und C auf ihre allgemeine Gültigkeit mittels Hypothesentests. Hierzu soll die Nullhypothese formuliert werden und die Entscheidungsregel bei gegebener Stichprobengröße und Signifikanzniveau ermittelt werden. Zudem soll der Fehler 2. Art bestimmt und interpretiert sowie ein Ergebnis eines Hypothesentests auf seine Gültigkeit bei modernen sozialen Netzwerken beurteilt werden. Nach dieser Diskussion folgt in Aufgabe (f) die Beurteilung, ob eine Vorhersage des Alters für Nutzer möglich ist, die ihr Alter nicht angegeben haben. Schließlich sollen die Schülerinnen und

Schüler in der Aufgabe (g) durch das Aufstellen von Vermutungen eine weitere Regel zur Altersbestimmung herleiten. In den letzten Teilaufgaben war der Schritt „Schlussfolgerung" des PPDAC-Cycles zu sehen. Hier wurden u. a. die Schritte „Interpretation" und „Neue Ideen" getätigt.

Insgesamt ist außerdem festzuhalten, dass bei den Aufgabenstellungen auf gängige Formulierungen, wie „Interpretieren Sie im Sachzusammenhang" verzichtet wurde und stattdessen die Aufgaben konkret auf das Thema bezogen wurden, um die Aufgaben offener und weniger mechanisch zu gestalten.

8.2.2 Eignung der Aufgabe als Abiturprüfungsaufgabe

Die vorgestellte Aufgabe ist nach bekanntem Schema für Abiturprüfungsaufgaben im Sachgebiet Stochastik erstellt worden. Nun soll ihre Eignung zunächst anhand der im Jahre 2012 beschlossenen Bildungsstandards der Kulturministerkonferenz (KMK 2012) und danach exemplarisch anhand des Kernlehrplans des Landes Nordrhein-Westfalen für die Sekundarstufe II (2013) begründet werden. Bei der Analyse legen wir den Schwerpunkt auf die Kompetenz des Modellierens, wobei in der Aufgabe auch andere Kompetenzen angesprochen werden. Wir wollen exemplarisch aufzeigen, dass es in dem vorgeschlagenen Kontext möglich ist, Abiturprüfungsstandards zu erfüllen.

Bezug zur den Bildungsstandards der Kultusministerkonferenz
Die Aufgabe soll die drei Anforderungsbereiche I-III abdecken. Die Stufen sollen ausgewogen in der Aufgabe auftreten, wobei der Schwerpunkt auf der mittleren Stufe II liegen soll. Für ein erhöhtes Leistungsniveau, auf das unsere Aufgabe ausgerichtet ist, sollen die Stufen II und III stärker betont werden.

Die Kompetenz des Modellierens ist unter K3 in den Bildungsstandards aufgeführt. Eine mögliche Art und Weise, die Teilaufgaben der Abiturprüfungsaufgabe den Anforderungsbereichen zuzuordnen, wird nun vorgestellt (Tab. 8.1).

In Teilaufgabe (a) vollziehen die Schülerinnen und Schüler eine Vereinfachung. Hier kann Anforderungsbereich I durch „eine Realsituation direkt in ein mathematisches Modell überführen" wiedergefunden werden. Durch die Komplexität der Situation kann man jedoch auch Anforderungsbereich II rechtfertigen, da es sich hier um eine mehrschrittige Modellierung handelt. In Teilaufgabe (b) wird die Binomialverteilung begründet. Dies sollte den Schülerinnen und Schülern bekannt sein. Es handelt sich hier um die Anwendung eines vertrauten Modells und damit um Anforderungsbereich I. Diese Einordnung kann ebenfalls mit Teilaufgabe (c1)–(c3) geschehen, da ein zweistufiges Zufallsexperiment, die Pfad- und Summenregel, die rechnerische Anwendung der Binomialverteilung und die Bestimmung von Erwartungswert und Standardabweichung bekannt sein sollten. In Teilaufgabe (c4) werden Lösungen interpretiert, was Anforderungsbereich II entspricht. Teilaufgabe (c5) ist Anforderungsbereich II-III

Tab. 8.1 Zuordnung der Teilaufgaben zu Anforderungsbereichen der Bildungsstandards

Aufgabe	Inhalt der Aufgabe	Anforderungsbereich
(a)	Diagramm beschreiben und Nutzerprofile ausschließen	I–II
(b)	Verteilung der Zufallsvariablen	I
(c1)	Wahrscheinlichkeit einer richtigen Einschätzung durch Regel B	I
(c2)	Wahrscheinlichkeit mit Binomialverteilung bestimmen	I
(c3)	Erwartungswert und Standardabweichung bestimmen	I
(c4)	Erwartungswert und Standardabweichung deuten	II
(c5)	Approximation der Binomialverteilung und Skizze der Dichtefunktion	II–III
(d1)	relative Häufigkeit richtiger Einschätzungen durch Regel A	II
(d2)	Eignung der Regeln	II
(e1)	Nullhypothese bestimmen	II
(e2)	Entscheidungsregel aufstellen	II
(e3)	Fehler 2. Art bestimmen und deuten	I und II
(e4)	Übertragbarkeit auf moderne soziale Netzwerke	III
(f)	Methode bei Nutzern ohne Altersangabe	III
(g)	Weitere Regel herleiten	III

zuzuordnen, da hier sowohl eine Anpassung als auch eine Bewertung geschehen. Die Bestimmung der Trefferwahrscheinlichkeit in Teilaufgabe (d1) und die Interpretation der Ergebnisse in (d2) können aufgrund der Komplexität der Situation dem Anforderungsbereich II zugeordnet werden. In der Teilaufgabe (e1) und (e2) arbeiten die Schülerinnen und Schüler mit Hypothesentests, wobei ihnen die Aufgabentypen bekannt sein sollten (Anforderungsbereich II). In (e3) erfolgt eine Berechnung (Anforderungsbereich I) und eine Interpretation (Anforderungsbereich II). Die restlichen Teilaufgaben (e4), (f) und (g) sind in Anforderungsbereich III zu verorten, da hier Bewertungen und Anpassungen vorgenommen werden.

Somit kann die Ausgewogenheit der Anforderungsbereiche und die stärkere Betonung der Anforderungsbereiche II und III begründet werden.

Die Aufgabenstellungen sollen zudem mithilfe von Operatoren, die die geforderte Tätigkeit genauer beschreiben, formuliert werden. Die Aufgabenstellungen sind klar mit Operatoren versehen und erfüllen damit diese Anforderung. Des Weiteren müssen die Teilaufgaben unabhängig voneinander bearbeitet werden können. Durch die Angabe von Kontrollergebnissen ist auch diese Anforderung erfüllt. Die Bearbeitungszeit wird in den Beispielen aus den Bildungsstandards mit 75 bis 90 min angesetzt. Für den Aufgabenvorschlag wurden 90 min zur Bearbeitung kalkuliert. In den Erprobungen wird dieser Rahmen überprüft.

Bezug zum Kernlehrplan des Landes Nordrhein-Westfalen

In diesem Abschnitt soll Bezug genommen werden auf den Kernlehrplan des Landes Nordrhein-Westfalen der Sekundarstufe II (2013). Hier wird das Augenmerk auf die Kompetenz der Modellierung und das Inhaltsfeld Stochastik gelegt. Die prozessbezogene Modellierungskompetenz wird im Kernlehrplan in drei Teilkompetenzen unterteilt: Strukturieren, Mathematisieren und Validieren. Demnach werden die Teilaufgaben analysiert.

Die Vereinfachung in der Teilaufgabe (a) ist dem Strukturieren zuzuordnen. Das Mathematisieren verfolgen die Schülerinnen und Schüler in den Teilaufgaben (b), (c1)–(c3), (d1) und (e1)–(e3). Dies ist gegeben durch die Verwendung von Binomialverteilungen, zweistufigen Zufallsexperimenten, Trefferwahrscheinlichkeiten und Hypothesentests. In den Teilaufgaben (c4), (c5), (d2), (e3)–(e4), (f) und (g) validieren sie, indem sie die Lösung auf die Situation beziehen und anhand von getroffenen Annahmen reflektieren.

Inhaltlich ist die Abiturprüfungsaufgabe für einen Leistungskurs konzipiert. Wir legen nun kurz dar, welche im Kernlehrplan genannten Kompetenzen vor allem in Aufgabe (b), (c) und (e) zu finden sind: In Teilaufgabe (b) wird der Begriff der Zufallsgröße an einem geeigneten Beispiel erläutert sowie die Bernoullikette zur Beschreibung eines Zufallsexperiments und zur Lösung des Problems genutzt. In Teil (c) untersuchen die Schülerinnen und Schüler Lage- und Streumaße, bestimmen Erwartungswert und Standardabweichung und treffen damit prognostische Aussagen. Sie rechnen mit Binomialverteilungen, betrachten ihre Kenngrößen, arbeiten mit einer annähernd normalverteilten Zufallsgröße und nutzen den Einfluss der Parameter zur grafischen Darstellung der Dichtefunktion. Aufgabenteil (e) fordert die Interpretation eines Hypothesentests und die Beschreibung des Fehlers 2. Art.

Damit kann die vorgestellte Aufgabe Vorgaben der Bildungsstandards bzw. eines entsprechenden Kernlehrplans erfüllen.

8.3 Analyse der Relevanz und Authentizität

An diesem Punkt wollen wir zunächst auf Winter (1995) zurückkommen: Er sagt, dass Anwendungen erst dann „unentbehrlich für die Allgemeinbildung" sind, wenn „in Beispielen aus dem gelebten Leben erfahrbar wird, wie mathematische Modellbildung funktioniert". Außerdem zählt er zur Allgemeinbildung deskriptive Modelle, die „exemplarisch Mathematisierung in Technik […] erleben lassen." Diese Kriterien können wir mit unserer Aufgabe erfüllen, wie nun durch Analyse der von Greefrath, Siller und Ludwig (2017) aufgestellten Kriterien deutlich wird. Eine Problemstellung wird von den Autoren als relevant bezeichnet, wenn sie einen Bezug zur Lebenswelt der Schülerinnen und Schüler aufweist. Authentisch ist eine Fragestellung, wenn der außermathematische Kontext, also die Situation, sowie die Verwendung von Mathematik authentisch sind. Die Situation tritt also unabhängig von der Aufgabe auf und die genutzte Mathematik wird auch außerhalb des Mathematikunterrichts zur Lösung der Problemstellung verwendet.

8.3.1 Relevanz für Schülerinnen und Schüler

Wir stellen uns die Frage: **Ist der in der Aufgabe verwendete Sachkontext Teil der Lebenswelt der Schülerinnen und Schüler?**

Die übergeordnete Thematik ist der vergangene Wahlkampf in den USA. Diesen haben auch die Schülerinnen und Schüler in den Medien verfolgen können. Die Nutzung von Big Data Analysen wurde und wird in den Medien ebenfalls rege diskutiert. Beispiele hierzu wurden bereits in Abschn. 8.1 und 8.2.1 genannt.

Die Bedeutung von sozialen Netzwerken für Jugendliche (12–19-Jährige) untersuchte die JIM-Studie (2018). Sie gibt an, dass in den letzten 20 Jahren „die Entwicklung zu einer digitalen und multimedialen Gesellschaft deutlich an Fahrt gewonnen hat und auch den Alltag von Jugendlichen grundlegend verändert hat". Weitere Ergebnisse aus dem Jahr 2018 lauten: 97 % der Befragten besitzen im Haushalt ein Smartphone, 71 % Computer oder Laptop und 91 % nutzen täglich das Internet. Betrachtet man soziale Netzwerke, so ist YouTube das wichtigste Internetangebot und WhatsApp sehr deutlich die wichtigste App für die untersuchten Altersgruppen. Die Wichtigkeit von Snapchat, Instagram, YouTube und Facebook variiert zwischen den Altersgruppen. Facebook wird am meisten von 18–19-Jährigen genutzt.

Wir haben zudem eine Diskussion der Datensicherheit und der Nutzung von adressatengerechten Nachrichten in sozialen Netzwerken mit allen Schülerinnen und Schülern der Qualifikationsphase 1 des Kaiser-Karls-Gymnasiums in Aachen im Rahmen einer Podiumsdiskussion geführt. Nach einer Darstellung der mathematischen Methoden und Resultate wurden Themen angesprochen, die zum einen die Resultate betreffen (Sind die Ergebnisse überraschend? Ist unsere Privatsphäre von allen Nutzern abhängig? Was würdet ihr dem Erfinder der Methoden sagen wollen?) und zum anderen ihre Lebenswelt tangieren. Hierzu gehörten die Fragen nach der Umsetzbarkeit der Methoden im deutschen Wahlkampf, ihren Möglichkeiten Datenschutz zu betreiben mit Bezug auf das Recht zur informationellen Selbstbestimmung und ihrer Meinung zum manipulativen Charakter der Methoden. Auffällig war die Diskrepanz in den Meinungen der Jugendlichen. Die Ergebnisse waren für die wenigsten überraschend. Ihnen ist bewusst, dass die Datensicherheit in sozialen Netzwerken gering ist. Manche wollten den Erfinder der Methoden ins Gefängnis bringen, andere sahen nur die Nutzung der Methode als kritisch an. Im deutschen Wahlkampf sahen die meisten eine mögliche Umsetzung, wohingegen die tatsächliche Nutzung zum einen als schlimme Manipulation und zum anderen als legitimes Werkzeug betrachtet wird. Die Möglichkeiten, selbst Datenschutz zu betreiben, sehen die meisten als sehr gering an. Den manipulativen Charakter finden einige Jugendliche gut, da sie sich so beispielsweise nur auf interessante Werbung konzentrieren müssen, und andere als sehr deutliche Gefahr, in sog. Filterblasen und Echokammern zu geraten.

Die Studie und die Diskussion zeigen, dass sich Jugendliche in einer digitalen Welt bewegen. Wie diese gestaltet ist, verändert sich im Laufe der Zeit. Dennoch ist die Nutzung von sozialen Netzwerken allgegenwärtig. Von der Frage nach Datensicherheit der

Privatsphäre und Manipulationen in sozialen Netzwerken sind heutige Schülerinnen und Schüler demnach betroffen. Die Ansichten von Schülerinnen und Schülern zur Datensicherheit in sozialen Netzwerken und zur Nutzung von adressatengerechten Nachrichten ist unterschiedlich. Wichtig ist jedoch, um es mit Winters (1995) Worten zu formulieren, dass sich die Jugendlichen damit beschäftigen, da es uns alle angeht oder angehen sollte.

8.3.2   Authentizität der Situation

Wir stellen uns die Frage: **Handelt es sich bei dem in der Aufgabe verwendeten Sachkontext um eine authentische realistische Situation?**

Die Tatsache, dass Big Data Analysen im Sinne von Vorhersagen über Eigenschaften von Nutzern sozialer Netzwerke im US-Präsidentschaftswahlkampf genutzt wurden, wird gestützt durch vielerlei Artikel in den Medien, wie bereits zuvor illustriert. Neben diesen beschäftigen sich auch Forscher mit der Frage nach der Vorhersagbarkeit von Nutzereigenschaften in mathematischer Sicht. Ausgangspunkt der vorgestellten Aufgabe ist eine Untersuchung von Sarigol et al. (2014). In ihrer Veröffentlichung gehen sie den Fragen nach, ob und wie gut es möglich ist, zusätzliche Eigenschaften über Nutzer des Netzwerks Friendster vorherzusagen. Sie zeigen, dass es möglich ist, sog. Schattenprofile von (Nicht-)Nutzern zu erstellen. Unter einem Schattenprofil verstehen sie:

▶ Ein **Schattenprofil** ist ein Profil eines (Nicht-)Nutzers, das Daten enthält, welche die Person nicht freiwillig preisgegeben hat.

Ein Schattenprofil kann sowohl für Nutzer als auch für Nicht-Nutzer erstellt werden. Nicht-Nutzer können einbezogen werden, indem das Netzwerk auf sie erweitert wird. Das ist zum Beispiel durch die Zustimmung der Nutzungsbedingungen von „Facebook for Mobile" gegeben. Hier erlaubt man den Betreibern Zugriff auf die Kontaktliste, die auch Personen enthalten kann, die kein Mitglied des Netzwerks sind. Die Vorgehensweise der Forscher wird im nächsten Abschnitt näher erläutert Abschn. 8.3.3.

Mit der Abiturprüfungsaufgabe ist es möglich, dass Schülerinnen und Schülern in einer authentischen Situation arbeiten und ihnen eine kritische Diskussion des Themas auf einem mathematischen Fundament ermöglicht wird. Die Art der Modellierung in dieser Thematik kann daher eingeordnet werden in das realistische und angewandte Modellieren nach Kaiser und Sriraman (2006).

8.3.3   Authentizität der Verwendung von Mathematik

In diesem Abschnitt beantworten wir die Frage: **Handelt es sich im Rahmen der Abiturprüfungsaufgabe um eine authentische realistische Verwendung von Mathematik?** Wir stellen dazu den Bezug zur Arbeitsweise von Betreibern sozialer Netzwerke bzw. zur Forschung her:

Datenbasierte Vorhersagen werden zur Klassifizierung von Nutzern sozialer Netz-werke genutzt, um gezielt Werbung zu schalten, potenziell interessante Webseiten vor-zuschlagen oder, und dies passiert häufig zum Nachteil der Nutzer, um diese Gruppen zuzuordnen, welche unter besonderer staatlicher Beobachtung stehen oder ggf. poli-tisch und gesellschaftlich verfolgt seien können. Aus der bereits genannten Publikation von Sarigol et al. (2014) geht hervor, dass mittels Methoden des maschinellen Lernens Benutzer sozialer Netzwerke mit hoher Genauigkeit als homo- bzw. heterosexuell klassi-fiziert werden können. Die Klassifizierung geschieht in der Arbeit der Forscher mittels „Random Forest Classifier", einer Methode bei der der Algorithmus in einer Lernphase mit Daten trainiert wird, möglichst korrekte Entscheidungen zu treffen (Ho 1995). Nach Ende der Lernphase wird der Algorithmus genutzt, um bisher unbekannte Daten nach dem erlangten Wissen zu klassifizieren. Diese Prozedur ist vergleichbar mit der in der Abiturprüfungsaufgabe durchgeführten Methodik; die Klassifizierung in Altersklassen statt der Kategorien homo- bzw. heterosexuell wurde dabei ausgewählt, um emotionale Betroffenheit der Schülerinnen und Schüler zu umgehen.

In der Forschung werden in einer Lernphase Parameter einer Vorhersageregel so kali-briert, dass für den gegebenen Datensatz eine möglichst hohe Rate der richtigen Vorher-sagen erreicht wird. Eine Zuordnung von Nutzern auf der Basis von probabilistischen Modellen, wie sie auch hier Verwendung finden, ist daher ein Ansatz der aktuellen For-schung. Eine Vereinfachung findet statt, wenn man sich von parameterbasierten Heuris-tiken entfernt und eine Klassifizierung auf Basis der Statistik des Datensatzes, wie in der Abiturprüfungsaufgabe, durchführt.

Die Aufgabe ist weiterhin authentisch durch die Nutzung von echten Daten eines sozialen Netzwerkes. Ähnlich wie bei Sarigol et al. (2014) wurden die Rohdaten des sozialen Netzwerkes Friendster gewählt, da diese öffentlich und frei verfügbar sind. Da dieser Datensatz die Profilseiten der Nutzer als Rohdaten enthält, musste zuerst eine auf-wendige Datenfilterung und -reinigung stattfinden, damit die Daten in einer verwend-baren Form genutzt werden können. Einen Teil der Filterung vollziehen die Schülerinnen und Schüler auch in der Abiturprüfungsaufgabe.

Eine weitere Fragestellung im Rahmen dieses Forschungskomplexes ist die Bewertung der Vorhersagegüte. Es ist notwendig zu definieren, was unter einer „guten Heuristik" verstanden wird. In der Forschung wird „Cohens Kappa" (Cohen 1960) berechnet und analysiert. Ein vereinfachtes Maß stellt die Trefferwahrscheinlichkeit (der korrekten Altersgruppe) in der Abiturprüfungsaufgabe dar. Die anschließende Frage der Signifikanz der Aussagekraft wird in der Forschung und in der Abiturprüfungsaufgabe mittels Hypothesentests weiter untersucht.

Somit handelt es sich in diesem Fall nicht nur um die authentische Anwendung von Mathematik im Kontext des maschinellen Lernens, sondern zudem um die Analyse ech-ter Daten, ihre Aufbereitung und die Untersuchung der Aussagegüte und ihrer statisti-schen Signifikanz.

Durch den hohen Realitätsbezug, die mit der dargestellten Mathematik lösbare realis-tische Problemstellung und auch durch die gesellschaftliche Relevanz genügt der Kon-text den Anforderungen für authentische und relevante Modellierungsaufgaben.

8.3.4   Erfahrungswerte

In diesem Abschnitt werden erste Erfahrungen im Umgang mit der Aufgabe von Schülerinnen und Schülern vorgestellt: Die zuvor dargestellte Aufgabe Abschn. 8.2.1 wurde mit Schülerinnen und Schülern getestet. Die zentrale Fragestellung war hier:

Inwieweit sind Schülerinnen und Schüler fähig, die Aufgabenstellung zu beantworten?

▶ Unser Ziel war es, einen ersten Eindruck zu erhalten, ob aktuelle Abiturientinnen und Abiturienten zu einer adäquaten Lösung gelangen. Wir betonen, dass die Untersuchungen nicht repräsentativ sind, jedoch Tendenzen erkennen lassen. Genau in diesem Sinne sind die nächsten Ausführungen zu verstehen.

Ablauf der Versuche
Die Schülerinnen und Schüler haben die Aufgabe zunächst eigenständig und in Einzelarbeit mit üblicherweise zur Verfügung stehenden Hilfsmitteln (Formelsammlung, grafikfähiger Taschenrechner) bearbeitet. Dies geschah im Unterricht oder als Hausaufgabe. Eine vorherige konkrete Vorbereitung oder Wiederholung der Inhalte der Stochastik erfolgte nicht. Danach wurden einige Lösungen eingesammelt, um sie später auswerten zu können. Als nächster Schritt wurden die Schülerinnen und Schüler mit der Lösung der Aufgaben im Unterrichtsgespräch mit der Lösungsskizze bekannt gemacht. Im Anschluss erfolgt die Evaluation der Aufgaben durch die Schülerinnen und Schüler mittels Fragebogen. Eine Auswertung der Abgaben der Schülerinnen und Schüler sowie der Fragebögen wurde schließlich vorgenommen.

Konkret wurde die Aufgabe von insgesamt 105 Schülerinnen und Schülern aus sechs Mathematikleistungskursen der Qualifikationsphase 2 von fünf Schulen im Aachener Raum getestet. Die Abläufe waren aufgrund von Rahmenbedingungen verschieden und sind in Tab. 8.2 aufgeführt.

Tab. 8.2   Ablauf der Versuche in den einzelnen Leistungskursen (LK)

LK	Bearbeitungszeit	Besprechungszeit	Anzahl Fragebögen	Anzahl Lösungen
1.	75 min im Unterricht	45 min im Unterricht	9	10
2.	70 min im Unterricht	90 min im Unterricht	16	14
3.	Hausaufgabe (70 min)	45 min im Unterricht	15	5
4.	85 min im Unterricht	90 min im Unterricht	18	17
5.	Hausaufgabe	45 min im Unterricht	26	7
6.	60 min im Unterricht	65 min im Unterricht	18	23

Ergebnisse

Im Verlauf der Tests wurden einige **Formulierungen der Aufgabenstellungen** zur besseren Verständlichkeit aufgrund von Rückfragen der Schülerinnen und Schüler angepasst. Dies betraf zunächst offenere Aufgabenstellungen ohne die Nutzung von Operatoren: Gruppe 2 wurde abweichend von der dargestellten Aufgabe in Teil (a), (b), (c4), (c5), (e3), (e4) und (f) mit Fragestellungen ohne Operatoren konfrontiert. Es zeigte sich, dass dies zu Antworten ohne Begründungen oder zu langem Aufhalten an einer Teilaufgabe führt. Im weiteren Verlauf, bei den anderen 5 Erprobungen, wurde demnach mit Operatoren gearbeitet. Zudem fand eine Anpassung bezüglich bestimmter Worte statt. Im Kasten, in dem die Regeln erläutert werden, wurde eine Spezifizierung von „Datensatz" zu „Test-Datensatz" vorgenommen. In Teil (b) wurde von „Urnenexperimenten" gesprochen, was einigen Schülerinnen und Schülern nicht bekannt war. Außerdem wurde das Wort „Approximation" in Teil (c5) durch das Wort „Annäherung" ergänzt. Die angepasste Version ist in diesem Artikel dargestellt und wurde in allen Erprobungen außer bei Gruppe 2 genutzt.

Im Fragebogen haben wir als erstes **Fragen zur Relevanz, Authentizität und Bekanntheit des Kontextes** gestellt. Die zusammengefassten Ergebnisse sind in Abb. 8.2 zu sehen.

Es wird in Abb. 8.2 deutlich, dass ca. 50 % der Befragten das Thema als Teil ihrer Lebenswelt betrachten, mehr als die Hälfte der Schülerinnen und Schüler das Thema als für sich relevant einstufen und über 80 % das Thema realistisch finden. Grundsätzlich finden 75 % mathematisches Verständnis wichtig, um die Lebenswelt zu verstehen, und ca. 60 % finden das Thema interessant. Ca. 25 % haben sich bereits mit Datenanalysen beschäftigt.

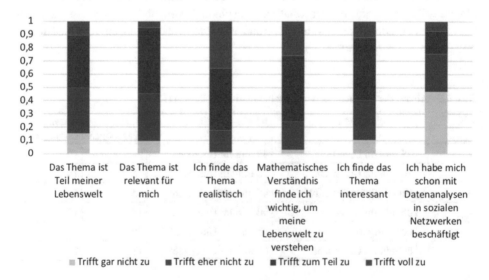

Abb. 8.2 Auswertung der Befragung bezogen auf den Kontext

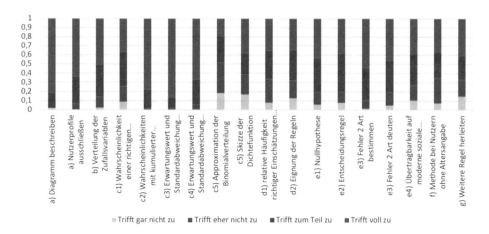

Abb. 8.3 Auswertung der Befragung bezogen auf „Ich habe die Aufgabe verstanden"

Die Schülerinnen und Schüler wurden außerdem gefragt, ob sie die einzelnen **Aufgabenstellungen verstanden** haben. Bei Betrachtung der Abb. 8.3 fällt auf, dass bei den folgenden Teilaufgaben mehr als 80 % der Schülerinnen und Schüler „Trifft zum Teil zu" oder „Trifft voll zu" angekreuzt haben:

- (a) Diagramm beschreiben und Nutzerprofile ausschließen
- (b) Verteilung der Zufallsvariablen
- (c2) Wahrscheinlichkeit mit Binomialverteilung bestimmen
- (c3) Erwartungswert und Standardabweichung bestimmen
- (c4) Erwartungswert und Standardabweichung deuten
- (e1) Nullhypothese bestimmen
- (e2) Entscheidungsregel aufstellen
- (e3) Fehler 2. Art bestimmen und deuten

Mehr als 70 % der Schülerinnen und Schüler kreuzte diese beiden Kategorien bei den folgenden Teilaufgaben an:

- (c1) Wahrscheinlichkeit einer richtigen Einschätzung durch Regel B
- (e4) Übertragbarkeit auf moderne soziale Netzwerke

Demnach gaben bei den folgenden Aufgaben mehr als 30 % der Schülerinnen und Schüler an, die Aufgabe nicht oder eher nicht verstanden zu haben:

- (c5) Approximation der Binomialverteilung (hier ca. 50 %) und Skizze der Dichtefunktion
- (d1) relative Häufigkeit richtiger Einschätzungen durch Regel A

- (d2) Eignung der Regeln
- (f) Methode bei Nutzern ohne Altersangabe
- (g) Weitere Regel herleiten

Des Weiteren wurden die Schülerinnen und Schüler gefragt, ob sie sich einen **Lösungsansatz vorstellen** konnten. Die zusammengefassten Ergebnisse aus Abb. 8.4 lauten:

Bei den folgenden Teilaufgaben haben mehr als 80 % der Schülerinnen und Schüler „Trifft zum Teil zu" oder „Trifft voll zu" angekreuzt:

- (a) Diagramm beschreiben und Nutzerprofile ausschließen
- (b) Verteilung der Zufallsvariablen
- (c2) Wahrscheinlichkeit mit Binomialverteilung bestimmen
- (c3) Erwartungswert und Standardabweichung bestimmen
- (c4) Erwartungswert und Standardabweichung deuten

Mehr als 70 % der Schülerinnen und Schüler kreuzte diese beiden Kategorien bei den folgenden Teilaufgaben an:

- (e1) Nullhypothese bestimmen
- (e3) Fehler 2. Art bestimmen und deuten

Demnach gaben bei den folgenden Aufgaben mehr als 30 % der Schülerinnen und Schüler an, bei der Aufgabe nicht oder eher nicht einen Lösungsansatz zu haben:

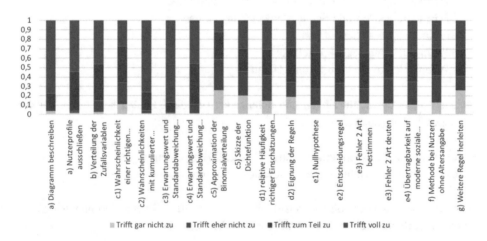

Abb. 8.4 Auswertung der Befragung bezogen auf „Ich konnte mir einen Lösungsansatz vorstellen"

- (c1) Wahrscheinlichkeit einer richtigen Einschätzung durch Regel B
- (c5) Approximation der Binomialverteilung (mehr als 50 %) und Skizze der Dichte-funktion
- (d1) relative Häufigkeit richtiger Einschätzungen durch Regel A
- (d2) Eignung der Regeln
- (e2) Entscheidungsregel aufstellen
- (e4) Übertragbarkeit auf moderne soziale Netzwerke
- (f) Methode bei Nutzern ohne Altersangabe
- (g) Weitere Regel herleiten

Als letztes wurden die Schülerinnen und Schüler gefragt, ob sie die **Aufgabe lösen** konnten:

Bei den folgenden Teilaufgaben haben laut Abb. 8.5 mehr als 80 % der Schülerinnen und Schüler „Trifft zum Teil zu" oder „Trifft voll zu" angekreuzt:

- (a) Diagramm beschreiben und Nutzerprofile ausschließen
- (c2) Wahrscheinlichkeit mit Binomialverteilung bestimmen
- (c3) Erwartungswert und Standardabweichung bestimmen
- (c4) Erwartungswert und Standardabweichung deuten

Mehr als 70 % der Schülerinnen und Schüler kreuzte diese beiden Kategorien bei der folgenden Teilaufgabe an:

- (b) Verteilung der Zufallsvariablen

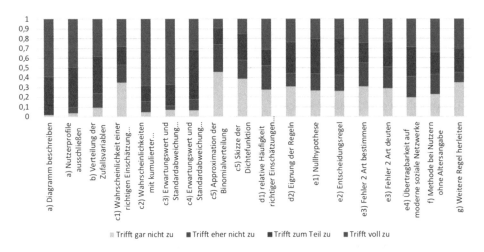

Abb. 8.5 Auswertung der Befragung bezogen auf „Ich konnte die Aufgabe lösen"

Demnach gaben bei den folgenden Aufgaben mehr als 30 % der Schülerinnen und Schüler an, die Aufgabe nicht oder eher nicht gelöst zu haben:

- (c1) Wahrscheinlichkeit einer richtigen Einschätzung durch Regel B
- (c5) Approximation der Binomialverteilung (mehr als 50 %) und Skizze der Dichtefunktion (mehr als 50 %)
- (d1) relative Häufigkeit richtiger Einschätzungen durch Regel A
- (d2) Eignung der Regeln
- (e1) Nullhypothese bestimmen
- (e2) Entscheidungsregel aufstellen
- (e3) Fehler 2. Art bestimmen (mehr als 50 %) und deuten
- (e4) Übertragbarkeit auf moderne soziale Netzwerke
- (f) Methode bei Nutzern ohne Altersangabe
- (g) Weitere Regel herleiten

Neben den Fragebögen gaben einige Schülerinnen und Schüler auch **Lösungen** ab. Hier wurde von einer Person ausgewertet, inwieweit die Schülerinnen und Schüler die Aufgaben lösen konnten.

Bei Betrachtung der oberen Grafik aus Abb. 8.6 fällt auf, dass bei jeder Teilaufgabe mehr als 60 % der Schülerinnen und Schüler, die eine Lösung abgegeben haben, mehr als 90 % des Lösungsansatzes zeigen können. Bezüglich des Lösungsansatzes schwierigere Teilaufgaben waren die folgenden:

- (a) Nutzerprofile ausschließen
- (b) Verteilung der Zufallsvariablen
- (e1) Nullhypothese bestimmen
- (e2) Entscheidungsregel aufstellen

Schaut man nun auf die mittlere Grafik aus Abb. 8.6, so stellt man fest, dass vor allem die folgenden Teilaufgaben von weniger als 80 % der Schülerinnen und Schüler, die eine Lösung abgaben, mindestens zur Hälfte gelöst werden konnten:

- (b) Verteilung der Zufallsvariablen
- (c1) Wahrscheinlichkeit einer richtigen Einschätzung durch Regel B
- (c2) Wahrscheinlichkeit mit Binomialverteilung bestimmen
- (e2) Entscheidungsregel aufstellen
- (e3) Fehler 2. Art bestimmen (mehr als 50 %) und deuten
- (e4) Übertragbarkeit auf moderne soziale Netzwerke

Die untere Grafik aus Abb. 8.6 zeigt, dass die folgenden Teilaufgaben von mehr als 40 % der Schülerinnen und Schüler, die eine Lösung abgeben haben, nicht bearbeitet wurden:

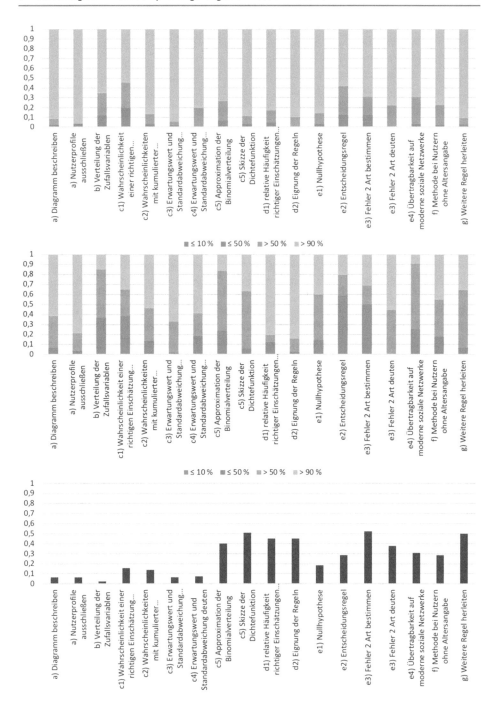

Abb. 8.6 Auswertung der Lösungsabgaben. Links: bezogen auf erreichten Anteil des Lösungsansatzes, Mitte: bezogen auf erreichten Lösungsanteil, Rechts: Anteil der Schülerinnen und Schüler, die Aufgabe nicht bearbeitet haben (Abgaben: 75)

- (c5) Skizze der Dichtefunktion (mehr als 50 %)
- (d1) relative Häufigkeit richtiger Einschätzungen durch Regel A
- (d2) Eignung der Regeln
- (e3) Fehler 2. Art bestimmen (mehr als 50 %)
- (g) Weitere Regel herleiten (ca. 50 %)

Die hinteren Aufgaben wurden zudem von mehr Schülerinnen und Schülern nicht bearbeitet als die vorderen.

Analysiert man die Lösungen, so kann man **häufige Fehler** identifizieren. Sie lauten bezogen auf die Teilaufgaben:

- (a) Abbildung zu grob beschrieben ohne markante Punkte, Begründung zum Ausschluss fehlte
- (b) beim Urnenexperiment fehlte der Schritt der Einschätzung, Zufallsvariable wurde als Anzahl der 25–30-Jährigen interpretiert, Begründung unvollständig (mehrfache Wiederholung oder Ziehen mit Zurücklegen, Benoulli-Experiment fehlten)
- (c) Vorstellung als zweistufiges Experiment fehlte, falsches p oder N, X als Anzahl der 25–30-Jährigen gedeutet, Begründung der Approximation (de Moivre-Laplace) fehlte, Name (Normalverteilung) der Verteilung fehlte, Einzeichnen der Kenngrößen in Skizze fehlte, Bezug zum Kontext fehlte
- (d) Konzept der bedingten Häufigkeiten fehlte, Vergleich der Regeln lückenhaft, Begründung fehlte
- (e) Bezug auf konkrete Ergebnisse des Hypothesentests fehlte
- (f) Bezug zur Methode fehlte
- (g) Regel nicht explizit genannt

Zudem hatten die Schülerinnen und Schüler die Möglichkeit, **Kommentare zur Aufgabe** aufzuschreiben. Wir wollen hier einige Kommentare nennen (orthografisch angepasst):

- „Ich hatte zu wenig Zeit, um alle Aufgaben zu bearbeiten."
- „Mein Problem mit der Entscheidungsregel und der Nullhypothese hat weniger mit der Aufgabenstellung zu tun, sondern eher mit meinem Problem beim Lösen solcher Aufgaben."
- „Zu viel Text"
- „Manche Aufgaben haben nichts mehr mit Mathe zu tun."
- „Vorausgesetzt man hat das Vorwissen über die Gefahren/Risiken/Vorteile/Nachteile/ Probleme der Medien (wie z. B. Facebook), indem man das in der Schule lernt (indem es Teil des Lernplans z. B. SoWi ist), dann sind die Aufgaben, die nach der eigenen Meinung fragen, angemessen. Ansonsten eher nicht."
- „Der Hypothesentest war deutlich anspruchsvoller als bei bisherigen Aufgaben."

- „Zum besseren Verständnis hätte man Regel C nennen können."
- „Wenn ich mich vorher gezielt auf das Thema vorbereitet hätte, hätte ich mehr Aufgaben lösen können."

Diskussion

Die Einschätzungen zur Relevanz und Authentizität der Aufgabenstellungen werden unterstützt durch die Antworten der Schülerinnen und Schüler. Zusätzlich ist das Ansehen eines mathematischen Verständnisses zum Verständnis der Lebenswelt bei den meisten Schülerinnen und Schülern hoch. Das Interesse an der Thematik ist bei den meisten Schülerinnen und Schülern vorhanden, wohingegen sich die wenigsten mit dem Thema beschäftigt haben. Dies untermauert die Notwendigkeit des Realitätsbezugs. Hier ist anzumerken, dass ein Leistungskurs bereits einen Workshop zum Thema besucht hat, wobei allerdings noch nicht Trumps Wahlkampf thematisiert wurde.

Nun wollen wir die einzelnen Teilaufgaben diskutieren:

Teilaufgabe (a) gehört zu den Aufgabenstellungen, die bisher nach den Vorgaben nicht typisch für Abiturprüfungsaufgaben sind[1]. Die Schülerinnen und Schüler gaben an, diese sowohl gut verstanden, einen Lösungsansatz gehabt zu haben und auch lösen zu können. Die abgegebenen Lösungen zeigten, dass hier Lösungen möglich sind, die Vollständigkeit jedoch geschult werden muss.

Teilaufgabe (b) sollte den Schülerinnen und Schülern gemäß den Vorgaben im Prinzip bekannt sein, wurde jedoch durch die Erläuterung mittels Urnenexperiment ergänzt. Dies zeigte sich in den Antworten durch hohes Verständnis und einen guten Lösungsansatz, allerdings teils unvollständigen Lösungen, was zum Teil auf die Begründungsart zurückzuführen ist.

Teilaufgabe (c1) ist den Schülerinnen und Schülern gemäß den Vorgaben im Prinzip bekannt. Der Schritt zur Modellierung als zweistufiges Zufallsexperiment fiel allerdings vielen schwer. Konnte dieser vollzogen werden, so war die Aufgabe meist richtig gelöst. In (c2)–(c4) begegneten die Schülerinnen und Schüler Aufgaben, die ihnen gemäß den Vorgaben bekannt sein sollten. Nach ihren Angaben hatten sie dafür Verständnis, einen Lösungsansatz und eine Lösung. Fehler waren hier zumeist der Einsatz falscher Zahlen. Teilaufgabe (c5) bereitete vielen Schülerinnen und Schülern Probleme im Verständnis und auch im Lösungsvorgang. Sie gehört zu einer der schwersten Aufgaben. Dies zeigte auch die Bearbeitungsquote. Die Schülerinnen und Schüler, die sie lösen konnten, kamen allerdings zu einem adäquaten Ergebnis. Hier war ggf. die Skizze unvollständig oder die Begründung fehlte.

Teilaufgabe (d1) und auch (d2) waren nach den aktuellen Vorgaben nicht typisch für Abiturprüfungsaufgaben. Das zeigte sich auch in der Angabe, diese nicht verstanden zu haben oder lösen zu können sowie in der Bearbeitungsquote. Dennoch sind

---

[1] Vergleiche hierzu die Beispiele in KMK (2012) und IQB (2018).

diese Teilaufgaben von Schülerinnen und Schülern gelöst worden. Hier waren ggf. die Lösungen lückenhaft, aber nicht grundsätzlich falsch.

Die Teilaufgaben (e1)–(e3) gehören gemäß den Vorgaben zu den Standardaufgaben einer Abiturprüfung im Sachgebiet Stochastik. Es zeigte sich eine Diskrepanz in den Angaben der Schülerinnen und Schüler. Sie gaben an, sie verstanden zu haben, aber nicht lösen zu können. Das zeigte sich auch in den angebenden Lösungen. Hier könnte eine Begründung im Kommentar einer Schülerin bzw. eines Schülers liegen, dass solche Aufgaben den Schülerinnen und Schülern tendenziell schwerfallen. Dies kann auch die geringe Bearbeitungsquote erklären. Durch die fehlenden Angaben von Zahlen, die zur Aufstellung der Hypothesen notwendig sind, könnte der Kommentar, dass der Hypothesentest deutlich schwerer war als sonst, begründet werden. In bereits entwickelten Abiturprüfungsaufgaben sind diese Zahlen häufig in der Aufgabenstellung angegeben. Teil (e4) ist allerdings für die Schülerinnen und Schüler eine herausfordernde Transferaufgabe. Sie war schwer zu verstehen und zu lösen. Hier fehlte häufig der Bezug zum Kontext.

Die beiden Teilaufgaben (f) und (g) sind ebenfalls nach den aktuellen Vorgaben nicht typisch für Abiturprüfungsaufgaben. Auch hier zeigte sich dies in den Angaben und Bearbeitungsquoten der Schülerinnen und Schüler. Dennoch zeigten die abgegebenen Lösungen, dass die Ansätze und Lösungen tendenziell besser sind als ihre Einschätzung. Häufig fehlten nur Kleinigkeiten zur vollständigen Lösung.

Die Ergebnisse sind unter Beachtung verschiedener Faktoren zu sehen: Eine Selbsteinschätzung von Schülerinnen und Schülern hat den Nachteil, dass es zu falschen oder drastischen Einschätzungen kommen kann. Die Versuche wurden zudem zwar unter ähnlichen Umständen wie im Abitur aber eben nicht unter den gleichen durchgeführt. Dies betrifft auch die Vorbereitung der Schülerinnen und Schüler, sodass davon auszugehen ist, dass durch eine bessere Vorbereitung auch eine bessere Lösung der Aufgaben möglich ist, was sich mit dem Kommentar einer Schülerin oder eines Schülers deckt.

Insgesamt kann man festhalten, dass gerade die typischen Aufgabenstellungen auch in diesem komplexen Kontext von den Schülerinnen und Schülern adäquat beantwortet werden konnten. Untypische oder schwere Aufgabenstellungen bereiteten – wie erwartet – Probleme. Die Abgaben zeigten jedoch, dass eine Lösung auch zum jetzigen Ausbildungsstand der aktuellen Abiturientinnen und Abiturienten möglich ist. Ob die Probleme bei den hinteren Teilaufgaben z. B. aufgrund von Zeitmangel entstanden sind, kann weiter untersucht werden. Weiterentwicklungen der Abiturprüfungsaufgabe können eine Reduzierung des Textes und auch die Nennung von Regel C beinhalten.

Grundsätzlich haben wir großen Wert auf die Nutzung von Weltwissen bei den Validierungsaufgaben gelegt. Der Kommentar, dass man dieses Vorwissen in der Schule lernen sollte, zeigt, dass hier ein fächerverbindender Unterricht möglich und gefordert ist. Die Antworten der Schülerinnen und Schüler machen allerdings auch deutlich, dass das Weltwissen durch den für die Schülerinnen und Schüler relevanten Kontext durchaus schon vorhanden ist. Dass solche Aufgaben häufig mit Argumentation zu lösen sind und dass dies den Schülerinnen und Schülern nicht mehr „wie Mathe" vorkommt, zeigt, dass diese Kompetenz, die sicherlich zum Modellieren dazugehört, häufiger im Unterricht gefördert werden könnte.

8.4   Herausforderungen bei der Erstellung der Aufgabe und Ausblick zu mehr Offenheit

In diesem Abschnitt geht es um den Weg der Erstellung der Aufgabe. Wir widmen uns Herausforderungen und geben einen Ausblick auf weitere mögliche Aufgabentypen.

Grundlage der vorgestellten Aufgabe ist ein Workshop des Schülerlabors CAMMP (Computational and Mathematical Modeling Program) der RWTH Aachen und des KIT. In der Philosophie von CAMMP wird Mathematik nie um der Mathematik Willen betrieben. Die Mathematik dient stets zur Lösung eines außermathematischen Problems. Wir möchten den kreativen Umgang mit Mathematik fördern, indem wir möglichst aktiv mit Schülerinnen und Schülern problemorientiert arbeiten. Das ursprüngliche Konzept zur Bearbeitung der Fragestellung „Kann man mit Mathematik Wahlen gewinnen?" unterscheidet sich in der Fülle der Möglichkeiten von denen im Rahmen einer Abiturprüfungsaufgabe. Das Material musste stark an die Anforderungen der Abiturprüfungsaufgaben angepasst werden.

Im ursprünglichen Konzept (Sube 2016) erarbeiten die Schülerinnen und Schüler der Sekundarstufe II die Thematik mit Fokus auf die Vorhersage der sexuellen Orientierung von Nutzern des Netzwerks Friendster in sechs bis sieben Stunden, in denen sie durch eine mögliche Modellierung geführt werden. Sie werden nach dem Prinzip der minimalen Hilfe unterstützt. Zunächst werden die Lernenden in die Methode der mathematischen Modellierung und in die Problemstellung durch einen Vortrag eingeführt. Die Schülerinnen und Schüler führen den Schritt des mathematischen Lösens mithilfe von MATLAB-Worksheets selbstständig durch. Diese Vorgehensweise wird auch von Siller und Greefrath (2009) beim Schritt des mathematischen Arbeitens empfohlen. Die Schülerinnen und Schüler lernen zunächst Vorhersageregeln für Eigenschaften der Nutzer des Netzwerks Friendster, in diesem Fall Heuristiken, kennen und wenden die Vorhersageregeln auf eine Person und auch mehrere an. Hierbei entdecken sie Stärken und Schwächen der Regeln und diskutieren eine „angemessene" Stichprobengröße. Zudem führen sie erste Variationen der Regeln durch, die parameterabhängig sind. Schließlich stellt sich die Frage nach der Güte der Heuristiken. Als gemeinsames Gütemaß wird „Cohens Kappa" (Cohen 1960) entwickelt und verwendet, wobei auch die Möglichkeit der Verwendung und Diskussion der Regeln mithilfe der Trefferquote oder der Genauigkeit besteht. In weiteren Arbeitsphasen werden eine Optimierung sowie ein Hypothesentest durchgeführt. Der Workshop schließt mit einer Reflexion der Modellierung und der Beantwortung der Fragestellung in einer Diskussion.

Bei der Erstellung des Materials für den beschriebenen Workshop wurde Mathematik verwendet, die nicht explizit in Bundes- oder Landesvorgaben steht. Der Workshop eröffnet die Möglichkeit, dass Schülerinnen und Schüler mit Mathematik oberhalb des Schulniveaus arbeiten und einen Einblick in diese Mathematik erhalten. Allerdings sind einige Schnittstellen zu Lehrvorgaben besonders im Bereich des Modellierens und in der Stochastik zu sehen. Somit ist die Voraussetzung für die Umsetzbarkeit einiger Aufgaben des Workshops für eine Abiturprüfungsaufgabe gegeben.

Zur Umsetzung des Vorhabens mussten jedoch einige Restriktionen erfolgen. Die Entdeckungen im Workshop und die offenen Diskussionen, das nahezu selbstständige Erarbeiten und die Nutzung von Mathematik außerhalb der schulischen Vorgaben wurden zugunsten der Vorgaben für Abiturprüfungsaufgaben aufgegeben. Dennoch sind die genutzten Daten echt, die Zahlen beruhen auf echten mathematischen Untersuchungen und die Methode wird im Prinzip beibehalten.

Wir haben zuvor eine Aufgabe vorgestellt, die dem bekannten Muster folgt. Unseres Erachtens gibt es jedoch auch Perspektiven, wie man in Zukunft zu einer offeneren Modellierung in Abiturprüfungsaufgaben gelangen kann. Exemplarisch sollen nun einige Vorschläge vorgestellt werden, die wir gerne in die didaktische Diskussion geben:

Im Bereich des Vereinfachens oder Strukturierens könnten Schülerinnen und Schüler von Beginn an selbstständig Vereinfachungen und Annahmen tätigen. Mit der folgenden Aufgabe, die nach Einführung in den Kontext und Beschreibung der Regeln als erstes gestellt würde, kann das geschehen:

> **Beispiel**
>
> Einige Nutzerprofile des Netzwerks lagen anfangs in folgender Form vor, wobei hier nur ein Ausschnitt aus dem Datensatz gezeigt wird (Tab. 8.3).
>
> *Welche Voraussetzungen an die Nutzerprofile würden Sie durch Betrachtung der Tabelle stellen, damit eine Untersuchung mit der Einschätzungsmethode mit einer Regel, die die Informationen der Freunde eines Nutzers nutzt, funktioniert? Begründen Sie Ihre Wahl.*

Tab. 8.3 Ausgewählte Nutzerprofile des Netzwerks

Nummer	Geschlecht	Alter	Beziehungsstatus	Interessen
139.	Männlich	24		Frauen treffen (Date), Beziehung mit Frauen, Freunde, Partner für Aktivitäten
140.				
142.	Männlich	29	In einer Beziehung	Männer treffen (Date), Beziehung mit Männern, Freunde, Partner für Aktivitäten
143.	Männlich	40	Verheiratet	Frauen treffen (Date), Beziehung mit Frauen, Freunde, Partner für Aktivitäten
145.		44		
146.	Weiblich		Alleinstehend	Freunde, Partner für Aktivitäten
147.	Weiblich	29	In einer Beziehung	Freunde
149.	Weiblich	299	In einer Beziehung	Nur herumschauen

Eine mögliche Antwort wäre: Nutzer Nummer 140 ist nicht geeignet, da dieser keinerlei Angaben zum Alter gemacht hat. Hier kann man die Einschätzung nicht überprüfen. Das trifft auch auf Nutzerin Nummer 146 zu. Diese ist also ebenfalls nicht geeignet. Zudem sollte Nutzerin Nummer 149 nicht verwendet werden, da ein Alter von 299 vermutlich nicht wahrheitsgemäß ist. Als Voraussetzungen können genannt werden:

- Die Altersangaben der Nutzer sind plausibel. Das ist sinnvoll, damit den Nutzern ein Alter zugeordnet werden kann. Wäre das nicht möglich, so könnten die Einschätzungen nicht überprüft werden.
- Die Nutzer müssen ihr Alter angegeben haben. Wäre das nicht möglich, so könnten die Einschätzungen nicht überprüft werden.
- Alle Nutzer haben mindestens einen Freund. Ohne diese Voraussetzung könnte die Regel nicht angewendet werden.

Diese Aufgabe ist deutlich offener als der Teil (a) der zuvor vorgestellten Aufgabe. Die Schülerinnen und Schüler können hier mit den konkreten Daten arbeiten und Annahmen bzw. Vereinfachungen treffen.

Eine Möglichkeit, offener zu mathematisieren, stellt die nächste Aufgabe vor. Sie ist zu sehen mit den Informationen der Teilaufgabe (d):

Beispiel

Wie gut ist Regel A? Entwickeln Sie ein Kriterium zur Messung der Güte der Regel. Wenden Sie Ihr entwickeltes Kriterium auf die gegebenen Daten an.

Eine mögliche Antwort wäre: Wir untersuchen die bedingte Wahrscheinlichkeit, dass ein als 25–30-jährig Klassifizierter auch tatsächlich 25–30-jährig ist. Bestimme dazu

$$P(\text{Nutzer ist } 25-30\text{-jährig} \mid \text{Nutzer als } 25-30\text{-jährig klassifiziert}) = \frac{11953}{11953 + 2922} \approx 0{,}8$$

Die Schülerinnen und Schüler bekommen hier die Freiheit der mathematischen Methode. Da die Anwendung der Methode vom Finden dieser abhängig ist, kann über die Angabe eines Zwischenergebnisses oder eines Tipps nachgedacht werden.

Im Bereich des Interpretierens und Validierens können wir uns ebenfalls offenere Aufgabenstellungen vorstellen:

Beispiel

Bei der Schätzung der Altersgruppe ohne Beachtung der Freunde eines Nutzers kann man eine Trefferwahrscheinlichkeit von 51 % erreichen. Ein Experiment mit einer Regel, die die Angaben der Freunde eines Nutzers nutzt, zeigte: Diese schätzt bei 81 % der Nutzer die Altersgruppe richtig ein. *Diskutieren Sie, warum die Freunde-Regel besser ist als die Einschätzung mithilfe des Zufalls.*

Die Anwendung einer anderen Regel ergibt, dass 95 % der Nutzer nicht zwischen 25 und 30 Jahre alt sind. *Beurteilen Sie, ob dieses Ergebnis realistisch ist.*Mögliche Antworten:

Die Freunde-Regel nutzt Informationen über die Freunde des Nutzers. Vermutlich sind die meisten Freunde im gleichen oder ähnlichen Alter, sodass hier das Alter des Nutzers gut vorhergesagt werden kann.

Das Ergebnis ist vermutlich nicht realistisch, da dies zum einen nicht die Altersstruktur in der Gesellschaft widerspiegelt und zum anderen vermutlich vor allem jüngere Menschen (14 bis 20 Jahre alt) in sozialen Netzwerken aktiv sind.

Mit diesen Aufgaben kann die kritische Reflexion und Interpretation angeregt werden. Zur Beantwortung der Fragen ist ein gewisses Maß an Weltwissen erforderlich. Nach unserer Auffassung ist die Nutzung von Weltwissen und das Treffen von mathematischen Annahmen bzw. das Interpretieren von mathematischen Ergebnissen untrennbar und gerade das Interessante an der Modellierung von relevanten Anwendungskontexten.

8.5   Schlussbemerkung

Wir haben in diesem Kapitel einen Vorschlag für eine Abiturprüfungsaufgabe mit authentischem und relevantem Realitätsbezug vorgestellt. Wir zeigen durch Bezug zu den Bildungsstandards der Kultusministerkonferenz und durch Bezug zum Kernlehrplan des Landes Nordrhein-Westfalen auf, dass es möglich ist, vorgegebene Standards zu erfüllen und dabei die Relevanz und Authentizität in den Vordergrund zu stellen. Relevant und authentisch ist die Aufgabe durch das Aufgreifen der Lebenswelt der sozialen Netzwerke der Schülerinnen und Schüler, durch Einbindung eines aktuellen Ereignisses und aktuelle wissenschaftliche mathematische Studien. Die Eignung wurde diskutiert durch die Darstellung von Erfahrungswerten im Einsatz der Aufgabe, wobei u. a. die Lösungshäufigkeiten der Schülerinnen und Schüler zeigen, dass eine solche Aufgabe auch in einer Abiturprüfung eingesetzt werden könnte. Die Erstellung der Aufgabe war mit Herausforderungen verbunden, die gemeinsam mit weiteren, offeneren Aufgabentypen dargelegt wurden.

Die Entwicklung von Abiturprüfungsaufgaben ist und bleibt herausfordernd, da man sich in einem diversen Spannungsfeld vielfältiger Interessen befindet. Wir möchten mit dem Vorschlag einer Abiturprüfungsaufgabe einen Beitrag zur aktuellen didaktischen Diskussion leisten.

Anhang

Lösungsskizze

a) **Beschreibung:** Die Abbildung zeigt die Anzahl der Nutzer, die ein bestimmtes Alter vermerkt haben. Es gibt ca. 900 Nutzer mit Alter 0 oder 1. Zwischen 1 und 20 Jahren sind keine Nutzeranzahlen zu sehen. Ein Anstieg der Anzahl der Personen eines bestimmten Alters ist zwischen 20 und 25 Jahren zu sehen. Die meisten Profile zeigen ein Alter von ca. 24–40 Jahren. Die Anzahl fällt dann bis zum Alter von 90 Jahren ab. Ein Alter von 90/91 Jahren haben ca. 250 Nutzer. Hier ist ein weiterer Anstieg der Anzahl zu sehen.

   Ausschluss von Nutzern: Im Datensatz befinden sich ca. 900 Nutzer mit Alter 0. Diese würde ich entfernen, da das Alter vermutlich nicht dem tatsächlichen Alter entspricht. Außerdem denke ich, dass das auch für die Nutzer mit Alter von 90 oder 91 Jahren in dieser Häufigkeit zutrifft. Es ist zwar möglich, aber recht unwahrscheinlich. Diese würde ich auch entfernen. [Alternative: Letztgenannte Gruppe bleibt im Datensatz, da sie statistisch nicht auszuschließen ist.]

b) Es handelt sich um ein Bernoulli-Experiment, bei dem nur zwei Ausgänge möglich sind: richtige oder falsche Einschätzung. Dieses wird unabhängig n-mal durchgeführt (Bernoulli-Kette).

   Mit Darstellung als Urnenexperiment: In einer Urne befinden sich Kugeln. Diese haben zu 41,74 % die Farbe rot. Alle anderen sind blau. Es wird eine Kugel verdeckt gezogen. Die Kugelfarbe wird eingeschätzt. Es wird kontrolliert, ob die Farbe richtig oder falsch getippt wurde. Die Kugel wird zurückgelegt.

c) (Diagramm kann hilfreich sein, ist aber nicht notwendig) (Abb. 8.7)

   1. mit Pfad- und Summenregel ergibt sich: $0{,}4174 \cdot 0{,}4174 + 0{,}5826 \cdot 0{,}5826 \approx 0{,}51$

   2. $P(X = 1) = \binom{5}{1} \cdot 0{,}51^1 \cdot 0{,}49^4 \approx 0{,}1470$

   $P(X \leq 2) = P(X = 0) + P(X = 1) + P(X = 2) \approx 0{,}0282 + 0{,}1470 + 0{,}3060 \approx 0{,}4812$

   3. $\mu = n \cdot p = 41778 \cdot 0{,}51 \approx 21307$; $\sigma = \sqrt{n \cdot p \cdot (1-p)} \approx \sqrt{10440} \approx 102$

   4. Der Erwartungswert von 21307 besagt, dass durchschnittlich, bei mehrmaligem Anwenden 21307 richtige Einschätzungen mit Regel B zu erwarten sind. Eine Standardabweichung von 102 bedeutet, dass im Intervall $[21307 - 102, 21307 + 102]$ ca. 68 % der Anzahlen richtiger Einschätzungen mit Regel B liegen werden.

   5. Es ist eine Approximation durch eine Normalverteilung möglich, da $\sigma > 3$ (de Moivre-Laplace) ist. Skizze in Abb. 8.8.

d)

   1. (Tabelle kann hilfreich sein, ist aber nicht notwendig) (Tab. 8.4)
      Da von 41778 41,74 % 25–30-jährig sind, sind dies 17438 Nutzer. Damit werden $17438 - 5487 = 11951$ Nutzer als 25–30-jährig richtig bestimmt. Zudem sind $21418 = 41778 - 17438 - 2922$ Nutzer als nicht 25–30-jährig richtig bestimmt worden. Insgesamt: $(11951 + 21418)/41778 \approx 0{,}80$

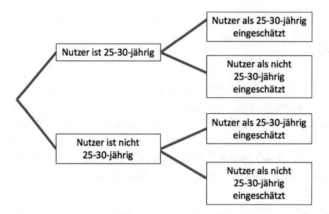

Abb. 8.7 Baumdiagramm

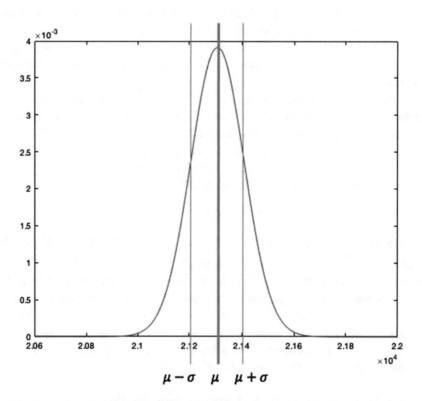

Abb. 8.8 Normalverteilung mit Kenngrößen

Tab. 8.4 Bedingte Häufigkeiten		Ist 25–30-j.	Ist nicht 25–30-j.	Summe
	Als 25–30-j. geschätzt	11951	2922	…
	Als nicht 25–30-j. geschätzt	5487	21418	…
	Summe	…	…	…

2. Zunächst ist die Wahrscheinlichkeit einer richtigen Einschätzung durch Regel C größer als durch Regel A. Zudem ist diese Wahrscheinlichkeit für Regel C größer als für Regel B. Die Wahrscheinlichkeit einer richtigen Einschätzung durch Regel A ist größer als durch Regel B. Demnach ist Regel C die erfolgversprechendste. Grundsätzlich liegen die Ergebnisse 0,8 und 0,81 sehr nah beieinander. Die Methoden sollten auf einem anderen Datensatz zusätzlich getestet werden, um hier eine genauere Aussage zur Güte zu machen.

e)

1. Die Nullhypothese lautet: H_0: $p \leq 0{,}51$. „Die Wahrscheinlichkeit einer richtigen Einschätzung durch Regel C (genannt p) ist kleiner als die oder gleich der Wahrscheinlichkeit einer richtigen Einschätzung durch Regel B (=0,51)."

2. Bei Verwendung eines geeigneten Taschenrechners erhält man

$$P_{P=0,51}(X \geq 21475) = 1 - P_{P=0,51}(X \leq 21474) \approx 1 - 0{,}9497 = 0{,}0503 > 0{,}05$$

$$P_{P=0,51}(X \geq 21476) = 1 - P_{P=0,51}(X \leq 21475) \approx 1 - 0{,}9507 = 0{,}0493 > 0{,}05$$

Als Entscheidungsregel ergibt sich in diesem Fall:
Verwirf die Nullhypothese, falls $X \geq 21476$, also 21476 oder mehr Nutzer richtig eingeschätzt wurden.

3. $\beta = P_{p=0,6}(X \leq 21475) \approx 0$

Der Fehler 2. Art bedeutet, dass die Nullhypothese irrtümlich nicht verworfen wird, obwohl Regel C eine größere Wahrscheinlichkeit einer richtigen Einschätzung hat als Regel B.

Der Fehler 2. Art ist hier nahe Null. Das bedeutet, dass im Hypothesentest dieser Entscheidungsfehler (fast) nie auftritt.

4. Die Ergebnisse des Hypothesentests gelten zunächst nur für die genutzten Daten, also für das Netzwerk Friendster. Sie geben Hinweis auf die Gültigkeit der Ergebnisse der Experimente für das komplette Netzwerk. Die Vorgehensweise scheint allerdings übertragbar, da man auch bei modernen Netzwerken mit dem Alter der Nutzer arbeiten kann. Wie gut die Vorhersagen dann sind, ist zu prüfen.

f) Die Einschätzungsmethode nutzt bei Verwendung von Regel A die Altersangaben der Freunde eines Nutzers. Deshalb ist es prinzipiell möglich, dies auch bei Nutzern anzuwenden, die ihr Alter nicht angegeben haben. Allerdings denke ich, dass die Einschätzungsmethode schlechter wird, wenn sehr viele Nutzer ihr Alter nicht angegeben haben.

g) Vermutung: Personen einer bestimmten Altersgruppe haben ähnliche Interessen. Dies kann durch Verhalten in sozialen Netzwerken, wie z. B. Likes, herausgefunden werden. Regel: Wenn ein Nutzer an Babyspielzeug interessiert ist, dann ist er 20–40-jährig.

Fragebogen in Kurzform

Liebe Schülerinnen und Schüler, vielen Dank, dass Ihr eine neue Abiturprüfungsaufgabe testet. Eure Anmerkungen werden anonym aufgenommen. Wir bitten Euch um Rückmeldungen zu der Aufgabe. Beantwortet bitte die folgenden Fragen!

Persönliche Angaben.

Jahrgangsstufe: __ **Schulart:** ◯ Gymnasium ◯ Gesamtschule **Kursart:** ◯ Leistungskurs ◯ Grundkurs

Allgemeine Fragen

Bitte Zutreffendes ankreuzen.

	Trifft gar nicht zu (− −)	Trifft eher nicht zu (−)	Trifft zum Teil zu (+)	Trifft voll zu (++)	Kommentare
Das Thema ist Teil meiner Lebenswelt					
Das Thema ist relevant für mich					
Ich finde das Thema realistisch					
Mathematisches Verständnis finde ich wichtig, um meine Lebenswelt zu verstehen					
Ich finde das Thema interessant					
Ich habe mich schon mit Datenanalysen in sozialen Netzwerken beschäftigt					

Fragen zu den Aufgaben

Bitte Zutreffendes ankreuzen

Aufgabe	Ich habe die Aufgabe verstanden				Ich konnte mir einen Lösungsweg vorstellen	Ich konnte die Auf-gabe lösen
	Trifft gar nicht zu $(--)$	Trifft eher nicht zu $(-)$	Trifft zum Teil zu (+)	Trifft voll zu (++)	*Analog*	*Analog*
(a) Beschreibung Dia-gramm						
(a) Nutzerprofile aus-schließen						
(b) Verteilung der Zufalls-variablen						
(c1) Wahrscheinlichkeit einer richtigen Ein-schätzung durch Regel B						
(c2) Wahrscheinlichkeiten mit Binomialverteilung bestimmen						
c3) Erwartungswert und Standardabweichung bestimmen						
(c4) Erwartungswert und Standardabweichung deuten						
(c5) Annäherung der Binomialverteilung						
(c5) Skizze der Dichte-funktion						
(d1) rel. Häufigkeit rich-tiger Einschätzungen mit Regel A						
(d2) Eignung der Regeln						
(e1) Nullhypothese						
(e2) Entscheidungsregel						
(e3) Fehler 2. Art bestimmen						
(e3) Fehler 2. Art deuten						
(e4) Übertragbarkeit auf moderne soz. Netzwerke						
(f) Methode bei Nutzern ohne Altersangabe						
(g) Weitere Regel herleiten						

Sonstige Anmerkungen:

Literatur

Cadwalladr, C. & Graham-Harrison, E. (17. März 2018). How Cambridge analytica turned facebook ‚likes' into a lucrative political tool. *The Guardian.* https://www.theguardian.com/technology/2018/mar/17/facebook-cambridge-analytica-kogan-data-algorithm. Zugegriffen: 3. Apr. 2018.

CAMMP-Website. http://www.cammp.rwth-aachen.de/. Zugegriffen: 3. Juni 2016.

Chapman, P. et al. (2000). CRISP-DM 1.0. Step-by-step data mining guide. Hrsg. SPSS Inc. https://the-modeling-agency.com/crisp-dm.pdf. Zugegriffen: 29. Apr. 2019.

Cheshire, T. (22. Oktober 2016). Behind the scenes at Donald Trump's UK digital war room. *Sky News.* https://news.sky.com/story/behind-the-scenes-at-donald-trumps-uk-digital-war-room-10626155. Zugegriffen: 21. Okt. 2016.

Cohen, J. (1960). A coefficient of agreement for nominal scales. *Educational and Psychological Measurement, 20,* 37–46.

Grassegger, H. & Krogerus, M. (20. April 2018). Ich habe nur gezeigt, dass es die Bombe gibt. *Das Magazin.* https://www.dasmagazin.ch/2016/12/03/ich-habe-nur-gezeigt-dass-es-die-bombe-gibt/?reduced=true. Zugegriffen: 20. Apr. 2018.

Greefrath, G., & Siller, H.-S. (2009). Mathematical modelling in class regarding to technology. In: *Proceedings of CERME 6,* (S. 2136–2145), Lyon, France.

Greefrath, G. Siller, H.-S., & Ludwig, M. (2017). Modelling problems in german grammar school leaving examinations (Abitur) – theory and practice. In: *Proceedings of the Tenth Congress of the European Society for Research in Mathematics Education (CERME 10)* (S. 829–836), Dublin, Ireland.

Ho, T.K. (1995). Random decision forests. In: *Proceedings of 3rd international conference on document analysis and recognition* (Bd. 1, S. 278–282), Montreal, Que., Canada.

Institut zur Qualitätsentwicklung im Bildungswesen (IQB). https://www.iqb.hu-berlin.de/abitur/sammlung, www.iqb.hu-berlin.de/bista/abi. Zugegriffen: 3. Apr. 2018.

Kaiser, G., & Sriraman, B. (2006). A global survey of international perspectives on modelling in mathematics education. *Zentralblatt für Didaktik der Mathematik, 38*(3), 302–310.

Kultusministerkonferenz der Länder in der Bundesrepublik Deutschland (KMK). (2012). *Bildungsstandards im Fach Mathematik für die Allgemeine Hochschulreife* (S. 2015). München: Wolters Kluwer.

MacKay, R. J., & Oldford, W. (1994). *Stat 231 course notes full 1994.* Waterloo: University of Waterloo.

Medienpädagogischer Forschungsverbund Südwest. (2018). JIM 2018 Jugend, Information, Medien – Basisstudie zum Medienumgang 12- bis 19-Jähriger. Stuttgart. https://www.mpfs.de/fileadmin/files/Studien/JIM/2018/Studie/JIM_2018_Gesamt.pdf. Zugegriffen: 14. Juni 2019.

Ministerium für Schule und Weiterbildung des Landes Nordrhein-Westfalen. (2013). *Kernlehrplan für das Gymnasium – Sekundarstufe II Gymnasium/Gesamtschule in Nordrhein-Westfalen. Mathematik.* Frechen: Ritterbach.

Olson, D. L., & Delen, D. (2008). *Advanced data mining techniques.* Berlin: Springer.

Sarigol, E., Garcia, D. & Schweitzer, F. (22.09.2014). Online privacy as a collective phenomenon. COSN'14, Dublin. http://arxiv.org/pdf/1409.6197v1.pdf. Zugegriffen: 6. Juni 2016.

Sube, M. (2016) Wie sicher ist meine Privatsphäre in sozialen Netzwerken? …und was hat das mit Mathe zu tun? Masterarbeit, RWTH Aachen. https://blog.rwth-aachen.de/cammp/files/2016/10/thesis-soziale-netzwerke.pdf. Zugegriffen: 3. Apr. 2018.

Wild, C. J., & Pfannkuch, M. (1999). Statistical thinking in empirical enquiry. *International Statistical Review, 67*(3), 223–265.

Winter, H. (1995). Mathematikunterricht und Allgemeinbildung. *Mitteilungen der Gesell-schaft für Didaktik der Mathematik, 61*, 37–46. http://geosoft.ch/fachdidaktik/fd3/Winter.pdf. Zugegriffen: 6. Juni 2016.

Zastrow, V. (12. Dezember 2016). Wie Trump gewann. *Frankfurter Allgemeine.* http://www.faz. net/aktuell/politik/trumps-praesidentschaft/wie-der-wahlsieg-vondonald-trump-mit-big-data-ge-lang-14568868.html?printPagedArticle = true#pageIndex_2. Zugegriffen: 20. Dez. 2016.

Metakognition als Teil von Modellierungskompetenz aus der Sicht von Lehrenden und Lernenden

Katrin Vorhölter, Alexandra Krüger und Lisa Wendt

Zusammenfassung

Der Nutzen metakognitiver Strategien beim Lösen komplexer Aufgaben ist in der didaktischen Diskussion zur mathematischen Modellierung unbestritten, wenn auch die Forschungsergebnisse widersprüchlich erscheinen. Die Anwendung metakognitiver Strategien stellt jedoch am Anfang einen Mehraufwand für alle Beteiligten dar. Im Beitrag wird anhand von Fallbeispielen aufgezeigt, wie Lehrende und Lernende den Mehrwert der Anwendung metakognitiver Strategien beim Modellieren bewerten und ob sich ihre Sichtweisen durch das Bearbeiten mehrerer komplexer Modellierungsaufgaben ändern. Die im Beitrag dargestellten Ergebnisse basieren auf Daten, die im Rahmen des Projekts MeMo (Förderung metakognitiver Modellierungskompetenzen von Schülerinnen und Schülern) erhoben und ausgewertet wurden. Die quantitativ ausgewerteten Selbsteinschätzungen der Schülerinnen und Schüler zur Verwendung metakognitiver Strategien beim Modellieren zeigen, dass sich die verwendeten Strategien in drei unterschiedliche Komponenten unterteilen lassen. Darüber hinaus zeigen erste Auswertungen der Sichtweisen der Lernenden und Lehrenden Zuwächse metakognitiver Aktivitäten bei den Schülerinnen und Schülern und insbesondere eine Entwicklung im Bewusstsein der Bedeutsamkeit von Metakognition beim mathematischen Modellieren.

K. Vorhölter (✉) · A. Krüger · L. Wendt
Fakultät für Erziehungswissenschaft, Universität Hamburg, Hamburg, Deutschland
E-Mail: katrin.vorhoelter@uni-hamburg.de

A. Krüger
E-Mail: alexandra.krueger@uni-hamburg.de

L. Wendt
E-Mail: lisa.wendt@uni-hamburg.de

9.1   Einleitung

Seit vielen Jahren wird der Einfluss von Metakognition auf das Lernen und die Leistung von Schülerinnen und Schülern erforscht. Auch innerhalb der nationalen wie internationalen Forschung zur mathematischen Modellierung wird dem Aspekt der Metakognition seit Beginn des Jahrtausends Beachtung geschenkt, was sich unter anderem durch die Arbeiten von Maaß (2004) und Stillman (2011) zeigt. Blum (2011) fasst sogar zusammen, dass für die Entwicklung von Modellierungskompetenzen die Anwendung von Metakognition nicht nur bedeutsam, sondern unabdingbar sei. Anders als die wahrgenommene Bedeutung von Metakognition jedoch vermuten lässt, wurde bislang nur in wenigen Studien der Einfluss von Metakognition auf den Erwerb von mathematischen Modellierungskompetenzen und die Bearbeitung von Modellierungsproblemen sowie Maßnahmen zur Förderung für das Modellieren wichtiger metakognitiver Kompetenzen erforscht.

In diesem Artikel werden Forschungsergebnisse zu metakognitiven Strategien vorgestellt, die für das mathematische Modellieren bedeutsam sind. Hierzu wird zum einen aufgezeigt, wie sich metakognitive Strategien zum Modellieren konzeptualisieren lassen und wie sie empirisch voneinander zu unterscheiden sind. Zum anderen werden die Sichtweisen von Schülerinnen und Schülern sowie von Lehrkräften auf eingesetzte metakognitive Strategien dargestellt.

9.2   Theoretische Grundlagen

In der aktuellen nationalen wie internationalen didaktischen Diskussion zum mathematischen Modellieren existiert eine Vielzahl an Definitionen von Modellierungskompetenz. Viele von ihnen umfassen metakognitive Aspekte als Teilfacette von Modellierungskompetenz (u. a. Maaß 2004; Kaiser 2007; Blum 2011). Um die Bedeutung von Metakognition beim Modellieren deutlich machen zu können, wird im Folgenden zunächst – ausgehend von Metakognition als Teil von Modellierungskompetenz – ein allgemeines Konzept von Metakognition dargestellt. Daran anschließend wird der Einfluss von Metakognition auf einzelne Phasen des Modellierens wie auch auf den gesamten Modellierungsprozess verdeutlicht.

9.2.1   Modellierungskompetenzen

Die bestmögliche und effizienteste Förderung von Modellierungskompetenzen von Schülerinnen und Schülern ist eines der großen Forschungsthemen der letzten Jahre im Bereich der mathematischen Modellierung. Die einzelnen Forschungsprojekte zielen dabei unter anderem auf die Untersuchung eines angemessenen Lehrerverhaltens während des Bearbeitens von Modellierungsproblemen oder die Entwicklung und Evaluation von Unterrichtseinheiten zur Förderung von Modellierungskompetenzen bzw. einzelnen Teilkompetenzen (für einen Überblick über empirische Ergebnisse aus dem deutschsprachigen Raum siehe Greefrath und Vorhölter 2016). Kaiser und Brand (2015) stellen die unterschiedlichen Ansichten bezüglich der Konzeptualisierung von Modellierungskompetenzen und ihrer Entwicklung seit den frühen achtziger Jahren des letzten Jahrhunderts dar und unterscheiden verschiedene Stränge der Modellierungskompetenzdebatte. Sie zeigen auf, dass in den meisten Definitionen von Modellierungskompetenz davon ausgegangen wird, dass sich diese aus unterschiedlichen Fähigkeiten zusammensetzt. So definiert beispielsweise Maaß (2004, S. 285):

> „Modellierungskompetenzen umfassen Teilkompetenzen zur Durchführung der einzelnen Schritte des Modellierungsprozesses, metakognitive Modellierungskompetenzen, Kompetenzen im zielgerichteten Vorgehen und im auf den Modellierungsprozess bezogenen Argumentieren sowie Kompetenzen, die Möglichkeiten, die die Mathematik zur Lösung von realen Problemen bietet zu erkennen und sie positiv zu beurteilen."

Hierbei werden die einzelnen Teilkompetenzen, die notwendig sind, um von einem Schritt eines Modellierungsprozesses zu einem anderen zu gelangen, unterschiedlich ausdifferenziert. Darüber hinaus bedarf es sogenannter globaler Modellierungskompetenzen, welche die notwendigen Fähigkeiten umfassen, den Modellierungsprozess vollständig zu durchlaufen. Für eine zielorientierte und erfolgreiche Modellierung sind angemessene Überzeugungen und Erkenntnisse sowie die in obiger Definition herausgestellten metakognitiven Modellierungskompetenzen bedeutsam. In empirischen Studien konnte festgestellt werden, dass geringes oder fehlendes metakognitives Wissen über den Modellierungsprozess zu schwerwiegenden Problemen beim Bearbeiten von Modellierungsproblemen führen kann. Relevant wird dieses Wissen insbesondere in den Übergängen zwischen den einzelnen Phasen des Modellierungsprozesses sowie beim Auftreten von Problemen (Maaß 2004; Stillman 2011).

9.2.2   Metakognition

Das Konzept der Metakognition wurde in den 1970er Jahren von John Flavell und Ann Brown eingeführt (vgl. Flavell 1979; Brown 1978) und von mehreren Disziplinen aufgegriffen. Hierdurch entwickelte es sich zu einem „fuzzy concept" (Flavell 1981). Allen vorliegenden Definitionen ist gemeinsam, dass davon ausgegangen wird, dass sich Metakognition – ähnlich wie Modellierungskompetenzen – aus unterschiedlichen Komponenten zusammensetzt. In den Konzeptionen überschneiden sich diese Facetten teilweise oder werden weiter ausdifferenziert. Daher definiert Weinert (1994, S. 193):

> „Dabei versteht man unter Metakognitionen im allgemeinen jene Kenntnisse, Fertigkeiten und Einstellungen, die vorhanden, notwendig oder hilfreich sind, um beim Lernen oder Denken (implizite wie explizite) Strategieentscheidungen zu treffen und deren handlungsmäßige Realisierung zu initiieren, zu organisieren und zu kontrollieren."

Nach dieser Definition umfasst Metakognition nicht nur Fähigkeiten und Fertigkeiten, sondern auch angemessene Einstellungen. Gemäß der Weinert'schen Kompetenz- definition (2001) kann daher auch von metakognitiver Kompetenz gesprochen werden. Weinert macht darüber hinaus deutlich, dass Metakognition sowohl eine deklarative als auch eine prozedurale Komponente umfasst. Diese Unterscheidung findet sich auch in anderen Konzeptionen (vgl. Hasselhorn 1992; Artelt 2000) und macht deutlich, dass Metakognition einerseits explizites (oder explizierbares) Wissen umfasst, was häufig dif- ferenziert wird in:

a) Wissen über die typischen Merkmale einer **Aufgabe** (und damit über die Anforderungen, die an den Bearbeiter gestellt werden),
b) Wissen über die eigenen Fähigkeiten und über die Fähigkeiten der anderen beteiligten **Personen** sowie
c) über nützliche **Strategien** zum Bearbeiten der Aufgabe.

In einigen Definitionen wird zu dieser deklarativen Wissenskomponente eine konditio- nale Wissenskomponente hinzugefügt, die das Wissen umfasst, wann eine Strategie und zu welchem Zweck sinnvoll und nutzbringend eingesetzt werden kann (bspw. Schraw und Moshman 1995). Weinert (1994) macht in seiner Definition andererseits aber auch deutlich, dass neben Kenntnissen und Fähigkeiten auch eine bestimmte Einstellung vor- handen sein muss, damit Schülerinnen und Schüler metakognitiv tätig werden und ihre Kenntnisse und Fähigkeiten einsetzen. Als Einflussfaktoren auf den Einsatz von Meta- kognition werden daher neben kognitiven Voraussetzungen auch dispositionale und moti- vationale Faktoren angesehen (Sjuts 2003), die auf Erfahrung und Bewusstsein beruhen. Auch dieser Aspekt wird in einigen Konzeptionen von Metakognition berücksichtigt (Veenman 2005).

Der Wissenskomponente analytisch gegenübergestellt wird eine prozedurale Kom- ponente, die Strategien zur Orientierung, Planung, Überwachung, Regulation und Eva- luation des Lösungsprozesses umfasst. Die Strategien, die hierfür zum Einsatz kommen, werden entsprechend als metakognitive Strategien bezeichnet (bspw. Veenman et al. 2006; Schneider und Artelt 2010). Sie können entweder bewusst eingesetzt werden oder auch automatisiert ablaufen (Veenman 2011). Dieser Unterscheidung folgend sind meta- kognitive Strategien an konkrete Problemlöse- oder Lernsituationen gebunden, während deklaratives Metawissen unabhängig von diesen Situationen existieren kann (Artelt und Neuenhaus 2010).

Da Metakognition noch nicht hinreichend erforscht ist, wird allgemein angenommen, dass das Vorhandensein metakognitiven Wissens eine notwendige Voraussetzung für die Anwendung metakognitiver Strategien darstellt (Artelt 2000). Diese wird jedoch durch weitere Faktoren beeinflusst wie die empfundene Aufgabenschwierigkeit und die Strategiereife: Insbesondere Aufgaben mit einem subjektiv mittleren Schwierigkeitsniveau regen den Einsatz metakognitiver Strategien an. Außerdem müssen die Strategien so weit bekannt sein, dass ihr Einsatz nicht zu viele kognitive Ressourcen erfordert, die für die Bearbeitung der Aufgabe benötigt werden (Hasselhorn 1992).

Die Forschung zur Metakognition konzentrierte sich in der Vergangenheit zudem hauptsächlich auf die Prozesse und das Wissen Einzelner, weniger auf die Charakteristika von Metakognition während kooperativer und kollaborativer Gruppenarbeit (Goos 2002). Durch die Fokussierung auf Individuen ist es den Forschenden jedoch nicht gelungen, die Dynamik anzusprechen, die für den fortschreitenden Wissensaufbau durch kollaborative Lerngruppen erforderlich ist (Chalmers 2009, S. 105). Erst in den letzten Jahren hat sich die Aufmerksamkeit auf die sogenannte soziale Metakognition (auch Team-Kognition oder Gruppenmetakognition genannt) gerichtet (Baten et al. 2017).

Da Modellierungsprobleme in der Regel zumindest zeitweise in Gruppen bearbeitet werden, wird deutlich, dass nicht jedes Gruppenmitglied, sondern die Gruppe als Ganzes über Modellierungskompetenzen verfügen muss. Darüber hinaus wird die Notwendigkeit solcher metakognitiver Strategien deutlich, die sicherstellen, dass alle Gruppenmitglieder am Modellierungsprozess teilnehmen und zusammenarbeiten können. Weiterhin wird offensichtlich, dass nicht alle Gruppenmitglieder selbst metakognitive Strategien beherrschen oder anwenden müssen. Um ein Modellierungsproblem erfolgreich zu lösen, sind nicht die einzelnen, sondern vielmehr die Gruppenkompetenzen entscheidend. Die Lernenden müssen ihr Wissen und ihre Kompetenzen teilen, sich gegenseitig ihre Ideen erklären und ihre Gedanken externalisieren (Artzt und Armor-Thomas 1992; Goos 2002). Deshalb müssen sie miteinander kommunizieren und gemeinsam arbeiten. So profitieren Teams sowohl vom individuellen als auch vom interindividuellen Lernen (Siegel 2012).

9.2.3 Metakognitive Modellierungskompetenz

In der Forschung zu Metakognition wird die Domänenspezifität von Metakognition diskutiert. Es wird allgemein angenommen, dass es domänenübergreifende metakognitive Strategien gibt, dass aber auch domänenspezifisches Wissen und domänenspezifische Strategien existieren. Im Folgenden soll daher anhand einer konkreten Modellierungsaufgabe aufgezeigt werden, welche metakognitiven Aspekte für ein erfolgreiches Bearbeiten notwendig sind. Bei der wohlbekannten Modellierungsaufgabe „Stunt auf dem Heißluftballon" (Herget et al. 2001) handelt es sich um eine weniger komplexe Aufgabe, die sich gerade deshalb gut für den Einstieg und die Thematisierung von Modellierungskompetenzen und metakognitiven Modellierungskompetenzen mit Schülerinnen und Schülern eignet. In der Aufgabe (Abb. 9.1) geht es darum herauszufinden, wie viel Liter Luft sich in dem Heißluftballon befinden. Ein möglicher Lösungsweg ist hierfür die Ermittlung der Maße des Heißluftballons durch das Hinzuziehen des Menschen oder des

> **Stunt auf dem Heißluftballon**
> Der 43-jährige Ian Ashpole stand in
> England auf der Spitze eines
> Heißluftballons. Die Luft-Nummer in
> 1.500 Meter Höhe war noch der
> ungefährlichste Teil der Aktion.
> Kritischer war der Start: Nur durch ein
> Seil gesichert, musste sich Ashpole
> auf dem sich füllenden Ballon halten.
> Bei der Landung strömte die heiße
> Luft aus einem Ventil direkt neben
> seinen Beinen aus. Doch außer
> leichten Verbrennungen trug der
> Ballonfahrer zum Glück keine
> Verletzungen davon.
> *Wie viel Liter Luft befinden sich wohl*
> *in diesem Heißluftballon?*

Abb. 9.1 Modellierungsaufgabe „Heißluftballon", aus Herget et al. 2001

Korbes als Maßstab[1]. Darüber hinaus muss der Heißluftballon durch geeignete Standard-körper (oder eine Kombination aus mehreren Standardkörpern) approximiert werden. Schülerinnen und Schüler wählen hier oft eine Kugel oder eine Halbkugel mit Kegel. Auf diese Weise erhält man einen Schätzwert für das Volumen des Heißluftballons. Im Folgenden wird das für diese Aufgabe notwendige metakognitive Wissen sowie hilf-reiche metakognitive Strategien aufgezeigt.

Wie oben erwähnt, beinhaltet metakognitives Wissen Aufgaben-, Personen- und Strategiewissen. In Hinblick auf den Aufgabenaspekt des metakognitiven Wissens können (und müssen) Schülerinnen und Schüler wissen, dass sie benötigte Werte mit-hilfe aus dem Alltag bekannter Objekte schätzen und selbstständig ein Modell ent-wickeln können und müssen. In diesem Fall umfasst dies beispielsweise das Treffen von Annahmen über die Größe des Menschen. Darüber hinaus müssen sie wissen, dass es nicht nur ein mögliches Modell gibt und somit die Adäquatheit des Modells zu hinterfragen ist. Für die Bearbeitung des vorgestellten Modellierungsproblems bedeutet dies zu überlegen, welche Einteilung in Standardkörper – unter Beachtung

---

[1]Die Grafik, die essenzieller Bestandteil der Aufgabe ist, wurde aus Bildrechtgründen nicht mit abgedruckt. Sie findet sich in Herget et al. (2001).

der eigenen Fähigkeiten – die sinnvollste ist. Weiterhin müssen die Schülerinnen und Schüler ihre erhaltenen Lösungen validieren, etwa durch einen Vergleich des errechneten Volumens mit denen anderer Heißluftballone oder durch eigene Vorstellungen zu Raumgrößen.

Das metakognitive Wissen zu den Fähigkeiten und Präferenzen der eigenen Person und denen der anderen Gruppenmitglieder wird unter anderem dann bedeutsam, wenn die Gruppe sich für ein Modell entscheidet (Wer weiß, wie man das Volumen einer gewählten Figur berechnet? Wer kann die notwendigen Werte identifizieren? Wer kann eine fehlende Formel nachschlagen?). Darüber hinaus ist das metakognitive Wissen von Bedeutung für die kooperative oder kollaborative Arbeitsplanung, für das Zeitmanagement und bei der Entscheidung, auf welche Weise die Arbeitsergebnisse und von wem diese im Unterricht vorgestellt werden.

Neben dem Wissen über kognitive und heuristische Strategien im Allgemeinen, ist es für die Bearbeitung einer Modellierungsaufgabe immer sinnvoll, sich einzelner Anforderungen beim Modellieren bewusst zu sein und beispielsweise einen Modellierungskreislauf als strategisches metakognitives Hilfsmittel einzusetzen.

Wichtige und notwendige metakognitive Strategien, die für die Bearbeitung des Problems hilfreich sind, sind solche, die dafür sorgen, zu einem gemeinsamen Verständnis zu kommen (das Volumen des Heißluftballons ist gefragt) und solche zur Planung der gemeinsamen Arbeit in der Gruppe (einschließlich der Entscheidung, die Gruppe zu teilen und an zwei Modellen gleichzeitig getrennt oder an verschiedene Modelle nacheinander zu arbeiten). Darüber hinaus sollte der Arbeitsprozess (insbesondere das mathematische Arbeiten) durch das Hinterfragen auf der einen Seite und das Erläutern des Verfahrens auf der anderen Seite überwacht werden, um erfolgreich und zielorientiert diese Modellierungsprobleme zu bearbeiten. Auf diese Weise kann ein häufig auftretender Fehler (bei dieser Aufgabe besonders die Umwandlung von Einheiten) verhindert oder zumindest frühzeitig erkannt werden. Weiterhin ist die Evaluation des Arbeitsprozesses und der Arbeitsweise jedes einzelnen Gruppenmitglieds, aber auch die Zusammenarbeit in der Gruppe Teil metakognitiver Modellierungskompetenzen und besonders wichtig, wenn diese Aufgabe als erste Aufgabe einer ganzen Unterrichtseinheit verwendet wird, die darauf abzielt, metakognitive Modellierungskompetenzen von Schülerinnen und Schülern zu fördern.

9.2.4 Forschungsergebnisse

Die Forschung zu Metakognition beim Modellieren steht noch am Anfang. Im Bereich des Problemlösens und zum Mathematikunterricht allgemein wurde jedoch schon intensiver geforscht (eine Übersicht geben Artelt und Schneider 2010; Desoete und Veenman 2006). Im Folgenden werden jedoch nur Forschungsergebnisse aus dem Bereich des Modellierens dargestellt, beginnend bei dem Einfluss metakognitiven Wissens auf den Modellierungsprozess hin zum Einfluss metakognitiver Strategien auf diesen.

In einer qualitativen Studie identifizierte Maaß (2004) Fehlkonzepte bezüglich Modellierung als Teil (fehlerhaften) metakognitiven Wissens über Modellierungsprozesse. Maaß unterscheidet zwischen Fehlkonzepten bezüglich einzelner Schritte eines Modellierungsprozesses sowie übergreifenden Fehlkonzepten. In ihrer Studie zeigen sich Zusammenhänge zwischen metakognitivem Wissen über die mathematische Modellierung auf der einen und Teilkompetenzen von Modellierungskompetenz auf der anderen Seite: Falsche Vorstellungen über reale Modelle waren mit Defiziten beim Aufbau eines realen Modells verbunden; falsche Vorstellungen bei der Validierung mit Defiziten bei dieser. Darüber hinaus identifizierte sie eine parallele Entwicklung metakognitiven Wissens über Modellierung und Teilkompetenzen des Modellierens.

Mithilfe eines kognitiv-metakognitiven Frameworks identifizierte Stillman (2004) sowohl kognitive als auch metakognitive Strategien, die von Schülerinnen und Schülern beim Bearbeiten von Anwendungsaufgaben verwendet werden und zeigte Beziehungen zwischen der Nutzung kognitiver und metakognitiver Strategien auf. In einer folgenden Studie differenzierte Stillman (2011) aus, dass produktive metakognitive Handlungen in drei Ebenen unterteilt werden können: a) Strategien, die das Erkennen der Notwendigkeit des Einsatzes kognitiver Strategien beinhalten, b) Strategien, die zu einer bewussten Auswahl kognitiver Strategien führen und c) Strategien, die für einen erfolgreichen Einsatz kognitiver Strategien sorgen. Ihr Einsatz hängt von der Erfahrung und dem Wissen der Schülerinnen und Schüler über metakognitive Strategien ab.

Den Erfolg einer metakognitiven Handlung verknüpft Stillman basierend auf Ergebnissen von Goos (2002) mit der Reaktion von Schülerinnen und Schülern auf sogenannte red-flag-Situationen. Hierbei handelt es sich um Momente, in denen Schülerinnen und Schüler bemerken, dass Fehler oder Probleme vorhanden sind, der Lösungsprozess stockt oder die erhaltenen Resultate nicht korrekt erscheinen. Diese Situationen werden als Trigger für Metakognitionen angesehen. Die darauf folgenden Handlungen können als angemessen oder unangemessen klassifiziert werden. Letztere werden unterteilt in:

- *metacognitive vandalism:* radikale, oft destruktive Reaktionen wie die Wahl eines neuen Modells, ohne zuerst die Probleme des vorhergehenden zu eruieren,
- *metacognitive mirage:* Ausführung unnötiger metakognitiver Handlungen, da kein Problem vorherrscht,
- *metacognitive misdirection:* für die konkrete Situation inadäquate Handlung und
- *metacognitive blindness:* Situation wird nicht als problematisch wahrgenommen.

Letztere wurde von Ng (2010) für das metakognitive Verhalten in Gruppen weiter konzeptualisiert, indem der Begriff der *partial metacognitive blindness* eingeführt wurde. Hierunter wird der Umstand verstanden, dass einige Mitglieder der Gruppe eine Problemsituation erkennen, die anderen Gruppenmitglieder jedoch nicht von der Notwendigkeit einer Reaktion auf dieses Problem überzeugt werden können.

Ein anderer Ansatz zur Untersuchung des Einflusses metakognitiver Kompetenzen von Schülerinnen und Schülern auf den Modellierungsprozess wurde von Schukajlow und Leiß (2011) durchgeführt: Um die metakognitiven Strategien der Schülerinnen und Schüler für die Planung und Überwachung beim Modellieren zu erfassen, setzten sie Fragebögen als Instrumente der Selbstberichterstattung ein. Darüber hinaus wurden die Modellierungskompetenzen der Schülerinnen und Schülern getestet. Die Auswertung ergab keine signifikante Korrelation zwischen dem selbstberichteten metakognitiven Strategieeinsatz auf der einen Seite und mathematischer Modellierungskompetenz auf der anderen Seite. In einer ähnlichen Studie analysierten Schukajlow und Krug (2013) den Einfluss der Aufforderung, mehrere Lösungen zu entwickeln, auf den Einsatz von Strategien zur Planung und Überwachung von Schülerinnen und Schülern. Hier zeigte sich, dass diese Aufgabenstellung einen größeren Einfluss auf die Anzahl der eingesetzten Strategien hatte als die Aufforderung der Lehrkraft, diese Strategien zu verwenden.

Die dargestellten Ergebnisse erscheinen zunächst einmal widersprüchlich in Bezug auf den Nutzen metakognitiver Kompetenzen beim Bearbeiten der Aufgabe. Grund für diese Widersprüche können sowohl im Design der Studie und den eingesetzten Messinstrumenten liegen, aber auch in der Tatsache, dass in vielen quantitativen Studien individuelle metakognitive Kompetenzen und Gruppenkompetenzen nicht differenziert betrachtet werden.

9.3   Empirische Studie

9.3.1   Ablauf der Studie

Die Daten für diesen Beitrag wurden im Rahmen des Projekts MeMo (Förderung metakognitiver Modellierungskompetenzen von Schülerinnen und Schülern) erhoben und ausgewertet. Das zentrale Ziel des Projekts ist die Evaluierung einer Lernumgebung zur Förderung von Modellierungskompetenzen von Schülerinnen und Schülern mit einem Fokus auf deren metakognitive Modellierungskompetenzen. Ergänzend wird die Wahrnehmung der Schülerinnen und Schüler sowie der Lehrkräfte der Anwendung metakognitiver Strategien durch die Lernenden rekonstruiert.

Das Projekt wurde von Oktober 2016 bis Juli 2017 durchgeführt (Abb. 9.2); während dieser Zeit wurden im Klassenverband jeweils sechs von der Projektgruppe zur Verfügung gestellte Modellierungsprobleme bearbeitet. Die teilnehmenden Klassen wurden in zwei Gruppen eingeteilt: In der ersten Gruppe wurden nach der Lösung des Modellierungsproblems die verwendeten sowie hilfreichen metakognitiven Strategien in einer von Lehrpersonen moderierten Diskussion reflektiert. In der anderen Gruppe wurden die von den Schülerinnen und Schülern zur Bearbeitung verwendete mathematische Verfahren vertieft. Die Aufteilung erfolgte, um analysieren zu können, ob der Lehransatz einen Einfluss auf den Erwerb metakognitiver Modellierungskompetenzen hat. Die teilnehmenden Lehrkräfte – ebenfalls in zwei Gruppen aufgeteilt – nahmen an drei Lehrerfortbildungen teil. Bei jeder wurden die folgenden zwei Modellierungsprobleme eingeführt, mögliche Schwierigkeiten diskutiert und Strategien zur Unterstützung der

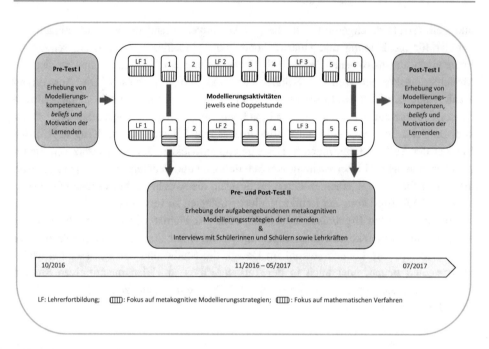

Abb. 9.2 Ablauf des Projekts MeMo mit zwei Vergleichsgruppen

Lerngruppen nach dem Prinzip der minimalen Hilfe (Aebli 1997) und unter Berücksichtigung der Adaptivität vermittelt. Für die Unterstützung der Schülerinnen und Schüler wurden die Lehrkräfte aufgefordert, sich auf den Modellierungsprozess zu beziehen und strategische Hilfen (Zech 2002) zu verwenden.

Die Modellierungskompetenzen der Schülerinnen und Schüler wurden mit einem Test (adaptiert von Brand 2014) einige Wochen vor und nach der Arbeit am ersten und letzten Modellierungsproblem erhoben. Die Lehrkräfte wurden aufgefordert, dafür zu sorgen, dass die Schülerinnen und Schüler immer in denselben Kleingruppen an den Aufgaben arbeiteten. Direkt im Anschluss an die Bearbeitung des ersten und des letzten Modellierungsproblems wurden die Schülerinnen und Schüler um eine Selbsteinschätzung der verwendeten metakognitiven Strategien in Form eines Fragebogens gebeten. Darüber hinaus wurde der Bearbeitungsprozess mehrerer Gruppen videografiert und im Anschluss wurden Schülerinnen und Schüler sowie Lehrkräfte zu ihrer Wahrnehmung der verwendeten metakognitiven Strategien befragt (s. Abschn. 9.3.3).

9.3.2 Stichprobe

Insgesamt nahmen 19 Klassen von 11 verschiedenen Hamburger Schulen (14 Gymnasialklassen, Jahrgangsstufe 9 und 5 Stadtteilschulklassen, Jahrgangsstufe 10) an der Studie teil. Der Fragebogen zu den verwendeten metakognitiven Strategien wurde zum ersten Messzeitpunkt von 431 Schülerinnen und Schülern (48 % weiblich, 52 % männlich) und zum zweiten Messzeitpunkt von 390 Schülerinnen und Schülern (45 % weiblich, 55 %männlich) ausgefüllt, wobei 346 Schülerinnen und Schüler beide Fragebögen ausfüllten. Die beteiligten Schülerinnen und Schüler arbeiteten zum ersten Messzeitpunkt in 133 und zum zweiten Messzeitpunkt in 131 verschiedenen Kleingruppen.

Nach der Bearbeitung des ersten und des letzten Modellierungsproblems wurden Interviews mit ausgewählten Schülerinnen und Schülern geführt. Zum ersten Messzeitpunkt wurden 59 Schülerinnen und Schüler und zum zweiten Messzeitpunkt 49 Lernende interviewt. Die Interviews wurden jeweils mit allen Schülerinnen und Schülern einer Gruppe als Einzelinterviews geführt. Insgesamt wurden beim ersten Messzeitpunkt die Sichtweisen von Schülerinnen und Schülern aus 17 verschiedenen Gruppen erhoben, beim zweiten Messzeitpunkt die aus 14 Gruppen. Darüber hinaus wurden zu beiden Messzeitpunkten alle 14 Lehrkräfte interviewt, die dazu bereit waren, sich videografieren zu lassen. In genau diesen Klassen wurden – wiederum bedingt durch die Bereitschaft zu Videoaufnahmen und der Teilnahme an einem Gespräch – Gruppen interviewt.

9.3.3 Erhebungsmethoden

Die qualitativen Daten der Studie wurden nach dem Drei-Stufen Design (Busse und Borromeo Ferri 2003) erhoben. Demzufolge wurden einige Kleingruppen bei der Bearbeitung des ersten und des letzten Modellierungsproblems auf Video aufgezeichnet. Die Videos der Kleingruppen wurden in Bezug auf interessante Videoszenen analysiert, in denen Schülerinnen und Schüler metakognitive Strategien einsetzen oder aber der Einsatz solcher Strategien hilfreich wäre. Im Falle der Interviews mit den Lehrkräften wurden zudem auch Videoszenen ausgewählt, in denen die Lehrkräfte ihre Lerngruppen unterstützten. Im Anschluss wurden sowohl Schülerinnen und Schüler als auch Lehrkräfte interviewt. Grundlage der Interviews bildeten die ausgewählten Szenen der eigenen Gruppe (bzw. im Fall der Lehrkräfte der eigenen Klasse). Die Interviewten wurden gebeten, die gezeigten Videoszenen zu beschreiben und zu bewerten. Im Anschluss wurden einzelne Aspekte aus den gegebenen Antworten, bezogen auf metakognitive Strategien, durch Nachfragen in Form eines fokussierten Interviews vertieft.

Für die Erhebung der quantitativen Daten wurden die Schülerinnen und Schüler in den videografierten Stunden gebeten, eine Selbsteinschätzung der verwendeten metakognitiven Strategien auf einer 5-stufigen Likert-Skala (1 = keine Zustimmung, 5 = volle Zustimmung) mithilfe eines Fragebogens abzugeben. Der Fragebogen enthält 27 Items, wobei sich 15 der Items auf den individuellen Strategieeinsatz und 12 der Items auf den Strategieeinsatz als Gruppe bezogen (Tab. 9.1). Weiterhin waren die Items unterteilt in solche, die auf den Strategieeinsatz zu Beginn der Aufgabenbearbeitung abzielten, solche, die den Strategieeinsatz während der Aufgabenbearbeitung erhoben und solche, die den Strategieeinsatz nach der Bearbeitung der Aufgabe thematisierten. Zusätzlich wurde die individuell wahrgenommene Aufgabenschwierigkeit, die Motivation zu Beginn und

Tab. 9.1 Beispielitems

Phase (Anzahl der Items)	Beispielitem
Zu Beginn der Aufgabenbearbeitung – Individualebene (3 Items)	Ich habe festgehalten, welche Informationen aus dem Aufgabentext ich für die Bearbeitung brauche.
Zu Beginn der Aufgabenbearbeitung – Gruppenebene (3 Items)	Wir haben uns bewusst gemacht, was wir nacheinander machen müssen.
Während der Aufgabenbearbeitung – Individualebene (7 Items)	Ich habe zwischendurch kontrolliert, ob wir noch auf dem richtigen Weg sind.
Während der Aufgabenbearbeitung – Gruppenebene (6 Items)	Wir haben einander aufgefordert, Ideen zu erklären.
Nach der Aufgabenbearbeitung – Individualebene (5 Items)	Als wir eine Lösung hatten, habe ich überlegt, ob es eine bessere Lösung gibt.
Nach der Aufgabenbearbeitung – Gruppenebene (3 Items)	Als wir fertig waren, haben wir überlegt, was wir beim nächsten Mal besser machen könnten.

am Ende der Stunde sowie die Art der Zusammenarbeit und die individuelle Zufriedenheit mit dieser Art von Zusammenarbeit erhoben. Für eine detailliertere Darstellung des Fragebogens und seine Entstehung siehe Vorhölter (2017, 2018).

9.3.4 Auswertungsmethoden

Für die Analyse der Interviews mit den Lehrkräften und den Schülerinnen und Schülern wurde die Methode der qualitativen Inhaltsanalyse nach Kuckartz (2016) verwendet. Die Interviews wurden mit der inhaltlich strukturierenden qualitativen Inhaltsanalyse analysiert, wobei deduktiv-induktiv vorgegangen wurde, da sich einerseits bereits Kategorien aus der Theorie ableiten ließen, andererseits das Kategoriensystem anhand der Daten ausdifferenziert wurde. Für die Auswertung wurden die transkribierten und pseudonymisierten Daten mit der Computersoftware MAXQDA (1989–2017) codiert. Es wurde eine kommentierte Transkription durchgeführt, indem unter anderem auch Pausen, Betonungen und Nebenhandlungen transkribiert wurden. Hierfür wurden Pausen durch Angabe der Sekunden in runden Klammern gekennzeichnet, betonte Wörter wurden unterstrichen, beteiligte Handlungen (zum Beispiel Lachen) wurde in Klammern dazugeschrieben, gleichzeitig Gesprochenes wurde in Rauten gesetzt und Wortabbrüche wurden mit einem Bindestrich markiert.

Für die Auswertung der Fragebögen wurden die Items zu metakognitiven Strategien auf der Individualebene getrennt von denen auf der Gruppenebene ausgewertet. Zunächst wurden jeweils deskriptive Statistiken aller Items beider Gruppen erstellt und anschließend jeweils eine Hauptkomponentenanalyse mit Promax-Rotation durchgeführt. Grund hierfür war, dass die zugrunde liegende Struktur der erhobenen metakognitiven Strategien ermittelt werden sollte und dass anhand der Theorie davon ausgegangen wurde, dass die einzelnen Faktoren miteinander korrelieren. Zur Bestimmung der Faktorenanzahl wurde eine Parallelanalyse durchgeführt, aber auch das Kaiser-Kriterium und die Screeplots der Items auf Individualebene bzw. Gruppenebene betrachtet (Bühner 2011).

9.4   Ergebnisse

Im Folgenden werden die Ergebnisse der Selbstauskünfte zu eingesetzten meta-kognitiven Strategien sowie die erhobenen Sichtweisen von Lehrkräften sowie Schülerin-nen und Schüler auf eingesetzte metakognitive Strategien dargestellt. Die präsentierten Ergebnisse der Selbstauskünfte der Schülerinnen und Schüler beziehen sich lediglich auf die Selbstauskünfte zum ersten Messzeitpunkt und geben die Struktur der Strategien in Form von drei miteinander korrelierenden Komponenten wieder. Die Perspektiven der Lernenden und Lehrkräfte auf die verwendeten metakognitiven Strategien durch Schüle-rinnen und Schüler beziehen sich auf beide Messzeitpunkte, wobei die Perspektive einer Lehrkraft und zweier zugehöriger Schülergruppen vorgestellt wird. Weiterhin werden in diesen Fällen Entwicklungen zwischen beiden Messzeitpunkten aufgezeigt.

9.4.1   Struktur metakognitiver Strategien

Die Hauptkomponentenanalyse mit Promax-Rotation für die Items auf der Gruppen-ebene führte für die 431 Fragebögen des ersten Messzeitpunktes zu einer 3-Komponen-ten-Lösung. Hierdurch konnte 54 % der Varianz aufgeklärt werden. Alle Items konnten eindeutig einer Komponente zugeordnet werden:

- Der erste Faktor besteht aus 5 Items, die sich auf die Organisation und Planung des Bearbeitungsprozesses beziehen oder aber eingesetzt werden, um Probleme zu ver-hindern in Form einer kontinuierlichen Überwachung. Daher beinhaltet diese Kompo-nente *Strategien, die für einen möglichst reibungslosen Ablauf sorgen.*
- Die zweite Komponente umfasst 4 Items, die Situationen thematisieren, in denen Unstimmigkeiten und Probleme auftraten, die nicht schnell gelöst werden konnten. Diese Komponente beinhaltet folglich *Strategien zur Regulation bei Problemen.*
- Die dritte Komponente beinhaltet drei Items, die auf die *Evaluation des Modellierungs-prozesses* zielen.

Die Ergebnisse sind in Tab. 9.2 zusammengefasst.

Auffällig ist, dass die Itemmittelwerte der einzelnen Komponenten deutlich von-einander abweichen: Schülerinnen und Schüler geben an, deutlich weniger Strategien zum Evaluieren in der Gruppe eingesetzt zu haben (2,0–2,6). Am häufigsten wurden, nach Angaben der Schülerinnen und Schüler, in der Gruppe Strategien eingesetzt, die für einen reibungslosen Ablauf sorgen (3,5–3,9).

Tab. 9.2 Itemcharakteristika der drei Komponenten der Items auf Gruppenebene

Strategien …	Anzahl der Items	Ladungen	Mittelwert	Standardabweichung
… für einen reibungs-losen Ablauf	5	$0{,}54 < \lambda < 0{,}81$	3,5–3,9	1,1–1,3
… zur Regulation bei Problemen	4	$0{,}52 < \lambda < 0{,}91$	2,9–3,6	1,6–2,0
… zur Evaluation	3	$0{,}45 < \lambda < 0{,}86$	2,0–2,6	1,2–1,3

Auch die Hauptkomponentenanalyse mit Promax-Rotation mit Kaiser-Normalisierung der Items auf der Individualebene der 431 Fragebögen des ersten Messzeitpunktes führte zu einer 3-Komponenten-Lösung, wodurch 41 % der Varianz aufgeklärt wurde. Inhaltlich können diese beschrieben werden wie die Komponenten der Gruppenebene:

- Die erste Komponente umfasst sechs Items, die sich auf die individuelle Planung des Bearbeitungsprozesses oder eine kontinuierliche Überwachung desselben beziehen. Wie im Fall der Items auf Gruppenebene wird diese Komponente daher als die Verwendung der *Strategien, die für einen möglichst reibungslosen Ablauf sorgen*, bezeichnet.
- Die zweite Komponente umfasst vier Items, die – ebenfalls wie die Items der zweiten Komponente auf Gruppenebene – Strategien zur Regulation beim Auftreten von Problemen beinhalten. Daher werden diese Strategien ebenfalls zusammengefasst als Strategien *zur Regulation bei Problemen*.
- Die dritte Komponente umfasst – ebenfalls wie die dritte Komponente der Items auf Gruppenebene – Strategien zur Evaluation des Gesamtprozesses und der persönlichen Mitarbeit.

Einen besonderen Status nimmt das Item „Ich habe meine eigenen Ideen hinterfragt." ein. Dieses hat eine Ladung von $\lambda = 0{,}40$ auf die erste Komponente, eine weitere Ladung von $\lambda = 0{,}37$ auf die zweite Komponente. Da es sich hierbei um eine Handlung der Überwachung handelt[2], wird dieses Item der ersten Komponente zugeordnet. Dafür spricht außerdem, dass der Mittelwert dieses Items bei 3,3 und die Standardabweichung bei 1,2, was ähnlich ist wie die anderen Items der ersten Komponente.

---

[2]Inhaltlich kann die Ladung auf beide Komponenten so gedeutet werden, dass die Strategie entweder automatisiert zur Abwendung größerer Probleme (bzw. möglichst frühen Bemerkens von Problemen) eingesetzt wird oder aber erst dann als Regulationsstrategie, wenn ein Problem bemerkt wurde.

Tab. 9.3 Itemcharakteristika der drei Komponenten der Items auf Individualebene

Strategien …	Anzahl der Items	Ladungen	Mittelwert	Standardabweichung
… für einen reibungslosen Ablauf	8	$0,39 < \lambda < 0,71$	2,7–4,3	0,95–1,4
… zur Regulation bei Problemen	3	$0,47 < \lambda < 0,70$	2,2–2,7	1,6–1,7
… zur Evaluation	4	$0,53 < \lambda < 0,83$	2,3–3,0	1,3–14

Ein weiteres Item, das aufgrund seiner Ladung nicht eindeutig einer Komponente zugeordnet werden konnte, ist das Item „Als ich eine Lösung hatte, habe ich kontrolliert, ob ich auch keinen Fehler gemacht habe." Es hat sowohl eine Ladung von $\lambda = 0,50$ auf der ersten wie auch eine Ladung von $\lambda = 0,38$ auf der dritten Komponente. Da die Überprüfung der Lösung sowohl eine Routinetätigkeit beim Bearbeiten eines komplexen Problems wie auch eine Tätigkeit sein kann, die am Ende eines Bearbeitungsprozesses durchgeführt wird, ist dies nicht weiter verwunderlich. Da auch in diesem Fall der Mittelwert von 3,3 und die Standardabweichung von 1,3 eher denen der Items der ersten Komponente entspricht, ist es in Tab. 9.3 der ersten Komponente zugeordnet.

Die Ergebnisse sind in Tab. 9.3 zusammengefasst.

Eine Analyse der Mittelwerte und Standardabweichungen zeigt, dass anders als bei den Komponenten der Gruppenebene die Items der Komponenten der Individualebene keine Rangfolge bilden. Ein detaillierterer Blick zeigt, dass vier der Strategien der ersten Komponente einen Mittelwert von über 3,5, die anderen (darunter die beiden oben dargestellten Items) einen niedrigeren aufzeigen. Darüber hinaus kann festgehalten werden, dass die Mittelwerte der ersten Komponente (mit einer Ausnahme) höher ausfallen als die der Items zur Regulation und Evaluation. Gleichzeitig waren die Standardabweichungen der Strategien der ersten Komponente recht niedrig, was bedeutet, dass die meisten Schülerinnen und Schüler angaben, häufig Strategien zur Planung und Überwachung routinemäßig eingesetzt zu haben.

9.4.2 Sichtweise auf metakognitive Strategien von Lernenden und Lehrkräften

Neben der quantitativen Erhebung der Selbstwahrnehmung der Schülerinnen und Schüler zu eingesetzten metakognitiven Strategien wurde wie dargestellt deren detailliertere Wahrnehmung sowie Einstellung zu verwendeten metakognitiven Strategien wie auch die Wahrnehmung und Einstellung ihrer Lehrkräfte erhoben. Im Folgenden werden die Ergebnisse der Analyse der Interviews von zwei Schülergruppen sowie die ihrer Lehrerin dargestellt. Bei den angegebenen Namen handelt es sich um Pseudonyme.

Die Schülerperspektive auf metakognitive Aktivitäten

Die Auswertungsergebnisse der Schülerinterviews beruhen auf der Analyse von zwei Gruppen eines Gymnasiums in Hamburg, die von der Lehrperson Frau Schmidt im Rahmen des Projektes unterrichtet wurden (siehe Abschn. „Die Lehrerperspektive auf metakognitive Aktivitäten der Schülerinnen und Schüler"). Es handelt sich hierbei zum einen um eine reine Jungengruppe aus drei Jugendlichen sowie zum anderen um eine gemischt-geschlechtliche Gruppe aus zwei Mädchen und zwei Jungen. Diese beiden Gruppen wurden ausgesucht, um zu untersuchen, wie sich die Sichtweisen der Schülerinnen und Schüler aus zwei unterschiedlichen Gruppen entwickeln können, obwohl diese in demselben Schulkontext unterrichtet wurden. Im Folgenden werden Gemeinsamkeiten und Unterschiede ihrer Sichtweisen auf den Einsatz metakognitiver Strategien beleuchtet, die aus den Interviews rekonstruiert werden konnten. Die Einteilung der metakognitiven Strategien, die bei der quantitativen Untersuchung ermittelt wurde, wird auch bei dieser Analyse verwendet, um Vergleiche zwischen den Ergebnissen zu ermöglichen.

Zunächst werden die Ergebnisse der ersten Komponente, der Strategien, die routinemäßig von Schülerinnen und Schülern eingesetzt werden, dargestellt. Dabei handelt es sich überwiegend um Strategien zur Planung des Lösungsprozesses sowie dessen Überwachung. Dabei geht es nicht um den tatsächlichen Einsatz dieser Strategien, sondern um die Sichtweise der Jugendlichen auf diese Strategien sowie deren Bewertungen.

Die erste Gruppe, die Jungengruppe, äußert im Rahmen der Interviews, dass sie sich im Laufe des Projektes vorgenommen haben, mehr zu planen und begründeten dies mit unterschiedlichen Potenzialen der Planung. Sie trafen bereits zu Beginn der Studie Äußerungen über Ansätze der Planung, indem sie vor allem über den Einsatz kognitiver Strategien, deren Ziel die Planung des Lösungsprozesses ist, berichteten. Sie stellten jedoch dar, dass sie sich beim ersten Messzeitpunkt noch nicht in der Gruppe einigen konnten, weshalb sie teilweise unabhängig voneinander gearbeitet haben. Dahingegen verdeutlichten sie im Rahmen des zweiten Interviews, dass sie im Laufe des Projektes ein bestimmtes Planungsvorgehen entwickelt haben, welches sich aus Sicht der Gruppe bewährt hat:

> F: Ähm also wir haben (2) naja ganz zu Anfang wussten wir nicht genau, wie wir herangehen sollten an jede einzelne Aufgabe und mit der Zeit haben wir dann son ungesprochenes System sozusagen entwickelt oder uns angewöhnt sagen wir mal so. Ähm dass wir versuchen herauszufinden, was wir haben und worauf wir kommen müssen und wie wir darauf kommen. Und da spielt dieses Brainstorming dann wieder ne Rolle äh wo wir dann unsere Standpunkte reinwerfen. Und ähm mit diesen Angaben dann halt modifiziert dran arbeiten. (Furkan aus der ersten Schülergruppe, MZP 2).

In diesem Zitat wird deutlich, dass die Planungsphase dieser Gruppe das Verstehen der Aufgabe mit der Bestimmung der gegebenen Informationen und des Ziels sowie der Bestimmung des Weges zum Ziel beinhaltete. Sie haben für sich das Brainstorming als Strategie entdeckt, da sie fanden, dass sie durch diese Strategie die verschiedenen Ideen der Gruppe berücksichtigen und diskutieren konnten. Insgesamt haben sie zum

Ende der Studie eine positive Sicht auf das Planen entwickelt, indem sie vor allem den positiven Einfluss des Planens auf die Zusammenarbeit in der Gruppe hervorgehoben haben:

> D: Es bringt halt eigentlich immer voran. Ähm alle können mitmachen, keiner hat mehr Fragen und man kann sich dann wie schon gesagt auch gegenseitig kontrollieren. (Dustin aus der ersten Schülergruppe, MZP 2).

Aus den Interviews mit den Schülerinnen und Schülern der zweiten Gruppe wurde deutlich, dass sie Ansätze der Planung überwiegend unbewusst anwendeten. Sie beschrieben einige Planungsansätze ohne diese bewusst zu benennen. Einige der Gruppenmitglieder verdeutlichten in ihren Interviews, dass sie trotz des Austausches in der Gruppe häufig planlos die Lösungswege durchführten, ohne sich vorher Gedanken über die Auswirkungen des Weges zu machen:

> J: Äh also ich glaub es war eher so okay dann mach ich das jetzt mal. Hab zwar nicht so große Ahnung, was das jetzt also nicht so unbedingt was das jetzt bringt, aber was wir dann mit den Werten anfangen sollen, wenn wir die dann ausgerechnet haben. Und ja. (John aus der zweiten Schülergruppe, MZP 1).

Eine Schülerin dieser Gruppe äußerte im Rahmen des ersten Interviews ein Planungsvorgehen, welches sie sich für die Arbeit in ihrer Gruppe bei der Bearbeitung der Modellierungsprobleme wünschen würde, welches ebenso wie bei der Jungengruppe aus dem Verstehen der Aufgabe und dem Bestimmen des Lösungsweges im Vorwege besteht. Im Rahmen der Interviews des zweiten Messzeitpunktes beschrieben die Schülerinnen und Schüler zum Teil Ansätze dieses Vorgehens, indem sie zum Beispiel das Einholen von fehlenden Informationen beschrieben. Trotzdem oder dennoch empfand die Schülerin dies als noch nicht ausreichend, da sie sich eine ganzheitlichere Planung über den gesamten Lösungsprozess gewünscht hätte.

> H: Ja, aber ich glaube im Laufe der Zeit war's so, (1) dass wir keinen genauen Plan hatten, was wir machen wollen und dass dadurch ich manchmal- bei mir auch Unklarheit war, was wir jetzt ganz genau gemacht haben (…) Ich glaub, wenn wir uns wirklich 10 Minuten oder so mit der Aufgabe wirklich (1) intensiv beschäftigt hätten und wirklich darüber nachgedacht hätten, (1) was wir berechnen wollen, (1) und wirklich schon alles im Voraus – im Voraus gedacht haben, (1) ich glaub, dann hätten wir es geplant, aber so haben wir's nicht, aber wir sind ja am Ende trotzdem noch auf ein Ergebnis gekommen (grinsend). (Helen aus der zweiten Schülergruppe, MZP 2).

Auch ein anderer Schüler dieser Gruppe erwähnte in seinem zweiten Interview keinen Aspekt der Planung, woraus sich schließen lässt, dass sich das Bewusstsein über die Bedeutung von Planungsstrategien noch nicht ausreichend in dieser Gruppe entwickelt hat. Aus den Interviews können leider keine genauen Gründe rekonstruiert werden, aber es ist denkbar, dass es einen Einfluss hat, dass sich in dieser Gruppe nur eine Schülerin zu Beginn des Projektes die Planungsphase gewünscht hat.

In Hinblick auf die Überwachungsstrategien haben sich beide Gruppen im Laufe des Projektes vorgenommen, mehr in der Gruppe zusammenzuarbeiten. Beide Gruppen haben sich dies als Ziel gesetzt und notiert, da ein schriftlicher Vermerk von der Lehrperson angeregt wurde.

Dementsprechend konnten aus den Interviews zum ersten Messzeitpunkt im Vergleich zum zweiten Messzeitpunkt kaum Überwachungsstrategien rekonstruiert werden, die sich auf die Überwachung des kooperativen Arbeitens beziehen, da die Jugendlichen zu diesem Zeitpunkt noch nicht so stark auf eine kooperative Arbeit in der Gruppe geachtet haben. Im Gegensatz dazu haben beide Gruppen zum zweiten Messzeitpunkt Überwachungsstrategien in Hinblick auf das kooperative Arbeiten eingesetzt. In beiden Gruppen wurde deutlich, dass überwiegend eine Person darauf geachtet hat, dass sie in der Gruppe zusammenarbeiten.

> I: Habt ihr euch den irgendwie 'n Ziel gesetzt für die ähm #J: Achso, -# Aufgaben?
> J: Von diesen Bögen? Ähm, (1) ja halt so als Gruppe zusammenarbeiten. Mehr als Gruppe zusammenarbeiten. (2) Ähm und da hab ich das halt immer so- einfach so mittendrin so eingebracht, sag ich jetzt mal. [I: Mhm.] Und ja. (John aus der zweiten Schülergruppe, MZP 2).

Außerdem wurde im Rahmen der Interviews der zweiten Gruppe zum ersten Messzeitpunkt deutlich, dass sie nicht nur das kooperative Arbeiten, sondern auch ihren individuellen Lösungsprozess nicht ausreichend überwacht hatten.

> J: […] aber ja (pustet) (1) geht so also richtig drüber nachgedacht, ob die jetzt produktiv sind oder nicht, habe ich eher wenig also ich habe eher versucht irgendwas sag ich jetzt mal rauszufinden ja. (John aus der zweiten Schülergruppe, MZP 1).

Auch in der ersten Gruppe wird in den Interviews deutlich, dass die Gruppe aus ihrer Sicht ihren Lösungsprozess aufgrund der teilweise fehlenden Zusammenarbeit noch nicht ausreichend überwacht hatte.

> D: Weil (langgezogen) wenn wir uns ausgetauscht hätten, hätten wir vielleicht alle äh a- eingesehen, dass Furkans Lösungsweg der Richtige äh der Bessere gewesen wäre. Dann hätten wir uns alle an Furkans ran setzen können. Dann wären wir halt vielleicht auch schnell zu einem Ergebnis gekommen. (zitiert nach Dustin aus der ersten Schülergruppe, MZP 1).

Dennoch haben beide Gruppen zu beiden Messzeitpunkten bereits Strategien zur Überwachung des Lösungsprozesses aber auch zur Überprüfung der Lösung geäußert. Beide Gruppen wurden im Rahmen der ersten Modellierungseinheit auf das Validieren durch den Modellierungskreislauf aufmerksam und überprüften deswegen auch ihre erhaltenen Lösungen in Hinblick auf die Realität zu beiden Messzeitpunkten. Außerdem setzten sie weitere Strategien routinemäßig zur Überprüfung ein, wie zum Beispiel den Vergleich mit verschiedenen Ergebnissen aus unterschiedlichen Lösungswegen, den Vergleich mit anderen Gruppen, das Fragen der Lehrperson oder eine Internetrecherche.

Im Rahmen der zweiten Komponente die sich auf die Regulationsstrategien, also auf die Strategien zur Bewältigung von Problemen beziehen, äußerten beide Gruppen zu beiden Zeitpunkten den Einsatz von unterschiedlichen Strategien. Am häufigsten haben beide Gruppen zu beiden Messzeitpunkten die Internetrecherche als Strategie eingesetzt, da sie hierdurch ihr fehlendes Kontextwissen selbstständig ausgleichen konnten.

> J: Ähm, also wir haben uns halt erstmal die Aufgabe angeguckt und (1) – ja, wir haben halt (1) nochmal geguckt, weil man konnte ja nicht <u>wissen</u>, wie viel <u>Bier</u> in einer so 'ner Flasche drin war. Deswegen- denn haben wir halt auf's Internet zurückgegriffen. (John aus der zweiten Schülergruppe, MZP 2).

Zum zweiten Messzeitpunkt verdeutlichte ein Schüler der Jungengruppe, dass sie im Laufe des Projektes lernen konnten, im Internet präziser nach Informationen zu suchen. Daraus lässt sich schließen, dass sie die Fähigkeiten dieser Regulationsstrategie aus ihrer Sichtweise im Laufe des Projektes weiter ausbauen konnten.

Außerdem beschrieben die Schülerinnen und Schüler mehrfach in den Interviews, dass sie bei Schwierigkeiten die Lehrperson um Hilfe gebeten haben. Sie verdeutlichten, dass sie diese Strategie unter anderem einsetzten, wenn sie das Gefühl hatten, dass sie alleine nicht weiterkamen, sehr unsicher waren oder besonders schnell weiterkommen wollten.

> L: …da war halt- wir hatten das Gefühl, wir sind komplett vom- von der Zahl abgewichen und ja dann- dann wussten wir nicht, ob wir jetzt nochmal neu anfangen sollten oder wie wir das jetzt machen sollten. Ja. Deswegen haben wir dann lieber Frau Schmidt gefragt. (Lana aus der zweiten Schülergruppe, MZP 2).

Eine weitere beliebte Regulationsstrategie war der Austausch in der Gruppe beziehungsweise die zielorientierte Diskussion in der Gruppe zur Lösung des Problems.

> L: Erstmal haben wir, glaube ich, so versucht, das so alleine zu klären oder in der Gruppe halt, (2) irgendwie eine Erklärung dafür zu finden. (Lana aus der zweiten Schülergruppe, MZP 2).

Im Folgenden ist eine Auswahl der eingesetzten Regulationsstrategien dargestellt.

Eigenständige Regulation	Einholung externer Hilfen
• Erneutes Lesen der Aufgabe beim Erstellen des realen Modells • Einnehmen unterschiedlicher Perspektiven beim Erstellen des realen Modells • Auswahl eines neuen mathematischen Modells • Validierung der mathematischen Arbeit	• Fragen der Lehrperson • Fragen der MitschülerInnen aus anderen Gruppen • Nutzung der Internetrecherche • Vergleich mit Notizen von den anderen Modellierungsproblemen • Gebrauch der Formelsammlung

In den Interviews der beiden Messzeitpunkte wird deutlich, dass einige Regulationsstrategien zu beiden Messzeitpunkten in beiden Gruppen eingesetzt wurden wie zum Beispiel die Internetrecherche oder das Fragen der Lehrperson. Weiterhin gibt es Strategien, die nur von einer der beiden Gruppen genannt wurden wie zum Beispiel die

Orientierung an den Bearbeitungen vorheriger Modellierungsprobleme. Alles in allem können zum jetzigen Zeitpunkt der Auswertung jedoch keine weiteren Aussagen über die Entwicklung der Regulationsstrategien getroffen werden, da auch das jeweilige zu bearbeitende Modellierungsproblem Einfluss darauf hat, inwieweit eine Strategie sinnvoll eingesetzt werden kann. Da die Schülerinnen und Schüler stellenweise die Verwendung bestimmter Regulationsstrategien begründeten, kann davon ausgegangen werden, dass diese zielgerichtet eingesetzt wurden und somit metakognitive Prozesse zu Grunde lagen.

Die dritte Komponente beschreibt die Strategien zur Evaluation. Im Rahmen der Interviews ist eine Entwicklung in der Verwendung von Evaluationsstrategien aufgrund von Anregungen durch die Lehrperson zu erkennen. Wie bereits erwähnt hat die Lehrerin den Schülerinnen und Schülern den Auftrag gegeben, dass sie sich nach der Bearbeitung der Modellierungsaufgaben ein Ziel setzen sollten. Im Rahmen des ersten Interviews berichteten die Schülerinnen und Schüler noch nicht, dass sie sich Ziele gesetzt und diese verfolgt haben. Im Gegensatz dazu beschrieben beide Gruppen im Rahmen des zweiten Interviews, dass sie sich das Ziel gesetzt haben, die Zusammenarbeit in ihrer Gruppe zu verbessern. In den Interviews wird deutlich, dass die Schülerinnen und Schüler diese Zielsetzung nicht nur durchführten, sondern auch im Laufe der Modellierungseinheiten begannen, diese zu überwachen (siehe Ergebnisse zu den Überwachungsstrategien). Insgesamt wird also deutlich, dass die Anregung von Evaluation möglich ist, da die Schülerinnen und Schüler dieser beiden Gruppen dies angenommen und auch umgesetzt haben. Es wurde in den Interviews deutlich, dass dies nicht unbedingt dazu führte, dass die Lernenden begannen eigenständig zu evaluieren. In den Interviews wird eine eigenständige Evaluation kaum deutlich. Lediglich eine Schülerin aus der zweiten Gruppe evaluierte mehrmals eigenständig. Sie tat dies jedoch bereits zum ersten Messzeitpunkt.

> H: Also bei uns war das Problem bei mir ist so wenn ich so Sachen mache auch zum Beispiel mich mit meiner Familie streite, gehe ich im Nachhinein bleibt das verdränge das nicht, sondern gehe das alles durch, was ich persönlich besser machen kann und das auch wenns manchmal nervt, mache ich das auch zum Beispiel gestern nach der Schule habe ich das auch mit diesen Modellierungsding gemacht, weil es ist mal ne Ab-äh-wechslung und bringt auch Spaß und dann unsere Vorgehensweise war sehr un überlegt. Wir sind einfach rangegangen ohne dass wir uns überlegt haben, wie wir das wirklich machen sollen und dann haben wir einfach drauf los gemacht. (Helen aus der zweiten Schülergruppe, MZP 1).

Die Schülerin evaluierte ihr Arbeitsverhalten und den Lösungsprozess zu beiden Messzeitpunkten, weshalb bei ihr in diesem Bereich auch keine Entwicklung aus den Interviews rekonstruiert werden kann. In dem Zitat wird deutlich, dass sie jedoch für sich alleine und nicht zusammen mit ihrer Gruppe evaluiert hat. Dementsprechend hat die Gruppe ihre Verbesserungsvorschläge auch nicht im Laufe des Projektes umgesetzt. Dies verdeutlicht, dass eine individuelle Evaluation nicht ausreichend ist, wenn diese nicht in der Gruppe besprochen und angenommen wird. Außerdem lassen die Ergebnisse vermuten, dass das eigenständige Evaluieren eine individuelle Eigenschaft ist, die bei diesen beiden Gruppen durch die Lernumgebung nicht ausreichend gefördert wurde und sich somit nicht weiterentwickeln konnte.

Insgesamt wird im Vergleich der beiden Gruppen deutlich, dass es sowohl Gemeinsamkeiten als auch Unterschiede in ihrer Entwicklung gibt. Es gibt einige Gemeinsamkeiten bei der Entwicklung der Evaluations- und Überwachungsstrategien bei den beiden Gruppen. Bezogen auf die Überwachungsstrategien ist es besonders interessant, dass beide Gruppen begonnen haben, ihr kooperatives Arbeiten zum zweiten Zeitpunkt zu überwachen. Dies wurde durch die Zielsetzung, welche durch die Lehrperson angeregt wurde, gefördert. Dennoch ist interessant, dass die beiden Gruppen hierbei anscheinend die gleichen Probleme gesehen haben. In Bezug auf das Evaluieren kann zum jetzigen Zeitpunkt von einer Entwicklung des Evaluierens gesprochen werden, welche extern angeregt wurde. Eine Entwicklung des eigenständigen Evaluierens konnte jedoch nicht rekonstruiert werden. Im Rahmen der Planung haben sich die beiden Gruppen unterschiedlich entwickelt. Während die erste Gruppe aus ihrer Sicht einen eigenen Planungsablauf im Laufe des Projektes entwickelt und verfestigt hat, konnte sich die andere Gruppe weniger weiterentwickeln, was insbesondere von einer Schülerin der Gruppe negativ wahrgenommen wurde.

Die Lehrerperspektive auf metakognitive Aktivitäten der Schülerinnen und Schüler

Die im Folgenden dargestellten Ergebnisse der Lehrerperspektive auf metakognitive Aktivitäten beim mathematischen Modellieren basieren auf der Auswertung von einer Lehrkraft, der Lehrerin Frau Schmidt. Die Auswahl der Lehrkraft ergab sich durch die Auswahl der zwei Schülergruppen, welche auch von Frau Schmidt unterrichtet wurden. Dies ermöglicht einen Vergleich der Lehrer- und Schülerperspektive in Bezug auf den Einsatz metakognitiver Strategien. Unter der Berücksichtigung, dass die Ausprägung des metakognitiven Wissens der Lehrkraft einflussnehmend auf die Wahrnehmung der Lehrperson von metakognitiven Strategien beim mathematischen Modellieren ist, soll aufgrund des begrenzten Rahmens nur kurz darauf eingegangen werden. Die Lehrerin zeigte von Beginn an Kenntnisse über den Modellierungsprozess, ihr metakognitives Wissen über die Strategien zur Planung, Überwachung und Regulation sowie Evaluation waren jedoch am Anfang der Studie zum Teil nicht ausreichend ausgeprägt, was sich jedoch zum Ende der Studie hin verändert und ausdifferenziert hat. Die Ergebnisse bezüglich der Wahrnehmung der Lehrkraft von metakognitiver Aktivität der Lernenden werden im Folgenden dahingehend dargestellt, dass sie entsprechend der obigen Einteilung in Routine-Strategien, Strategien der Regulation und Strategien zur Evaluation strukturiert sind. Die Ergebnisse werden hinsichtlich der zwei Messzeitpunkte verglichen und in Bezug auf Veränderungen interpretiert.

Im Bereich der Strategien, die für einen möglichst reibungslosen Ablauf sorgen, ging die Lehrkraft auf Strategien zur Orientierung, Organisation und Planung sowie Überwachung ein. Dabei ist auffällig, dass Frau Schmidt zu Beginn der Studie Orientierungs- und Organisationsprozesse in geringem Maße thematisierte, während sich dies am

Ende der Studie verstärkt zeigte: Sie nahm fokussiert wahr, dass sich die Schülerinnen und Schüler um ein gemeinschaftliches Arbeiten bemühten und das gemeinsame Vorgehen überwachten. Dabei ging sie nicht nur auf eine gemeinsame Orientierung bezogen auf das Eindenken in die Aufgabe und das Aufgabenverständnis an sich ein, sondern auch auf die Organisation in der Gruppe.

> Schmidt: Ja, also ich f-fand, sie haben das ähm, sehr, sehr gut, sehr ruhig, ähm, sehr gemeinschaftlich (1) gemacht. Und haben sich sehr gut hinterfragt zwischendurch und haben versucht, das bestmögliche Ergebnis rauszuholen, indem sie immer wieder gegenseitig es hinterfragt haben und zwar alle drei. Also sie sind wirklich gemeinschaftlich zu einer tollen Lösung ge- oder zu einer guten Lösung gekommen und haben die dann noch hinterfragt. (Frau Schmidt, MZP 2)

Die Häufungen an Aussagen zur Relevanz von Zusammenarbeit beim Modellieren zeigen, dass sich ihr Fokus verändert hat. Zu Beginn der Studie hat sich wenig dazu geäußert, was einerseits daran liegen kann, dass ihr diese Bedeutsamkeit nicht bewusst war oder andererseits, dass diese für sie nicht so relevant war wie am Ende der Studie. Das obige Zitat zum zweiten Messzeitpunkt zeigt gleichzeitig, dass sich die Lehrkraft bewusst über die Bedeutsamkeit von Überwachungsstrategien war. Sie nahm wahr, dass sich die Schülerinnen und Schüler um das bestmöglichste Ergebnis bemüht haben, indem sie ihr Vorgehen überwacht haben.

Bei der Organisation in der Gruppe nahm sie darüber hinaus wahr, dass unterschiedliche Rollen eingenommen wurden, um den Arbeitsprozess voranzubringen: Kontrollpersonen, Leitpersonen und Beobachter. Aus Sicht der Lehrkraft achteten die *Leader* der Gruppe aber weiterhin auf ein gemeinsames Arbeiten:

> Schmidt: Es gibt einen Leader, würde ich sagen, der ähm, so den, den großen umfassenden Plan hat, wie das Ganze ablaufen soll. Und, ähm, es rechnen aber alle gemeinsam immer. Also es gibt nicht nur ein Blatt, sondern, ähm, die- diese Leaderposition ähm, sitzt nicht nur einfach da und äh, rechnet alles vor sich hin. (Frau Schmidt, MZP 2).

Die Lehrkraft erkannte also, dass sich auch die Schülerinnen und Schüler beziehungsweise insbesondere die führende Person in der Gruppe um diese Zusammenarbeit bei der Gruppenarbeit bewusst waren.

Bei der konkreten Planung des Bearbeitungsprozesses zeigte sich die Wahrnehmung der Lehrkraft zu beiden Zeitpunkten anders. Bereits zu Beginn der Studie achtete die Lehrerin auf Planungsstrategien ihrer Schülerinnen und Schüler und nahm insbesondere wahr, wenn diese Planungsstrategien noch nicht ausdifferenziert genug in der Gruppe diskutiert wurden. Sie war in der Lage, Stärken und Schwächen der Planung in der Gruppe herauszustellen. Es wurde beispielsweise kritisiert, dass eine Leaderin in einer Gruppe die Idee für die Planung der Bearbeitungsweise in der Gruppe nicht hinreichend zur Diskussion stellte und Alternativplanungen einbezog, sondern stattdessen die eigene Planungsidee als Idee der Gruppe für das weitere Vorgehen festlegte:

Schmidt: Kira hat eine Idee und drückt den anderen die Idee auf, und sagt, wir machen das jetzt nach meiner Idee, es wird nicht gefragt, habt ihr vielleicht auch noch Alternativideen. (Frau Schmidt, MZP 1).

Frau Schmidt war sich also bewusst darüber, dass eine gemeinsame Diskussion der Planung sowie das Einbringen von alternativen Planungsideen zielführend und gewinnbringend für eine erfolgreiche Modellierung sind. Sie scheint demnach bereits zu Beginn der Studie über das Wissen zu verfügen, wie geeignete Planungsstrategien gestaltet werden können. Dies zeigt sich auch zum Ende der Studie. Bezogen auf die Planungsstrategien ihrer Schülerinnen und Schüler gab es demnach geringe Zuwächse in der Wahrnehmungskompetenz der Lehrkraft, da die Lehrerin bereits mit einer hohen Wahrnehmungskompetenz in die Studie hineinging. Sie nahm allerdings auch wahr, dass sich die Planungsstrategien ihrer Schülerinnen und Schüler zum Ende der Studie hin automatisiert haben und sie von sich aus selbstständig planten, ohne dass die Lehrerin dies anregen musste. Dies ist auch verknüpft mit dem hohen metakognitiven Wissen der Lehrkraft in diesem Bereich.

Zu den Strategien, die einen reibungslosen Ablauf ermöglichen sollen, zählen auch die Überwachungsstrategien, welche besonders zum zweiten Messzeitpunkt von der Lehrerin angesprochen wurden. Anders als bei der Orientierung äußerte sich die Lehrkraft aber auch bereits zu Beginn der Studie zu Strategien der Überwachung bei ihren Schülerinnen und Schülern. Sie war sich also von Beginn an diesen Strategien bewusst und in der Lage, Aussagen diesbezüglich zu treffen, wenn auch sich diese Aussagen zum zweiten Zeitpunkt verstärkten. Am Anfang der Studie nahm die Lehrkraft zwei eingesetzte Strategien auf dieser Ebene wahr. Einerseits wurde wahrgenommen, dass ein aufgestelltes mathematisches Modell dahingehend überwacht wurde, dass ein Schüler hinterfragte, ob gegebenenfalls ein besseres mathematisches Modell mit einem anderen Standardkörper aufgestellt werden könnte. Andererseits nahm Frau Schmidt wahr, dass Überwachungsstrategien zum Teil auf der individuellen Ebene stattfanden, da eine Schülerin das eigene Verständnis der Aufgabe und des Vorgehens überwachte, indem sie äußerte, dass sie nicht mitkomme und die anderen Gruppenmitglieder um Erklärungen bat, um mitdenken zu können. Bereits zu Beginn der Studie war die Lehrkraft in der Lage, diese Strategien zu erkennen, zu beschreiben und in den Bearbeitungsprozess einzuordnen. Durch das Begleiten der Schülerinnen und Schüler durch mehrere Modellierungsprozesse verstärkte sich diese Fähigkeit. Die Lehrperson erkannte in diesem Interview diese Prozesse und konnte diese reflektiert einordnen, stellte diese darüber hinaus aber stärker in den Kontext und ging insbesondere stärker darauf ein, dass es sich um eine kontinuierliche Überwachung handelte, die die Schülerinnen und Schüler von sich aus anwendeten. Sie ging mehrfach darauf ein, dass die Lerngruppen immer wieder hinterfragt haben und insbesondere bei Unsicherheiten, einzelne Rechnungen noch einmal überprüft haben. Abgesehen davon nahm Frau Schmidt am Ende der Studie auch noch mehr unterschiedliche Formen der Überwachung bei ihren Lernenden wahr.

Schmidt: Und obwohl da 'n privates Gespräch kurzfristig war, was vollkommen in Ordnung ist in einer Gruppenarbeit, ähm, war trotzdem wieder einer der da, (…) der überwacht und sagt, 'Halt Stopp, da kann was nicht sein'. (Frau Schmidt, MZP 2)

Es zeigte sich, dass sich das Wissen der Lehrkraft über die metakognitiven Strategien weiter ausdifferenziert hat: Zu Beginn hatte sie zwar Strategien der Überwachung wahrnehmen können, zum Ende der Studie hin bezeichnete sie diese (ohne vorherigen Verweis der Interviewerin) fachlich korrekt als Überwachung und erkannte vor allem auch die Lernzuwächse ihrer Schülerinnen und Schüler in diesem Bereich, da diese ihre Überwachungsstrategien automatisieren konnten und verinnerlicht haben, dass diese in der Bearbeitung von Modellierungsaufgaben eine zentrale Rolle innehaben:

Schmidt: Das sieht man bei den Gruppen ganz, ganz toll, wie die selbstständig anfangen zu überwachen und selbstständig anfangen zu planen, ohne dass der Lehrer irgendetwas, äh, an Hilfen eingibt. Also das find ich insgesamt, fand ich einfach toll an dem Projekt. Das hat gut funktioniert. (Frau Schmidt, MZP 2).

Besonders auf der Ebene der Strategien, die einen reibungslosen Ablauf der Bearbeitung des Modellierungsproblems ermöglichen sollen, ist dieser Fortschritt als bedeutsam zu bewerten, da die Verwendung dieser Strategien bereits das Auftreten von Schwierigkeiten im Prozess verhindern kann. Aus Sicht der Lehrerin haben die Schülerinnen und Schüler dies nach nur sechs Modellierungsaktivitäten erreicht und die Lehrkraft ist nach diesen zudem in der Lage dies zu erkennen und auch den Nutzen zu sehen.

Die zweite Komponente der Strategien bezieht sich auf die Strategien zur Regulation beim Auftreten von Schwierigkeiten im Modellierungsprozess. Die Lehrkraft gab selbst an, dass ihre Schülerinnen und Schüler bei der Bearbeitung des ersten und auch des letzten Modellierungsproblems selten Schwierigkeiten hatten, die sie nicht selbst lösen konnten. Sie stellte zu Beginn fest, dass ihre Schülerinnen und Schüler sie als Lehrkraft wenig eingefordert haben und bemerkte dabei Unterschiede zum regulären Mathematikunterricht, in welchem die Lernenden sehr schnell nach Hilfe durch die Lehrperson rufen:

Schmidt: Es war im Gegensatz zu sonst sehr wenig Frau Schmidt, Frau Schmidt, also die haben schon viel ähm, alleine sich überlegt. Und ich habe versucht, mich sehr sehr stark zurückzunehmen, ähm war dann natürlich auch interessiert, was jeweils passiert ist, aber ähm hab dann auch versucht ähm, denen weiterzuhelfen, aber denen nicht zu viel zu sagen und das hat glaube ich auch ganz gut funktioniert. (Frau Schmidt, MZP 1)

Dies hat dazu geführt, dass sich die Lehrkraft in einigen Gruppen stark zurücknehmen konnte und eine Gruppe sogar vollständig selbstständig arbeiten konnte. Frau Schmidt gab an, für sich selbst entschieden zu haben, sich bei Gruppen, denen sie die selbstständige Bearbeitung zutraut, in so hohem Maße zurückzuhalten, dass sie nur an die Gruppe herantrat, wenn diese dies einforderte. Dadurch traf die Lehrkraft im Interview nur sehr wenige Aussagen dazu, wie die Lerngruppen selbstständig Probleme gelöst haben. Die wahrgenommenen Schwierigkeiten, die aufgetreten sind, sind vorrangig mathematische Schwierigkeiten. In diesen Fällen haben die Schülerinnen und Schüler die Hilfe der Lehrperson eingefordert. Eine weitere Schwierigkeit, welche die Lehrerin bei der ersten Modellierungsaufgabe wahrgenommen hat, ist ein fehlendes Verständnis von einer Schülerin, welche äußerte, dass sie dem Bearbeitungsprozess der anderen Gruppenmitglieder nicht folgen kann. Die Lehrkraft nimmt an dieser Stelle wahr, dass Verwirrungen und Unsicherheiten offen angesprochen werden und die Gruppe daraufhin selbstständig entgegenwirken kann, um das Verständnis aller zu sichern. Abgesehen davon hat die Lehrkraft wahrgenommen, dass manche Schülerinnen und Schüler zu Beginn des Projekts nicht wussten, dass im Modellierungsprozess Annahmen zu treffen sind und sie Abschätzungen vornehmen dürfen. Auch hier waren die Schülergruppen überwiegend selbst in der Lage, sich in dem Prozess selbstständig zu orientieren, indem sie den Modellierungskreislauf als Hilfsmittel genutzt haben. Am Ende der Studie veränderte sich dies dahingehend, dass die Lernenden auch dieses Wissen verinnerlicht haben und von sich aus wussten, dass zu Beginn immer Annahmen zu treffen sind. Die Lehrkraft wertete diesen Zuwachs an metakognitivem Wissen der Schülerinnen und Schüler als sehr positiv.

Zu guter Letzt folgt ein Überblick über die Ergebnisse der dritten Komponente, der Strategien zu der Evaluation des Gesamtprozesses und der persönlichen Mitarbeit. Die Lehrerin Frau Schmidt nahm bereits bei der Bearbeitung des ersten Modellierungsproblems wahr, dass die Schülerinnen und Schüler ihre Lösungen zwar oberflächlich validiert haben, aber nicht danach gestrebt haben, ihren Prozess zu evaluieren. Sie kritisierte dabei, dass die Lernenden im Internet nur recherchiert haben, ob ihr Ergebnis in einem dort angegebenen Bereich liegt, obwohl dieser sehr groß angegeben war. Sie haben diesen Bereich nicht hinterfragt und haben auch nicht evaluiert, ob sie etwas in ihrer Modellierung hätten optimieren können. Zudem hat die Lehrkraft dies nur bei einer Gruppe wahrgenommen. Zu Beginn der Studie haben die Schülerinnen und Schüler aus Sicht der Lehrkraft demnach nicht ausreichend genug eigenständig evaluiert. Die Lehrkraft hat dies dann aber in der von der Projektgruppe vorgegebenen Vertiefungsphase initiiert. In dem ersten Interview ging die Lehrkraft jedoch nicht weiter darauf ein.

Zum zweiten Messzeitpunkt war die Lehrkraft weiterhin kritisch und reflektierte darüber, ob ihre Schülerinnen und Schüler gegebenenfalls tiefgehender hätten evaluieren können. Aus ihrer Sicht haben die Lernenden eher oberflächlich evaluiert. Sie hat beispielsweise wahrgenommen, dass sie sich um die Evaluation bemüht und überlegt haben, welche Schwierigkeiten im Modellierungsprozess aufgetreten sind, an denen sie in zukünftigen Modellierungsaktivitäten arbeiten möchten. Frau Schmidt hielt es jedoch für fraglich, ob sie ihre gesetzten Ziele umsetzen konnten bzw. sich an diese während der Modellierungsaktivität erinnert haben. Dabei ging sie vorrangig auf wahrgenommene Zielsetzungen der Schülerinnen und Schüler bezogen auf die Arbeitsweise in der Gruppe ein. Diese Zielvorhaben der Lernenden zeigten auch, warum die Schülerinnen und

Schüler zum zweiten Messzeitpunkt stärker zusammenarbeiteten und dass sie sich der Relevanz der Zusammenarbeit bewusst geworden sind. Weiterhin reflektierte die Lehrkraft im zweiten Interview über einen Kompetenzzuwachs ihrer Lernenden durch die mehrmalige Bearbeitung von Modellierungsaufgaben:

> Frau Schmidt: ich könnte mir vorstellen, dass die Gruppen (…) jetzt auch im Laufe der Aufgaben gewachsen sind in dem Vorgehen, wie's, wie sie es jetzt gezeigt haben. Also ich kann mir gut vorstellen, dass es am Anfang noch nicht so war. Und das hat dann ja auch was mit der Metakognition zu tun, indem die sagen können, nächstes Mal machen wir das aber so und so, weil wir wollten ja gemeinschaftlich auf eine Lösung kommen. (Frau Schmidt, MZP 2).

Sie bezog sich dabei wieder auf den Zuwachs an dem Bewusstsein über die Relevanz der Zusammenarbeit und erkannte auch selbst den Zusammenhang zwischen der bewussten Zielsetzung, an der Zusammenarbeit arbeiten zu wollen und dem Zuwachs. Sie stellt fest, dass die Schülerinnen und Schüler am Ende der Studie in der Lage waren, begründet Ziele zu setzen und benannte dies als metakognitiv. Dies zeigt daher, dass auch die Lehrerin Zuwächse erreichen konnte, da sie am Ende der Studie bei ihrer eigenen Lerngruppe beurteilen konnte, wie die Maßnahmen der von ihr initiierten Vertiefungsphase bei ihren Lernenden gewirkt haben. Diese positive Erkenntnis wird sie vermutlich in ihrer Lehrtätigkeit bei weiteren Modellierungsaktivitäten beeinflussen. Dies bestätigt sich auch darin, dass Frau Schmidt sich vorgenommen hat, in Zukunft öfter zu modellieren und sie sich sogar dafür eingesetzt hat, die Bearbeitung von Modellierungsaufgaben in das schulinterne Curriculum aufzunehmen.

Nichtsdestotrotz erkannte sie aber auch am Ende der Studie, dass die Schülerinnen und Schüler ohne die Hilfestellung in der Vertiefungsphase durch den Selbsteinschätzungsbogen wenig evaluiert haben. Sie bewertete den Bogen als Hilfsmittel daher als positiv. Insgesamt lässt sich in diesem Bereich daher feststellen, dass die Lehrkraft von Beginn an Stärken und Defizite ihrer Schülerinnen und Schüler erkennen konnte und sie zudem am Ende der Studie diese in den Vergleich stellen und Zuwächse erkennen konnte.

9.5   Zusammenfassung und Ausblick

Dass Metakognition ein Teil von Modellierungskompetenzen ist, ist in der didaktischen Forschung unumstritten. Ziel dieses Beitrags war es, eine (empirisch fundierte) Konzeptualisierung metakognitiver Strategien beim Modellieren, deren Nutzung und Bewertung durch Schülerinnen und Schüler sowie eine Lehrkraft aufzuzeigen.

Die Auswertung der Selbstauskünfte der Schülerinnen und Schüler über die Nutzung metakognitiver Strategien beim Modellieren ergab, dass diese sich in drei Komponenten (Strategien für einen reibungslosen Ablauf, beim Auftreten von Problemen und zum Evaluieren) gliedern ließen, und zwar sowohl auf der Individual- wie auch auf der Gruppenebene. Weiterhin kann der Auswertung der quantitativen Daten entnommen werden, dass der Einsatz der Strategien für einen reibungslosen Ablauf am häufigsten erfolgte, aber auch Regulationsstrategien intensiv genutzt wurden. Da bei den qualitativen Daten keine Auszählungen gemacht wurden, kann über die Häufigkeiten der verwendeten Strategien keine Aussage getroffen werden. Es wird jedoch deutlich, dass Strategien beider Komponenten genutzt wurden und sowohl Schülerinnen und Schüler wie auch die Lehrperson über den Einsatz berichteten. Besonders interessant ist, dass sich insgesamt – aus beiden Perspektiven wie auch anhand der quantitativen Daten – feststellen lässt, dass die Schülerinnen und Schüler am wenigsten die metakognitive Strategie des Evaluierens eingesetzt haben. Diesbezüglich zeigen die qualitativen Ergebnisse zum zweiten Messzeitpunkt, dass insbesondere die Lehrperson Evaluierungsstrategien anregen musste, da die Schülerinnen und Schüler dies kaum eigenständig initiiert haben. Im weiteren Verlauf wird anhand der quantitativen Daten überprüft werden, ob dies auch in diesen Daten sichtbar ist oder ob es sich um Einzelfälle handelt.

Der Vergleich der qualitativen Daten der Schüler- und Lehrerperspektive zeigt darüber hinaus, dass beiden Gruppen die Bedeutsamkeit kooperativer Arbeitsprozesse bewusst geworden ist. In beiden Studien wird berichtet, dass die Schülerinnen und Schüler die Zusammenarbeit in der Gruppe zum zweiten Messzeitpunkt überwacht haben. Dementsprechend kann vermutet werden, dass sie sich in Hinblick auf die Zusammenarbeit in der Gruppe gegenseitig beeinflusst haben. Weiterhin wird deutlich, dass die Schülerinnen und Schüler zu beiden Messzeitpunkten ihren Lösungsprozess überwacht und hinterfragt haben. Frau Schmidt verdeutlicht hierbei, dass die Schülerinnen und Schüler zum zweiten Messzeitpunkt kontinuierlicher und automatisiert überwacht haben. Dieses Ergebnis konnte zum jetzigen Zeitpunkt der Auswertung der Schülerinterviews noch nicht bestätigt werden, soll aber zukünftig noch weiter untersucht werden.

Im Bereich der Strategien zur Regulation verdeutlicht Frau Schmidt, dass ihre Unterstützung vergleichsweise wenig eingefordert wurde und die Schülerinnen und Schüler ihre Probleme zum Großteil selbstständig lösen konnten. In den Schülerinterviews wird deutlich, dass sich die Lernenden zwar neben dem Hinzuziehen der Lehrperson auch weitere Regulationsstrategien aneignen konnten, um Schwierigkeiten selbstständig überwinden zu können, das Fragen der Lehrperson um Hilfestellung eine der am häufigsten genannten Regulationsstrategien der Schülerinnen und Schüler ist. Die Unterschiede in der Wahrnehmung können zum einen darin erklärt werden, dass im Lehrerinterview mit Frau Schmidt nicht auf alle Lerngruppen eingegangen wurde, wodurch eventuell Schülergruppen untersucht wurden, welche die Lehrperson häufiger um Hilfe gebeten haben als andere. Andererseits haben die Schülerinnen und Schüler in den Interviews auch selbst keine Einschätzung darüber gegeben, wie häufig sie Strategien insgesamt eingesetzt haben. Eventuell ist das Fragen der Lehrperson für die Schülerinnen und Schüler eine bewusstere Form der Regulation, weshalb sie häufiger von dem Einsatz dieser Strategie berichten als über andere Regulationsstrategien, die sie eventuell nicht bewusst wahrnehmen.

Bezüglich der Strategien zur Evaluation lässt sich feststellen, dass beide Gruppen die Anregung der Evaluation durch die Lehrkraft wahrnehmen und insgesamt eher wenig eigenständig evaluiert wurde. Dies wurde auch von Frau Schmidt in ihrem Interview wahrgenommen. Sie diagnostiziert Kompetenzzuwächse aufgrund der angeregten Zielsetzung, beschrieb jedoch auch die fehlende eigenständige Evaluation. Sie verdeutlichte in ihrem Interview, dass ihr das bei den Schülerinnen und Schülern gefehlt hat und ihr das wichtig für die Bearbeitung eines Modellierungsproblems ist.

Bislang ist die Auswertung der Daten noch nicht abgeschlossen. Ziel der Studie ist die Überprüfung der Effektivität der Lernumgebung. Es soll daher untersucht werden, ob die anfangs erhobenen Modellierungskompetenzen der Schülerinnen und Schüler durch die Bearbeitung der sechs Modellierungsprobleme gefördert werden konnten. Es folgt zum einen die Auswertung der quantitativen Daten zum zweiten Messzeitpunkt, zum anderen die vollständige Auswertung der Daten beider Stichproben der qualitativen Daten zu beiden Zeitpunkten. Auf der Ebene der quantitativen Daten verbleibt die Auswertung des Modellierungskompetenztests. Für die Auswertung der qualitativen Daten ist insbesondere bei der Lehrerperspektive eine Analyse der in den Interviews verwendeten Videoszenen geplant, um auswerten zu können, welchen Strategieeinsatz die Lehrkräfte gegebenenfalls nicht wahrgenommen haben. Darüber hinaus soll das erhobene Videomaterial als Validierung der Selbsteinschätzung der Schülerinnen und Schüler, aber auch zum Zwecke der Triangulation mit den Sichtweisen der Lehrkräfte wie auch der Schülerinnen und Schüler dienen.

Abschließend soll eine Triangulation der qualitativen und quantitativen Daten erfolgen, um Einzelergebnisse in den Kontext stellen zu können und umfangreichere Vergleiche herstellen zu können, wie ansatzweise bereits in diesem Artikel erfolgt.

Literatur

Aebli, H. (1997). *Zwölf Grundformen des Lehrens: Eine allgemeine Didaktik auf psychologischer Grundlage*. Stuttgart: Klett-Cotta.

Artelt, C. (2000). *Strategisches Lernen*. Münster: Waxmann.

Artelt, C., & Neuenhaus, N. (2010). Metakognition und Leistung. In W. Bos (Hrsg.), *Schulische Lerngelegenheiten und Kompetenzentwicklung: Festschrift für Jürgen Baumert* (S. 127–146). Münster: Waxmann.

Artzt, A. F., & Armour-Thomas, E. (1992). Development of a cognitive-metacognitive framework for protocol analysis of mathematical problem solving in small groups. *Cognition and Instruction, 9*(2), 137–175.

Baten, E., Praet, M., & Desoete, A. (2017). The relevance and efficacy of metacognition for instructional design in the domain of mathematics. *ZDM – The International Journal on Mathematics Education, 49*(4), 613–623.

Blum, W. (2011). Can modelling be taught and learnt? Some answers from empirical research. In G. Kaiser, W. Blum, R. Borromeo Ferri, & G. A. Stillman (Hrsg.), *Trends in teaching and learning of mathematical modelling* (S. 15–30). Dordrecht: Springer Science + Business Media B.V & Springer.

Brand, S. (2014). *Erwerb von Modellierungskompetenzen: Empirischer Vergleich eines holistischen und eines atomistischen Ansatzes zur Förderung von Modellierungskompetenzen*. Wiesbaden: Springer Fachmedien.

Brown, A. L. (1978). Knowing when, where, and how to remember: A problem of metacognition. In R. Glaser (Hrsg.), *Advances in instructional psychology* (S. 77–165). Hillsdale: Erlbaum.

Bühner, M. (2011). *Einführung in die Test- und Fragebogenkonstruktion.* München: Pearson Studium.

Busse, A., & Borromeo Ferri, R. (2003). Methodological reflections on a three- step-design combining observation, stimulated recall and interview. *ZDM Mathematics Education, 35*(6), 257–264.

Chalmers, C. (2009). Group metacognition during mathematical problem solving. In R. K. Hunter, B. A. Bicknell, & T. A. Burgess (Hrsg.), *Crossing divides (Proceedings of MERGA 32)* (S. 105–111). Palmerston North: MERGA.

Desoete, A., & Veenman, M. V. J. (Hrsg.). (2006). *Metacognition in mathematics education.* New York: Nova Science Publishers.

Flavell, J. H. (1979). Metacognition and cognitive monitoring: A new area of cognitive-developmental inquiry. *American Psychologist, 34*(10), 906–911.

Flavell, J. H. (1981). Cognitive monitoring. In W. P. Dickson (Hrsg.), *Children's oral communication skills* (S. 35–60). New York: Academic.

Goos, M. (2002). Understanding metacognitive failure. *Journal of Mathematical Behavior, 21,* 283–302.

Greefrath, G., & Vorhölter, K. (2016). *Teaching and learning mathematical modelling: Approaches and developments from German speaking countries.* Cham: Springer.

Hasselhorn, M. (1992). Metakognition und Lernen. In G. Nold (Hrsg.), *Lernbedingungen und Lernstrategien: Welche Rolle spielen kognitive Verstehensstrukturen?* (S. 35–63). Tübingen: Narr.

Herget, W., Jahnke, T., & Kroll, W. (2001). *Produktive Aufgaben für den Mathematikunterricht in der Sekundarstufe I.* Berlin: Cornelsen.

Kaiser, G. (2007). Modelling and modelling competencies in school. In C. Haines, P. Galbraith, W. Blum, & S. Khan (Hrsg.), *Mathematical modelling (ICTMA 12): Education, engineering and economics* (S. 110–119). Chichester: Horwood Publishing.

Kaiser, G., & Brand, S. (2015). Modelling competencies: Past development and further perspectives. In G. A. Stillman, W. Blum, & M. Salett Biembengut (Hrsg.), *Mathematical modelling in education research and practice* (S. 129–149). Cham: Springer.

Kuckartz, U. (2016). *Qualitative Inhaltsanalyse: Methoden, Praxis, Computerunterstützung.* Weinheim: Beltz Juventa.

Maaß, K. (2004). *Mathematisches Modellieren im Unterricht: Ergebnisse einer empirischen Studie.* Hildesheim: Franzbecker.

MAXQDA, Software für qualitative Datenanalyse, 1989 – 2017, VERBI Software. Consult. Sozialforschung GmbH, Berlin, Deutschland.

Ng, K. (2010). Partial Metacognitive Blindness in Collaborative Problem Solving. In L. Sparrow, B. Kissane, & C. Hurst (Hrsg.), *Shaping the future of mathematics education: Proceedings of MERGA 33* (S. 446–453). Fremantle: MERGA.

Schneider, W., & Artelt, C. (2010). Metacognition and mathematics education. *ZDM – The International Journal on Mathematics Education, 42*(2), 149–161.

Schraw, G., & Moshman, D. (1995). Metacognitive theories. *Educational Psychology Review, 7*(4), 351–371.

Schukajlow, S., & Krug, A. (2013). Planning, monitoring and multiple solutions while solving modelling problems. In A. M. Lindmeier & A. Heinze (Hrsg.), *Mathematics learning across the life span: Proceedings of PME 37* (S. 177–184). Kiel: IPN Leibniz Inst. for Science and Mathematics Education.

Schukajlow, S., & Leiß, D. (2011). Selbstberichtete Strategienutzung und mathematische Modellierungskompetenz. *Journal für Mathematikdidaktik, 32,* 53–77.

Siegel, M. A. (2012). Filling in the distance between us: Group metacognition during problem solving in a secondary education course. *Journal of Science Education and Technology, 21*(3), 325–341.

Sjuts, J. (2003). Metakognition per didaktisch-sozialem Vertrag. *Journal für Mathematikdidaktik, 24*(1), 18–40.

Stillman, G. (2004). Strategies employed by upper secondary students for overcoming or exploiting conditions affecting accessibility of applications tasks. *Mathematics Education Research Journal, 16*(1), 41–71.

Stillman, G. A. (2011). Applying metacognitive knowledge and strategies in applications and modelling tasks at secondary school. In G. Kaiser, W. Blum, R. Borromeo Ferri, & G. A. Stillman (Hrsg.), *Trends in teaching and learning of mathematical modelling* (S. 165–180). Dordrecht: Springer Science + Business Media B.V.

Veenman, M. V. J. (2005). The assessment of Metacognitive Skills: What can be learned from multi-method designs? In C. Artelt & B. Moschner (Hrsg.), *Lernstrategien und Metakognition: Implikationen für Forschung und Praxis* (S. 77–99). Münster: Waxmann.

Veenman, M. V. J. (2011). Learning to self-monitor and self-regulate. In P. A. Alexander & R. E. Mayer (Hrsg.), *Handbook of research on learning and instruction* (S. 197–218). New York: Routledge.

Veenman, M. V. J. , Hout-Wolters, B. H. A. M., & Afflerbach, P. (2006). Metacognition and learning: conceptual and methodological considerations. *Metacognition and Learning, 1*(1), 3–14.

Vorhölter, K. (2017). Measuring Metacognitive Modelling Competencies. In G. A. Stillman, W. Blum, & G. Kaiser (Hrsg.), *Mathematical modelling and applications: Crossing and researching boundaries in mathematics education* (S. 175–185). Cham: Springer.

Vorhölter, K. (2018). Conceptualization and measuring of metacognitive modelling competencies Empirical verification of theoretical assumptions. *ZDM – The International Journal on Mathematics Education, 50,* 343–354.

Weinert, F. E. (1994). Lernen lernen und das eigene Lernen verstehen. In K. Reusser & M. Reusser-Weyeneth (Hrsg.), *Verstehen: Psychologischer Prozess und didaktische Aufgabe* (S. 183–205). Bern: Huber.

Zech, F. (2002). *Grundkurs Mathematikdidaktik: Theoretische und praktische Anleitungen für das Lehren und Lernen von Mathematik.* Weinheim: Beltz.

Printed in the United States
By Bookmasters